6つの物語でたどる ビッグバンから地球外生命まで

現代天文学の到達点を語る

マシュー・マルカン＋ベンジャミン・ザッカーマン＝編　岡村定矩＝訳

Origin and Evolution of the Universe
From Big Bang to ExoBiology
2nd Edition

日本評論社

Japanese translation arranged with World Scientific Publishing Co. Pte Ltd., Singapore.

まえがき

1995年3月，私たちはカリフォルニア大学ロサンゼルス校で「宇宙の起源と進化」をテーマにしたシンポジウムを開催しました。このシンポジウムには，この大学の学生，教員，研究者のみならず関心のある一般の人々など，多様なロサンゼルス市民が会場にあふれるほど集まりました。その後，講演者たちはシンポジウムでの発表内容を拡充し，入念な準備をしてその内容を1996年に『宇宙の起源と進化（初版）』として出版しました。

この初版のテーマは，現在でも新鮮でいままで以上に刺激的です。しかし私たちはこのたび，以下に述べるような止むに止まれぬ理由により，初版を徹底的に改訂して第二版を作ることにしました。

天文学の発見と進歩は，私たちのもっとも楽観的な予想をも上回る驚異的な速さで展開されてきました。驚くべきことに，宇宙の膨張は減速ではなく加速していることが今ではわかっています。しかし1996年当時それは知られていませんでした。超新星を用いて宇宙の距離を十分な精度で測ることができていなかったからです。ブラックホール同士および中性子星同士の合体による重力波の画期的な検出がLIGO（レーザー干渉計重力波天文台）によって実現されるのは，まだ20年も先のことでした。そして**太陽系外惑星**，とくに地球に似た惑星の存在はまったく知られていませんでした。このように，天文学を取り巻く事情は当時とは一変しました。

各章の著者は1996年の時点ですでに，それぞれの分野で著名な研究者でした。この20年のあいだに彼らのキャリアは進歩し続けました。今日では，それぞれの専門分野で誰もが認めるリーダーとして活躍しています。また，専門分野以外の人々に科学を伝える熟練した科学コミュニケーターとしても人気があり，天文学の主要な最新成果を広く社会に伝えるのにまさに理想的な著者たちです。

また1996年以降，これら科学の大きなテーマは，科学者ではない人たちにとっても間違いなく一層重要になっています。本書の各章で紹介されているように，科学研究に必要な資金はかつてないほど巨額になり，その実現のためには公的資金による支援が従来にもまして必要です。

第1章，第2章および第4章では，欧州宇宙機関（ESA）のプランク衛星による科学的成果を紹介しています。アメリカ航空宇宙局（NASA）のケプラー衛星による新しい太陽系外惑星の発見は第6章で説明されています。また，ハッブル宇宙望遠鏡（HST）やチリ北部にある巨大な電波望遠鏡アレイであるアルマ望遠鏡（ALMA）など，多国間の共同研究からもたらされた新たな科学的発見については第2章と第5章で説明されています。2021年に打ち上げが予定されているジェームズ・ウェッブ宇宙望遠鏡（第2章参照）でも同様に，公的資金によって天文学の進歩が期待されています。

より広い観点から，この第2版の読者に一つお伝えしたいことがあります。全宇宙の中で生命の住む天体は，今のところ地球だけしか知られていません。私たち人類は，その準備ができているかどうかにかかわらず，地球を守る大きな責任を受け継いでいるのです。

1996年と同様に今日でも，多くの人が宇宙の進化のクライマックスは生命，とくに「知的な」生命と見なしています。その見方が十分なものかどうかはわかっていません。「知性」は「技術」を可能にしますが，それ以上のものであるべきです。私たちは真の「知性」を持っているのでしょうか，それとも「技術」を使えるだけなのでしょうか。

知性を持っているにもかかわらず，私たちは自分自身が最大の敵であるかのように見えることがよくあります。私たちがお互い同士そして地球環境とうまくつきあって平和に暮らす能力を養う速度をしばしば超えて，技術が急激に進歩しています。私たちの知性を“余すところなく”活用することができれば，未来への最善の希望が生まれます。人類という私たちの種は，現在よりもっと賢くならなければいけませんし，もっと賢く“ふるまわなければなりません”。

唯一無二の貴重な惑星である私たちの地球を守り続けるためにはさまざまな課題があります。これらの課題を解決できるか否かは，人類の真の知性に課されたもっとも厳しい「試験」です。もし私たちがこの「試験」に合格することができれば，本書で提起され探求されている未来の根源的な疑問にも答えることができるでしょう。

マシュー・マルカン＋ベンジャミン・ザッカーマン
カリフォルニア大学ロサンゼルス校（UCLA）

編者

マシュー・マルカン Matthew Malka

カリフォルニア大学ロサンゼルス校(UCLA)物理学・天文学特別教授(Distinguished Professor)。ハーバード大学を優秀な成績(summa cum laude and Phi Beta Kappa honors)で卒業後，マーシャル奨学生(Marshall Scholar)としてケンブリッジ大学で学ぶ。ハーツ奨学金(Hertz Fellowship)を得てカリフォルニア工科大学で博士号を取得した後，アリゾナ大学でポスドク研究員を務めた。その後UCLAで准教授の職に就き，1986年から1991年まで大統領表彰若手研究者(Presidential Young Investigator)に選ばれ，1992年にUCLAの教授に昇進した。2009年には特別客員教授(AMC-FUMEC Distinguished Visiting Professor)としてメキシコに滞在。2021年には，アメリカ国立科学財団(National Science Foundation：NSF)の基本政策を決定し，大統領と議会に対して科学技術に関する助言を行うアメリカ国家科学会議(National Science Board)のメンバーに任命された。これまでに450編以上の査読付き論文を専門誌に発表しており，天文学関連の映画やテレビ番組では，カメラの前でも後方での協力でも幅広く活躍している。宇宙と地上にあるさまざまな望遠鏡を使って，銀河とその中心にある大質量ブラックホールの進化を研究している。

ベン・ザッカーマン Ben Zuckerman

カリフォルニア大学ロサンゼルス校（UCLA）物理学・天文学科教授。マサチューセッツ工科大学（MIT）を卒業後ハーバード大学で博士号を取得。おもに恒星や惑星系の誕生と死に関心を持っている。宇宙に生命が存在するかどうか，特に知的生命が存在するかどうかという問題にも興味を持ち続けており，1970 年代半ばから「宇宙の生命」についての教育コースを開発し，継続的に講義を行っている。また，「21 世紀：社会，環境，倫理」という特別コース（UCLA Honors course）も設立し講義を行った。人類（ホモ・サピエンス）は「技術的」ではあるかもしれないが，自らの故郷である地球の生物圏を破壊しているため，「知的」であるとは考えられないととらえている。『地球外生命体はどこにいるのか?』（ケンブリッジ大学出版会），『人類と環境危機』（Jones & Bartlett 社）など 6 冊の本を共同編集した。

著者

エドワード・L. ライト Edward L. Wright

1981 年からカリフォルニア大学ロサンゼルス校（UCLA）教授。専門は赤外線天文学と宇宙論。1976 年より，宇宙赤外線望遠鏡施設（SIRTF，後にスピッツァー宇宙望遠鏡と改称）の科学作業部会の学際的科学者としてプロジェクトに従事。また 1978 年からは，宇宙背景放射探査衛星（COBE）チームのメンバーとして活躍。

広視野赤外線サーベイ探査機(WISE)プロジェクトでは責任者を務めた。また,2001年6月に打ち上げられたウィルキンソン・マイクロ波異方性探査機(WMAP)の科学チームのメンバーでもある。2011年には米国科学アカデミー会員に選出された。1995年に,生命の進化と起源研究センター(Center for the Study of the Evolution and Origin of Life)から「優秀科学者(Distinguished Scientist of the Year)」に選出された。1992年にはCOBEの研究成果によりNASAの「傑出した科学業績メダル(Exceptional Scientific Achievement Medal)」を,また2018年には民間人に与えられるNASA最高の栄誉である「最優秀業績賞(Distinguished Public Service Medal)」を受賞。2017年12月にはWMAPチームの一員として基礎物理学ブレイクスルー賞を受賞。

アラン・ドレスラー Alan Dressler

カリフォルニア州パサデナにあるカーネギー科学研究所天文台名誉天文学者。おもな研究分野は銀河の誕生と進化。地上と宇宙にある大型望遠鏡を用いて,撮像観測と分光観測により,銀河の形態,構造,構成する恒星,および銀河の運動学を研究。また,何10億年も昔の姿を見せる遠方の銀河を観測することで,銀河の進化を研究してきた。研究のおもな手法は,さまざまな銀河の星生成活動の多様な歴史を観測から描くことで,これは,宇宙の歴史の中で銀河の構造がどのようにできてきたのかという理論モデルに強い制約を与えている。天文学界の活発に活動するメンバーとして，ジェームズ・ウェッブ宇宙望遠鏡（JWST）や次世代の超大型望遠鏡のような将来の装置についての提言を行うアメリカ国立科学財団（NSF），アメリカ航空宇宙局（NASA），および米国科学アカデミーの多くの委員会の委員と委員長を務めた。科学の普及活動にも情熱を持ち経験も豊富で，科学雑誌に多くの記事を書いてきた。また，宇宙の研究を，自然界における人類の位置づけという広い文脈で捉えた『巨大引力源への航海：銀河系外宇宙の探求』を執筆している。

バージニア・トリンブル Virginia Trimble

カリフォルニア生まれで，ハリウッド高校，カリフォルニア大学ロサンゼルス校（UCLA）を卒業後，1968年にカリフォルニア工科大学で博士号を取得。また英国ケンブリッジ大学で1969年に修士号（Master of Art）を，2010年にスペインのバレンシア大学から名誉博士号（Dott. honoris causa）を受けた。カリフォルニア大学アーバイン校の物理学・天文学の教員として現役最年長（同校で1971年には最年少の女性教員となり，最初の15年間はただ一人の女性天文学者だった）。国際天文学連合（International Astronomical Union:IAU）の2つの異なる部会（「銀河と宇宙」部会，「連合の全体活動」部会）の会長を務めた唯一の人物であり，現在は同連合の「連星と多重星」委員会の委員長を務める。出版論文は，本書の第3章と現在投稿中または出版決定済の10数点を除いても，850編を超えている。白色矮星，超新星，元素合成，連星統計などを長年研究してきた後，現在はおもに科学史と科学文献の統計調査を研究している。

アレックス・フィリペンコ Alex Filippenko

カリフォルニア大学バークレー校天文学教授(現在は主任教授)であり，物理科学におけるリチャード・アンド・ローダ・ゴールドマン特別教授(Richard and Rhoda Goldman Distinguished Professor)，およびミラー基礎科学研究所(Miller Institute for Basic Research in Science)のシニア・ミラーフェロー(Senior Miller Fellow)でもある。米国科学アカデミーと米国芸術科学アカデミーの両方に選出され，世界でもっとも多く論文が引用されている天文学者の一人(13万件以上の引用)で，数々の賞を受賞。宇宙の膨張が加速していることを明らかにした二つのチーム双方のメンバーであったことがある唯一の人物。この驚くべき発見には，2007年のグルーバー宇宙論賞と2015年の基礎物理学ブレイクスルー賞がチームメンバー全員に，2011年のノーベル物理学賞がチームのリーダーに授与された。カリフォルニア大学バークレー校でもっとも権威ある教育表彰である「最優秀教授(Best Professor)」に9回選ばれた。2006年には，博士課程を有する大学部門の「カーネギー／ケース全国優秀教授(Carnegie/CASE National Professor of the Year)」に選ばれ，2010年には太平洋天文学会の学部教育に対するリチャード・H・エモンズ賞(Richard H. Emmons Award)を受賞。また，幅広い大学レベルのビデオコースを販売するThe Great Coursesに天文学の5つのビデオコースを提供しており，共著の天文学の教科書『The COSMOS』(5版を重ねている)は広く普及している。また，100本以上のテレビドキュメンタリーに出演し，2004年には，科学普及に対するカール・セーガン賞

(Carl Sagan Prize for Science Popularization)を受賞。2017年のカリフォルニア工科大学特別卒業生表彰(Caltech Distinguished Alumni Award)の受賞者2人のうちの1人にも選ばれている。世界中で皆既日食を観測することを趣味とし，これまで16回すべて成功裏に見た。

フレッド・C. アダムス　Fred C. Adams

カリフォルニア州レッドウッド市生まれ。アイオワ州立大学で数学と物理学を学び1983年に卒業，1988年にカリフォルニア大学バークレー校で物理学の博士号を取得。博士論文の研究で，太平洋天文学会からロバート・J・トランプラー賞(Robert J. Trumpler Award)を受賞。ハーバード・スミスソニアン天体物理学センターでポスドク研究員を務めた後，1991年にミシガン大学物理学科の教員となった。1996年に准教授，2001年に教授に昇格。アメリカ天文学会からヘレン・B・ワーナー賞(Helen B. Warner Prize)を，またアメリカ国立科学財団若手研究者賞(National Science Foundation Young Investigator Award)を受賞。また，ミシガン大学文芸科学部から優秀教育賞(Excellence in Education Award)と優秀研究賞(Excellence in Research Award)を，2002年には，ミシガン大学から優秀教員賞(The Faculty Recognition Award)を受賞。2007年には，ミシガンフェロー協会(Michigan Society of Fellows)の会員に，2014年にはアメリカ物理学会のフェローに選出され，ミシガン大学のTa-you Wu栄誉物理学教授(Ta-you Wu Collegiate Professor of Physics)の称号を与えられた。

クリストファー・P. マッケイ Christopher P. McKay

アメリカ航空宇宙局（NASA）エイムズ研究センター上級科学者。過酷な環境下での生命と，太陽系内天体における生命探査の研究を行っている。また，有人探査を含む将来の火星探査計画にも積極的に関わる。地球上の火星のような環境での研究に携わり，南極の氷に覆われた湖，シベリアやカナダの北極圏の永久凍土，アタカマ砂漠，ナミブ砂漠，サハラ砂漠を含む多くの砂漠などを訪れ，これらの極限環境での生命の研究を行ってきた。2005 年には土星の衛星タイタンへのホイヘンス・プローブ，2008 年には火星フェニックス着陸機ミッション，2012 年にはマーズ・サイエンス・ラボラトリー・ミッションに副主任（co-investigator）として参加。

訳者まえがき

本書は,“Origin and Evolution of the Universe-From Big Bang to Exobiology” Second edition(「宇宙の起源と進化－ビッグバンから宇宙生物学まで」第2版)の日本語版です。原書は,カリフォルニア大学ロサンゼルス校で,ビッグバンから地球外生命までを6名の講演者がわかりやすく聴衆に語りかけた1995年のシンポジウムに端を発しています。大好評だったその内容は翌年書籍として出版されました。その後天文学は,関わる研究者の予想すら超える速度で大発展しました。宇宙の加速膨張の発見,重力波の検出,さらにはブラックホールシャドウの撮影まで20年以上にわたる天文学の新たな成果を余すところなく取り入れて,初版を大改訂した第2版が2020年に刊行されました。その日本語版が本書です。

原書の編集者と著者(講演者)はシンポジウム当時から各分野で世界的に著名な研究者でしたが,いまでは世界で誰もが認めるリーダーです。このような背景から,原書では書籍としての体裁の統一よりも著者の個性が重要視されています。各著者がそれぞれ一つの章を担当しています。文章のスタイル(語り口),ユーモアのセンス,織り込まれるたとえ話,さらには文献の引用方法にまで著者の個性が強く出ています。このため各章はあたかも著者が語る一つの物語のようです。

本書は,現代天文学の到達点を一般の人向けに解説する数少ない本なので,できるだけ多くの人々に読んでいただきたいと思いました。そこで,訳出にあたって原著にはない二つの工夫をしました。まず,天文学の基礎知識や背景となる情報が十分でなくてもすっと頭に入るように訳注をつけました(偶数ページの左側,奇数ページの右側にあるのがそれです。本文の右肩についた1-1などに対応しています)。読みやすくなるようにと思って付け始めた訳注ですが,結果的には予想をはるかに超えた数になりました。すでにご存じのところは読み飛ばしてください。

もう一つ,もともと原著にあった「用語集」を大幅に刷新しました。記述を拡張したことに加え，新たな項目も相当数追加して，本書の用語集だけで天文学の簡単な用語辞典の役割も果たせるようにしました（巻末に五十音順で並んでいますので，ご覧ください。本文では太字になっている用語です）。また，著者毎の流儀で引用されていた参考文献は巻末に各章毎にまとめ，その通し番号を[1]，[2]などとして本文中に示すようにしました。

本書の訳出は私にとっても天文学の素晴らしさを改めて認識させてくれる楽しい作業でした。専門でないところでは，自分の理解が皮相的であったり，また間違っていたりするのを発見することも多く，大変勉強になりました。

本文の訳出に当たって，第1章では高エネルギー加速器研究機構教授の松原隆彦氏に，第6章では東京大学名誉教授の神谷 律氏に有益な示唆をいただきました。また，東京大学特別教授の村山斉氏（カブリ数物連携宇宙研究機構初代機構長）からは，全体を読んで推薦のことばをいただきました。編者の一人マシュー・マルカン氏は，訳者から6名の著者への質問や確認事項などの諸連絡を適切に仲介してくれました。また日本評論社の佐藤大器氏は，多数の訳注のある本書を読みやすいデザインの素晴らしい本に仕上げていただくなど，訳出の最初から本書が日の目を見るまでさまざまな点でお世話になりました。この場を借りて皆様に厚くお礼を申し上げます。

2021年9月　コロナ禍の中で

岡村定矩

6つの物語でたどるビッグバンから地球外生命まで

目次

第1章
宇宙の起源
エドワード・ライト

Chapter 1
The Origin of the Universe
Edward L. Wright

はじめに

20世紀の自然哲学のもっとも重要な発展の一つは，天文学の観測と理論物理学を通じて，宇宙の歴史の中でもっとも初期の瞬間を私たちがかなり理解したことです。宇宙の起源に関する現在の最先端モデルは，**インフレーションシナリオ**を含む熱い**ビッグバン**モデルとして知られています。この章では，ビッグバン理論の観測的裏付けと，それに基づくいくつかの理論モデルについて説明します。この章では初歩的な数式を使用しますが，それが物理科学を記述するもっともわかりやすい方法だからです。

宇宙の膨張

遠い**銀河**がその距離Dに比例する速度Vで私たちから遠ざかっているというエドウィン・ハッブル(Edwin Hubble)の発見(1929年)は，宇宙が進化していることの最初の証拠となりました。観測によると，この後退速度[1-1]は

$$V = H_0 D \pm V_p \quad (1)$$

と表せます。ここで，H_0は**ハッブル定数**と呼ばれる定数で，V_pは特異速度と呼ばれる銀河ごとに異なる速度です。特異速度V_pの典型的な値は500 km/sで，後退速度Vは，遠方の銀河では100,000 km/s以上にもなります[1-2]。

ハッブルの法則(以後，**ハッブル-ルメートルの法則**と表記します)[1-3]は宇宙に中心があることを意味していません。

1-1｜私たちから遠ざかる速度なので後退速度と呼ばれます。近年では，近づく速度も含めたより一般的な概念である視線速度という用語が用いられることが多くなっています。

1-2｜特異速度とは，個々の銀河がその周辺の銀河や銀河の集団などの重力に引かれてそれぞれに運動する速度のことです。「ハッブル-ルメートルの法則」は，遠方銀河では後退速度にくらべて無視できる特異速度を省略した形で$V = H_0 D$と一般に表現されます。

1-3｜原著では「ハッブルの法則」となっていますが，本書では，「ハッブル-ルメートルの法則」の名称を用いることにします。理由は用語集の「**ハッブル-ルメートルの法則**」を参照してください。

しかし実際には，もっとも近距離のいくつかの銀河を除けば，すべての銀河が私たちの住む**銀河系**[1-4]を中心にして遠ざかっているように見えます。ここで，銀河系とは別のある銀河A（後退速度V_A）にいる観測者を考えてみましょう。その観測者が他の銀河を観測して求める後退速度と距離は，銀河Aに対する相対的な値です。そこでこの観測者が観測するハッブル-ルメートルの法則は，Vを$V - V_A$で置き換え，Dを$D - D_A$で置き換えたものとなります。もし$V_A = H_0 D_A$であれば，

$$V - V_A = H_0 (D - D_A) \cdots\cdots\cdots (2)$$

となり，この法則は銀河系から見たハッブル-ルメートルの法則とまったく同じになります（特異速度V_pは無視しています）。したがって，ハッブル-ルメートルの法則が成り立つなら，どの銀河から観測しても他のすべての銀河の速度は距離に比例するように観測されます。すなわち，どの銀河の観測者からも，他のすべての銀河が自分から後退しているように見えるのです。つまりビッグバンモデルは「すべてが中心」のモデルなのです。

宇宙がどの場所から見てもどの方向を見ても（大きなスケールでならしてみれば）同じに見えるという考えは宇宙原理と呼ばれており，以下のように表されます。

宇宙原理：宇宙は**一様でありかつ等方的**である

ハッブル-ルメートルの法則は，宇宙の膨張を引き起こす何らかの新しい相互作用を定義するものではなく，観測された銀河の運動を経験的に記述するものに過ぎません。どんな天体も，初期条件とそれに働く力に

1-4｜私たちの太陽が所属する銀河であるので特別に「銀河系」と呼びます。近年は「天の川銀河」という語も広く用いられていますが，本書ではおもに「銀河系」を用います（用語集の「**銀河系**」を参照してください）。

よって決まる軌道上を運動します。物質が完全に一様に分布している場合，対称性によって正味の力は発生しません。天体が感じる力は周囲の非一様な構造によって引き起こされるものだけで，その力はニュートン力学と重力[1-5]の方程式を使って正確に計算することができます。小さなスケールでは，局所的な力が物体の運動を支配しています。たとえば，原子の中の**電子**の軌道は**電磁気力**で決まり，電子と原子核の距離は時間が経っても変わりません。また，太陽系の惑星の軌道は太陽の重力で決まり，惑星と太陽の距離はハッブルールメートルの法則には従いません。図 1.1 で個々の銀河は大きくなっていない(膨張していない)ことに注意してください。しかし，3000 万光年程度以上離れた銀河の運動はハッブルールメートルの法則でよく記述されます。この観測事実は，宇宙初期の密度分布がほぼ一様であり，宇宙初期の特異速度が小さかったことを物語っているのです。

1-5 |「万有引力」と同じですが，天文学や物理学では多くの場合「重力」が用いられます。ただし地球上の物体に働く力の議論では，地球による万有引力と地球の自転による遠心力の合力が重力と呼ばれています。

天体の後退速度は，後退する天体から届く電磁波の波長が，放射したときの波長よりも長くなる**ドップラー偏移**を利用して簡単に測定できます。後退する天体から届く光は**ドップラー効果**によって波長が伸びて観測されます。可視光でもっとも波長の長い光は赤色なので，この現象は一般に**赤方偏移**と呼ばれます。伸びた量がドップラー偏移です。観測された波長 λ_{obs} は，天体から放出されたときの波長 λ_{em} よりも長く，以下の式

$$\lambda_{\mathrm{obs}}/\lambda_{\mathrm{em}} = 1 + z \quad \cdots\cdots (3)$$

で定義される z を天文学者は赤方偏移と呼びます。光の速さ c に比べて後退速度 v が小さい場合は，

$v = cz$ で近似することができます（用語集の「**赤方偏移**」を参照）。本書の執筆時点でもっとも遠くにある**クエーサー**は $z = 7.54$ です。このクエーサーが発する紫外線波長域にある水素のライマン α 輝線（$\lambda_{\mathrm{em}} = 122$ nm：ナノメートル $[10^{-9}$ m$]$）は，波長が 8.54（$= 1 + z$）倍に伸びて波長 $\lambda_{\mathrm{obs}} = 1\,\mu$m（マイクロメートル$[10^{-6}$ m$]$）の近赤

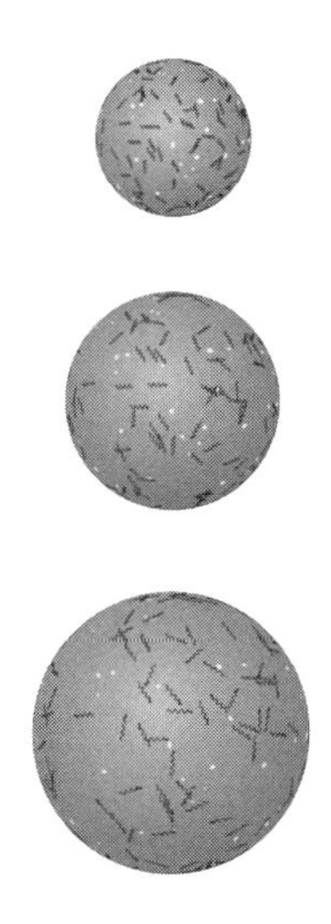

図1.1｜膨張する宇宙とその中身の進化の模式図。一番上の図に示す最初の段階では，球面で示されている空間内に，物質（白い点：銀河を表す）と，空間を満たす**光子**（波形の線：**宇宙マイクロ波背景放射**と呼ばれる）が高密度で存在しています。光子は波長が短くエネルギーは高い状態です。時間が経った段階（中央の図）では，この空間の体積（球の表面積）は膨張して，物質の密度が低下しています。同時に，光子の平均波長が長くなったため（上の図より少し長く描いています），光子の密度も下がっています。光子は運動して位置を変えますが，物質（丸い点の銀河）は一様なハッブル膨張に従っているために，相対的な位置関係は保たれています。膨張のさらに後の段階（下の図）では空間はさらに拡大しています。物質の空間密度はより下がり，光子の密度もさらに低下しています。宇宙背景放射の温度が下がったことに対応して，光子の平均波長は増加しています（中央の図より長く描いています）。

外波長域の輝線として観測されます。このような大きな z では，後退速度が光速に近づくためドップラー効果の式に補正が必要です[1-6]。図1.2は，銀河系の星と3つの銀河の**吸収線**のある**スペクトル**を，上に行くほど大きな距離になるように配置して比較したものです。赤方偏移が小さい銀河系の星で見られる吸収線の特徴的なパターンが，銀河では距離が遠くなるにつれ右側（長い波長）に向かってどんどんシフトしていることが

1-6｜ここでは運動学的赤方偏移と宇宙論的赤方偏移が一緒に説明されています（詳細は用語集の「**赤方偏移**」を参照してください）。

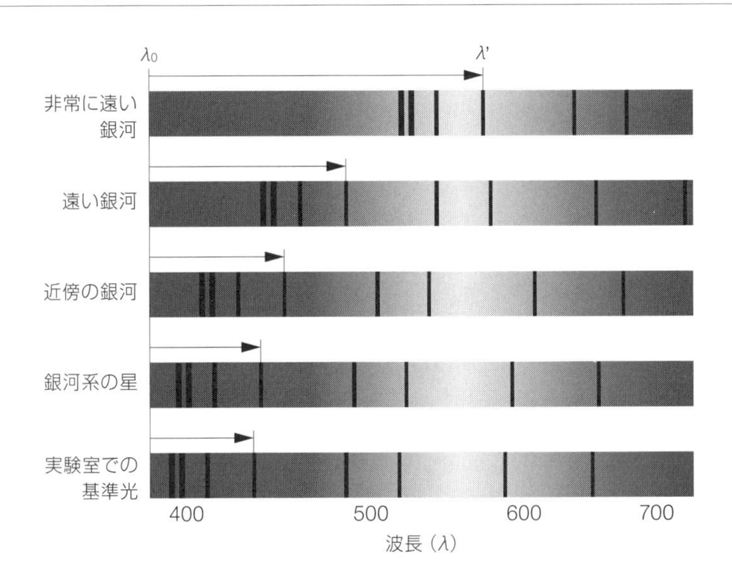

図1.2 ｜いくつかの天体の可視光スペクトルの模式図。左に行くほど波長が短く（青く），右に行くほど波長が長く（赤く）なっています。星のスペクトル（下から2番目）には特徴的な**吸収線**（縦黒線）がありますが，それらの波長は実験室で見られる波長（最下段）とほぼ同じです。一般に銀河系の星は銀河に比べて**ドップラー偏移**がとても小さいからです。比較的近くにある銀河のスペクトル（下から3段目）は，星と同じような吸収線のパターンを示していますが，すべて波長が長くなっています。より遠い銀河（上から2番目）では，ハッブル-ルメートルの法則に従って，すべての波長が右に（赤い方に）ずれています。そして，もっとも遠くにある銀河（最上段）ではもっともドップラー偏移が大きくなっています。たとえば，矢印で示すように，（動いていない）実験室では440ナノメートルの位置にある吸収線が，非常に遠い銀河では580ナノメートルにまで偏移しており，他のすべての吸収線もこれと同じ比率の1.32倍だけ偏移しています。出典：scienceconnected.org

わかります。これが，銀河が遠くにあるほど地球からの後退速度が速くなる，というハッブル-ルメートルの法則が述べている現象です。後退速度が増加するとドップラー効果により，このようにスペクトルの長波長側へのずれが増加して観測されます。

式(1)のハッブル-ルメートルの法則は，任意の銀河のペア間の相対速度に適用できます。たとえば，銀河Aの銀河Bに対する速度は，$V_{AB}(t_0)=H_0 D_{AB}(t_0)$となります(特異速度は省略)。ここで$D_{AB}(t_0)$は銀河AとBのあいだの現在の距離です(「現在の時刻」をt_0と表します)。ここでほんのわずかの時間Δt後の距離を考えるとそれは以下の式(4)で表せます。

$$
\begin{aligned}
D_{AB}(t_0+\Delta t) &= D_{AB}(t_0) + V_{AB}\Delta t \\
&= D_{AB}(t_0)(1+H_0\Delta t) \quad \cdots\cdots\cdots\cdots (4)
\end{aligned}
$$

この時間間隔Δtは，宇宙の年齢と比べれば短くないといけません。しかし，一方でそれは，大きな速度を生み出す局所的な重力のもとになる銀河団のような構造を光が横断する時間より長くなければなりません。短いと場所ごとの特異速度の違いによって，銀河ペア間の距離の増加率にばらつきが出ます。宇宙は大きなスケールで見ると十分になめらかであることが観測からわかっていますので，特異速度による膨張の局所的ばらつきがならされる程度に長い(ただし宇宙年齢より短い)時間に対しては(4)式が使えるのです。この係数$(1+H_0\Delta t)$は，AとBにどの銀河を選んだかに依存しないので，宇宙のどの天体ペアに対しても適用できる普遍的な尺度因子を表しています。これは図1.1に模式的に示したように，宇宙が膨張しても銀河のパターン

（相対的な位置関係）は同じ形を保っていることを意味しています。距離の拡大を表すこの普遍的な尺度因子はスケール因子 $a(t)$ と呼ばれています。現在に近い時刻 $t_0+\Delta t$ に対しては，

$$a(t_0+\Delta t)=(1+H_0\Delta t) \quad \cdots\cdots (5)$$

となります。スケール因子では現在の値を1とする，すなわち $a(t_0)=1$ と定義します。

もし重力による加速度がなければ天体は等速運動をするので，式(5)は Δt が小さくなくても成り立ちます。この場合，$\Delta t=-1/H_0$ のとき $a(t_0+\Delta t)=0$ となります（マイナスの符号は現在より前の時間を示します）。つまり，すべての銀河ペア間の距離は現在より $1/H_0$ 前の時刻でゼロになるのです。定義によって**ハッブル定数**は時間の逆数の次元を持っているので，その逆数である $1/H_0$ は時間の次元を持ち，「ハッブル時間」と呼ばれています。私たちは通常，議論を単純にするために $a(t)=0$ の瞬間（「ビッグバン」）を $t=0$ と定義します。こう定義すると，宇宙の年齢は現在の時刻 t_0 と同じになります。加速度がない場合銀河間の距離は時間に比例して伸び，定義から $a(t_0)=1$ なので，$a(t)=t/t_0$ となります。宇宙年齢 t_0 は $1/H_0$ なので，ハッブル定数と宇宙の年齢の積は $H_0t_0=1$ となります。このように加速度のない宇宙の年齢は $t_0=1/H_0$ で，つねに観測時のハッブル時間と等しいのです。これは，宇宙の歴史の中で t_0 が小さいときに生きていた観測者にとっては，ハッブル定数 H_0 が大きかったことを意味しています。このように，ハッブル定数は**電子**の電荷 e（電気素量）のような物理的な定数ではありません。この変化する値をハッブルパラ

メータ$H(t)$と呼び，$H_0 = H(t_0)$と定義します[1-7]。

1-7｜時間の関数であるハッブルパラメータの現在の値がハッブル定数ということです。

天体の赤方偏移を表す正確な式は，$1+z = a(t_0)/a(t_{em})$です。ここで，t_{em}は光がその天体から発せられた時刻です。これは，銀河のペア間の距離に適用されるのとまったく同じスケール因子に従って，光の波長が伸びることを示しています。

重力によって引き起こされる加速度は，宇宙にまったく質量がない，つまり宇宙が空っぽの状態である場合にのみゼロになります。質量がある場合には，重力が引力となって宇宙の膨張が遅くなります。これは，過去の速度の方が大きかったことを意味します。したがって，現在の膨張率(H_0)がある決まった値とすれば，$a = 0$から現在までの経過時間(宇宙の年齢)は，宇宙に質量がある場合には，ない場合よりも短くなります。現在の観測から，宇宙の密度は**臨界密度**に近い可能性がもっとも高いと考えられています。臨界密度とは，永遠に膨張する密度の低い宇宙と，やがて膨張が止まって逆に収縮をはじめる密度の高い宇宙を分ける境目の密度のことです。

大きな質量Mの天体の近くでその重力の影響を受けて質量mの小さな天体が運動しているとき，その速度Vと両天体のあいだの距離rを関係づける方程式は

$$E = 1/2mV^2 - GMm/r \quad\cdots\cdots(6)$$

になります。ここで，Eは全エネルギー(保存されます)[1-8]，$1/2mV^2$は運動エネルギー，$-GMm/r$は重力ポテンシャルエネルギーで，Gは万有引力定数(重力定数)です。**宇宙論**では，mを天体の質量，Mを半径rの球内にある宇宙の質量，すなわち密度ρに球の体積

1-8｜「保存される」とは，運動の前後およびその過程で値が変化しないことをいいます。

$(4\pi/3)r^3$ をかけたものであるとして，この単純な式を使うことができます。球の中心を $r = 0$ とし，その表面に質量 m の銀河があるとします(この方程式が使えることを「証明」するには**一般相対性理論**が必要です)。半径 r よりも大きな距離にある物質はすべて $H_0 r$ よりも大きな速度を持っているので，球の外にある物質は球の中には入ってきません。ニュートンは球の外にある物質が球の表面にある銀河へ及ぼす重力はゼロであることを示しましたが，これは一般相対性理論の下でも同じです。半径 r よりも小さい距離にあるすべての物質は $H_0 r$ よりも小さい速度を持っているので，球の内側にある物質は内側に留まります。したがって，球の質量は一定です。天体が r から無限の遠方までかろうじて脱出するには，全エネルギーがゼロ($E = 0$)になることが必要です。これから**脱出速度**の式，$V_{\rm esc} = \sqrt{2{\rm G}M/r}$ が得られます。宇宙が臨界密度を持つときにハッブル速度 $H_0 r$ が脱出速度と等しくなるので，臨界密度が次のように求まります(用語集「**脱出速度**」と「**臨界密度**」を参照)。

$$\rho_{\rm crit} = 3H_0^2/8\pi{\rm G} \quad\cdots\cdots\cdots\cdots(7)$$

宇宙の現在の密度が臨界密度だとすれば，宇宙はつねに臨界密度になっていなければなりません。したがって，宇宙が大きくなるにつれて，密度がどのように変化するかを知ることができれば，ハッブルパラメータ $H(t)$ がどのように変化するかを知ることができます。通常の物質の場合，宇宙の大きさが2倍になると密度は8倍低下します(1/8になります)。宇宙に充満している放射も密度に寄与していますが，その密度は赤方偏移の影響で物質の密度より下がり方が大きく，宇宙の大きさが2倍になると1/16にまで下がります。臨界密度の宇宙では，これらの要因からハッブル定数と宇宙年齢の無次元の積は，物質優勢期には $H_0 t_0 = 2/3$，放射優勢期には $H_0 t_0 = 1/2$ となります[1-9]。

ハッブル定数 H_0 のスケールをより便利にするために，天文学者は km/s/Mpc という単位を使っています。1パーセク(pc)は3.26光年(3.09×10^{13} km)，1メガパーセク(Mpc：[10^6pc])は326万光年(3.09×10^{19} km)です。リースたち[16]のデータでは，$H_0 = 73.8 \pm 2.4$ km/s/Mpcとなっています。いくつかの方法で測定された宇宙の年齢は，平均して $t_0 = 12.9 \pm 0.9$ Gyr(12.9×10^9 年：129億年)です[1-10]。速度1 km/sで1Mpcを移動するのに978 Gyrが必要なので，これらの値を合わせると $H_0 t_0 = (73.8 \times 12.9/978) = 0.97 \pm 0.08$ となり，臨界密度の宇宙の関係 $H_0 t_0 = 2/3$ とは合いません。

この問題の一つの解決策は，宇宙の膨張が減速しているのではなく加速しているという仮説を立てることです。この仮説には，大きなスケールにおいて重力に逆らう作用をする何かが必要です。アルベルト・アインシュタイン(Albert Einstein)が，彼の初期の静止宇宙モデルで重力を打ち消すために導入した**宇宙定数**はこの作用を持っていました。しかし，宇宙は静止してはいないので，ほとんどの宇宙論者によって宇宙定数は，モデルの複雑さを増すだけの不要なものと見なされてきました。しかし，1998年に，宇宙の膨張は実際に加速していることが観測によって判明したので，宇宙定数は**ダークエネルギー**と呼ばれる現代的な装いで復活しました。ダークエネルギーは，物質や放射とは異なり，宇宙が膨張してもつねに一定の密度を保つ

1-9｜宇宙の大きさの変化に対する密度の変化は，物質(スケール因子の3乗に逆比例)と放射(スケール因子の4乗に逆比例)でふるまいが異なります。このため宇宙初期は放射の密度が物質密度より高い放射優勢期ですが，ビッグバンから約5万年後に物質の密度の方が高くなり物質優勢期へと移行します。

1-10｜著者はここではモデルと関係なく観測データとその誤差(不確かさ)のみに基づいて値を求めています。うしろの「標準宇宙モデル」の節では宇宙年齢はモデル予測である138億年を採用しています。本書では，特に断らない限り宇宙年齢は標準モデルの最新予測である138億年とします。

ものです。

今日の**宇宙論**でもっとも困難なのは，天体までの真の距離を測定することです。後退速度と**ハッブル定数**が分かれば**ハッブル-ルメートルの法則**から計算で距離が求まります。しかしハッブル定数を決定するためには，銀河の真の距離と後退速度をともに測定しなければなりません。ハッブルは 1929 年の論文でこれを試みました。しかし，彼が用いた銀河の距離は真の距離より 5–10 倍も小さく，彼が求めたハッブル定数の値 H_0 は 8 倍も大きすぎたのです[1-11]。その値から得られた宇宙の年齢は，$H_0 t_0 = 1$ の場合 $t_0 = 1.8$ Gyr（18 億年）であり，よく知られている地球の年齢を下回っていました。この矛盾から**定常宇宙モデル**の研究が始まったのです。定常宇宙モデルでは，$a(t) = \exp(H_0(t - t_0))$ となります（用語集参照）。定常宇宙モデルは加速膨張をし，大きな宇宙定数を持っています。スケール因子にある $\exp(H_0(t - t_0)) \to 0$ は $t \to -\infty$ でのみ実現するので，定常宇宙モデルでは宇宙の年齢は無限大になります。また，定常宇宙モデルは，弱い電波源の数についての明確な予測をしました。しかし，1950 年代に行われた観測では，その予測が間違っていることが示されました[1-12]。

宇宙の**臨界密度**は非常に低く，$H_0 = 74$ km/s/Mpc ならば，1 立方メートルあたり 6 個の水素原子しかありません[1-13]。地上の実験室で実現できる非常に高い真空状態（10^{-13} 気圧）でも，1 立方メートルあたり 3×10^{12} 個の原子があります。このように臨界密度はとても低いのですが，すべての銀河の中にある恒星の質量を合わせても，それを宇宙空間全体に一様に分布させると臨界密度の 1% 以下にしかなりません。密度が低け

1-11｜ハッブルは，当時後退速度が測定されていた 46 個の銀河のうちの 24 個に対して，おもに自らの観測から距離を求めて，ハッブル定数を 500 km/s/Mpc と推定しました。

1-12｜Ryle, M. and Scheuer, P. A. G. 1955, *Proc. Royal Soc. London*, Ser. A, Vol. 230, p. 448。後述されますが，さらに 1965 年に宇宙マイクロ波背景放射が発見されて，定常宇宙論は廃れていきました。

1-13｜宇宙にもっとも大量に存在するのは水素なので，このような物質密度の値を出すときには，水素原子に換算した個数が広く使われています。

れば式(6)のEが正の値になり，宇宙は永遠に膨張します。しかしこの状態は不安定です。現在の宇宙年齢の10倍先の未来はどうなるかを考えてみましょう。現在の宇宙の密度が臨界密度の1%しかないとすると，宇宙は実質的に等速で膨張するので，その時刻には宇宙は現在の10倍の大きさになります。その結果，同じ量の物質が10^3倍の体積に広がっているので，密度は現在の1/1000まで小さくなります。ハッブルパラメータ$H(t)$は時間の関数なので，臨界密度も時間とともに変化します。宇宙が10倍ほど歳を取ると，Hの値は約1/10になります。これにより，臨界密度は(7)式にあるようにHの2乗に比例するので，現在の値の1/100になります。したがって，密度と臨界密度の比は0.1%になります[1-14]。この計算では，$t=10^{-43}$秒から始めて，$t_0=10^{18}$秒を考えることもできます。詳しく計算すると，もし$t=10^{-43}$秒で宇宙の密度が臨界密度の99%の密度だったとすると，$t=10^{-42}$秒で臨界密度の90%，$t=10^{-41}$秒で臨界密度の50%，$t=10^{-40}$秒で臨界密度の10%となっていきます。現在の密度が臨界密度の10%から200%の範囲に収まるためには，$t=10^{-43}$秒における密度の臨界密度に対する比は次の条件を満たしていなければならないことがわかります。

1-14｜密度が1/1000になり，臨界密度が1/100になるので，密度/臨界密度は1/10になります。現在この比が1%なので，現在の宇宙年齢の10倍先には1%×(1/10)=0.1%になります。

$$
\begin{aligned}
&0.999999999999999999999999999999999999999999999999999999999999999\\
&< \rho/\rho_{\mathrm{crit}}\\
&< 1.000000000000000000000000000000000000000000000000000000000000001 \quad \cdots(8)
\end{aligned}
$$

この比$\rho/\rho_{\mathrm{crit}}$は密度パラメータ$\Omega$と呼ばれており，宇宙の進化の初期段階では$\Omega$はほぼ正確に1でなければならないのです。図1.3は，ビッグバンから10^{-9}秒後における宇宙密度がわずかに異なる3つの宇宙に対して計算された，スケール因子の時間変化を示しています。真ん中の曲線は現在の観測と合致する，約 $447 \times 10^{21}\,\mathrm{g/cm^3}$（詳細な数値は図中に記載）という臨界密度を持つ宇宙です。上の曲線は，初期密度がそれより $0.2\,\mathrm{g/cm^3}$ だけ低く，現在では観測値より低い宇宙密度になっているモデル宇宙です。一方，下の曲線は，初期密度がそれより $0.2\,\mathrm{g/cm^3}$ 高く，今は「ビッグクランチ」[1-15] 状態にあるモデル宇宙です。観測されている現在の宇宙を得るためには，非常に特殊な初

1-15｜ビッグクランチとは，膨張が止まった後で反転して収縮が始まり，宇宙がどんどん小さくなり極限の高密度状態に向かうことを指します。宇宙の未来の一つの可能性を指す用語です。

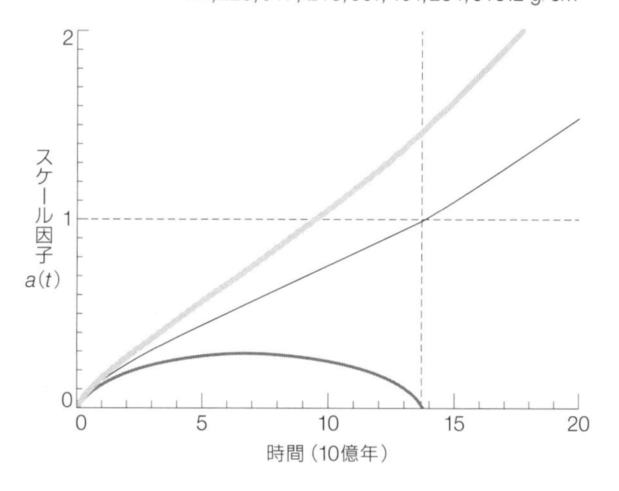

図1.3｜ビッグバン後の $t = 10^{-9}$ 秒における宇宙密度の3つの異なる値（上部の数値）に対して計算されたスケール因子 $a(t)$ の時間変化。縦の破線の位置が現在の時刻です。初期密度のごく小さな変化が，現在では大きな違いを生み出していることに注目してください。真ん中の曲線が現在の宇宙のモデルです。

期条件か，臨界密度に等しい密度を強制的に設定する何らかのメカニズムが必要です。宇宙の現在の状態に合わせて密度を調整する何らかの物理的なメカニズムがあれば，おそらくそれは宇宙の密度を臨界密度に厳密に等しくなるように設定するでしょう。しかし，宇宙の密度の大部分は，星や惑星，プラズマ，分子，原子などではありえません。宇宙のほとんどは**ダークマター**でできているに違いありません。ダークマターは通常の物質のように光との相互作用(発光，吸収，散乱など)をせず，重力による相互作用のみを行う物質です。この密度調整のメカニズムは後節(「宇宙の地平線」)で解説します。

宇宙背景放射[1-16]

アーノ・ペンジアス(Arno Penzias)とロバート・ウイルソン(Robert Wilson)は1965年に，マイクロ波の放射が空全体から観測されることを報告しました[15]。彼らは波長7 cmで観測しましたが，その波長での強度は，**絶対温度**3.7±1 Kの**黒体**(不透明で無反射な物体)からの放射(**黒体放射**)と同じでした。後に，0.05 cm－73 cmの範囲の多くの波長で観測したところ，空の明るさは，この波長範囲全体で温度 $T_0 = 2.725 \pm 0.001$ Kの黒体の明るさと同じであることがわかりました[1-17]。空から来る放射(背景放射)のスペクトルと正確な黒体放射のスペクトルとのずれは±100万分の60(60 ppm)以下しかありません。このことは，宇宙がかつてはほとんど不透明で，ほぼ**等温**(どこでも同じ温度)だったことを示しています。これとは対照的に現在の宇宙には，透明で低温度の広大な空間に，不透明で高温の銀河

1-16｜ここのタイトルは一般になじみやすい「宇宙背景放射」としていますが，宇宙背景放射には，X線背景放射，赤外線背景放射などさまざまなものがあります。この節で扱う背景放射は，正確には「宇宙マイクロ波背景放射(Cosmic Microwave Background Radiation)」と呼び，CMBという略号で表します。

1-17｜波長が長くなると銀河系からの放射が強くなり測定の不確かさが大きくなりますが，波長73 cm(408 MHz)まで測定値があります(Howell and Shakeshaft 1967, *Nature*, 216, 753-754)。黒体放射と一致することはおもに本文中の以下に出てくるCOBE衛星によってはじめて確認されました。COBE衛星は1989年にNASAによって打ち上げられ，1991年に観測結果を公表しました。COBE衛星計画を主導したマザーとスムートは2006年のノーベル物理学賞を受賞しました。

が散らばっています。このように，マイクロ波背景放射が発生した当時の状態は現在とは非常に異なるため，宇宙はその歴史の中で大きく進化してきたことがわかります。宇宙は進化していないという**定常宇宙モデル**の予測は，観測された**宇宙マイクロ波背景放射**とは相容れないものでした。

空の異なる方向でマイクロ波の背景放射の温度を観測すると，空の片側が 3.36 mK(0.00336℃)だけ温度が高く，反対側が 3.36 mKだけ低くなるという，温度のわずかなばらつき(温度ゆらぎ)が見られます。高温の極と低温の極を持つパターンは**双極子**と呼ばれています。これは，**ハッブル-ルメートルの法則**で表される一様等方な膨張宇宙の中で太陽系が 369±1 km/s の特異速度で運動していることを示しています。この速度は，太陽系が**銀河系**の中心の回りを公転する運動と，銀河系が**局所銀河群**の質量中心に関して行う軌道運動，さらにその局所銀河群全体が，**おとめ座超銀河団**や**巨大引力源**(グレートアトラクター)などの巨大な物質の集団からの重力に引かれて行う運動の総和によるものです。局所銀河群には約 30 個の**銀河**がありますが，そのうち銀河系とアンドロメダ銀河がもっとも大きく，メンバーのほとんどは規模の小さい矮小銀河です。おとめ座超銀河団には数 1000 個の銀河が含まれています。銀河とその集団についての詳細は，アラン・ドレスラーの第 2 章で紹介されています。

太陽系の運動に起因する双極子パターンを差し引くと，残りの温度ゆらぎはわずか 11ppm(100 万分の 11)と非常に小さくなります。この小さなゆらぎは，アメリカ航空宇宙局(NASA)の宇宙背景放射探査衛星(COBE)によって検出されました。このことは，宇宙初期の**密度ゆ**

らぎも非常に小さかったことを意味しています。

現在の宇宙マイクロ波背景放射の温度は2.7 Kで，これは液体ヘリウムより低温です。このためそのエネルギー密度は非常に小さいものです。**光子**の数密度は410個/cm^{3}で，光子1個あたりの平均エネルギーは0.00063**電子ボルト**(eV)です。したがって，エネルギー密度はわずか0.26 eV/cm^{3}で，**臨界密度**の2万分の1程度に過ぎません。しかし，宇宙が非常に若いとき，たとえばビッグバンから約7000年後の$t = 0.5 \times 10^{-6} t_0$で，スケール因子が$a(t) = 10^{-4}$と非常に小さかったときには，光子の数密度は$4.1 \times 10^{14}$個/cm^{3}と現在よりはるかに大きく，光子1個あたりのエネルギーも6.3 eVと大きいものでした。この光子密度と光子1個あたりの平均エネルギーは，温度$T = T_0/a(t) = 27{,}250$ Kという高温の**黒体**に相当し，そのエネルギー密度は2.6×10^{15} eV/cm^{3}でした。このように，宇宙の初期，ビッグバンから5万年以内は光子のエネルギー密度が物質の密度より大きく，光子(放射)が宇宙の密度を支配していたのです(放射優勢期，注1-9参照)。

宇宙マイクロ波背景放射の非常に小さい温度ゆらぎ(11 ppm)は，ビッグバンから1万年後の物質の密度ゆらぎが約33 ppm(温度ゆらぎの3倍)であったことを示しています。背景放射のエネルギー密度が物質の密度よりも低くなると，物質密度の高い領域がより多くの物質を重力で引き寄せるため，**重力崩壊**が始まります。重力崩壊の過程では，ゆらぎはスケール因子$a(t)$に比例して大きくなります[1-18]。先ほどの臨界密度を持つ宇宙の場合，$a = 0.0003$になると宇宙は放射に支配されなくなり(放射優勢期が終わって物質優勢期となり)，ゆらぎは増加をはじめ，33 ppmから現在までに11%

1-18｜スケール因子に比例する場合，時刻tから現在t_0までのあいだにゆらぎは$a(t_0)/a(t) = 1/a(t)$倍に成長します。

になります。これは，現在の宇宙で観測されている銀河のクラスタリング（大規模構造に見られる密集度合い）を何とか説明できる量です。しかし，もし宇宙に**ダークマター**がなかったとしたら，放射優勢期の終わりは $a = 0.001$ でした。さらに，普通の物質は光と相互作用するので，中性水素原子ができるほど宇宙が冷たくなるまでは，物質は背景放射の中を自由に移動することができませんでした。中性水素原子は，ビッグバンの約 40 万年後，背景放射の温度が約 3000 K まで下がったときにできたのです。これは「**宇宙の晴れ上がり**」あるいは宇宙の再結合期と呼ばれています[1-19]。そしてそのときたまたま $a = 0.001$ だったのです。したがって，もしダークマターが存在していなかったとしたら，COBE が観測したゆらぎは，現在までに 3.3% にしか成長していないことになります[1-20]。このような小さな密度ゆらぎは，現在私たちが観測しているはるかに高い密度ゆらぎと完全に矛盾します。今日の宇宙には，100% 以上のゆらぎ振幅を持つ銀河団のような高い密度ゆらぎがさまざまなスケールで見られるからです。

1-19｜宇宙マイクロ波背景放射は，宇宙の晴れ上がりが完了する直前に，宇宙を自由に飛び回っていた自由電子に衝突して散乱された光子が，それ以降電子と衝突することなくまっすぐ私たちまで届いたのを見ているのです。

1-20｜密度ゆらぎの成長の計算は次のようになります。宇宙の晴れ上がり時点では 33 ppm (0.000033)。臨界密度の場合は $(0.000033) \times (1/0.0003) = 0.11$ (11 %)。ダークマターがない場合は $(0.000033) \times (1/0.001) = 0.033$ (3.3 %)。

軽元素の存在比

ビッグバン後の約 5 万年のあいだ（放射優勢期）は**宇宙マイクロ波背景放射**のエネルギー密度が宇宙を支配していましたが，最初の 3 分間においてはとりわけ重要でした。ビッグバンから 1 秒後の**光子**の平均エネルギーは 300 万電子ボルト（3 MeV）で，これは**ガンマ線**でした。ガンマ線はあらゆる原子核を破壊します。したがって，ビッグバンの 1 秒後には，**陽子**（水素原子核で p と書きます），**中性子**（n），**電子**（e^-），**陽電子**（e^+），および

ニュートリノ（ν_e, ν_μ と ν_τ）とその反粒子である反ニュートリノだけが存在していました。3 種類のニュートリノは素粒子の 3 つの「世代」に対応しますが，ニュートリノを除いて，2 番目と 3 番目の世代に属する素粒子（ミュー粒子やタウ粒子など）はすべて非常に重く不安定で，ビッグバン後の最初の 1 秒以内に崩壊してしまいます。この時点での中性子と陽子の比率を決定したのは

$$p + e^- \longleftrightarrow n + \nu_e \cdots\cdots\cdots\cdots (9)$$

のような反応に関わる**弱い力**でした。

中性子は陽子よりもわずかに重く，温度が下がるにつれて中性子と陽子の数の比は低下します。ビッグバンから約 1 秒後には，電子やニュートリノの密度が低くなり，やがて(9)式の反応が有効でなくなります。この後は，**半減期** 615 秒の中性子の**放射性崩壊**

$$n \rightarrow p + e^- + \bar{\nu}_e \cdots\cdots\cdots\cdots (10)$$

により，中性子が減っていくので中性子と陽子の比率は徐々に低下していきます。（$\bar{\nu}_e$ は ν_e の反粒子）

中性子の崩壊とともに宇宙は膨張して温度が下がります。そしてもっとも単純な原子核である**重水素**（陽子と中性子を 1 個ずつ持つ原子核で記号は d）が安定するところまで温度が下がります。これは，温度が 10^9 K 程度になったときですが，ビッグバンから約 100 秒後のことです。このとき，

$$p + n \rightarrow d \cdots\cdots\cdots\cdots (11)$$

の反応によってすべての中性子は即座に重水素原子核に変換されます。いったん重水素が形成されると，それは最終的にいくつかの反応のネットワークを介して

$$d + d \rightarrow {}^{4}\mathrm{He} \quad \cdots\cdots (12)$$

となり，すばやくヘリウムに変換されます。

温度Tが 10^9 K 以下になるまで生き残った中性子のほとんどはヘリウム原子核に結合してしまうので，宇宙のヘリウム量は宇宙が 10^9 K まで冷却するのにかかる時間の目安となります。宇宙が急速に冷却するとヘリウム量は多くなりますが，ゆっくり冷却すると多くの中性子が崩壊するのでヘリウム量は少なくなります。3種類のニュートリノを持つ標準的なビッグバンモデルは，現在観測されているヘリウム量を観測の不確かさ(1%)の範囲内で正しく予測しています。反応(12)は2つの原子核の衝突を必要としますが，原子核の密度が低いと重水素の一部は反応しません。したがって，宇宙に残っている重水素の割合は，存在した原子核の数密度を測る敏感な指標となります。重水素や ^{3}He のような軽い元素の**同位体**の量に基づいた現在の宇宙密度の最良推定値は，あらゆる種類の原子核を合わせて1立方メートルあたり水素原子1/4個に相当します[4][18]。これは**臨界密度**の1/25以下です。観測されている銀河の大規模構造を生み出すためには，宇宙の密度が臨界密度に近くなければなりません。このように，軽元素の存在比からも，宇宙の質量の大部分は謎の**ダークマター**でなければならないことがわかります。

1940年代に，ジョージ・ガモフ(George Gamow)らは，すべての化学元素は**ビッグバン**で生成されたと提

案しました。バージニア・トリンブルによって第3章で説明されますが，この提案は5Kのマイクロ波背景放射の予測につながりました[1]。しかしこの予測を観測で確認する動きはありませんでした。最終的に1964年にマイクロ波背景放射が発見されたのは偶然だったのです[1-21]。なぜこの予測は無視されたのでしょうか。質量数[1-22]が5と8の安定な原子核は存在しないので，ビッグバンで生成されるのは水素とヘリウムの同位体とごく少量のリチウムだけです[1-23]。そして，原子番号Z＝1から92までのすべての元素を生成するとされているモデルが，実際にはこれらZ＝1, 2, 3でしかうまくいかない場合，そのモデルの予測は無視される傾向があるためです。しかし，この場合にはガモフの予測は正しかったのです。

1-21｜ペンジアスとウィルソンによる発見は1964年ですが，それを報告する論文が出版されたのは1965年なので，「宇宙マイクロ波背景放射の発見」は，多くの場合1965年とされています。

1-22｜原子核を構成する陽子の数と中性子の数の和を質量数といいます。陽子の数は原子番号(Z)と呼ばれます。

1-23｜このほかにごくごくわずかのベリリウムも生成されます。

宇宙の地平線

私たちが見ることができるのは宇宙の限られた部分だけです。どれくらい遠くまで見えるかについての単純な推定値は，ct_0，すなわち光の速度に宇宙の年齢をかけたものです。これは実際には，私たちから見える宇宙のもっとも遠くにある部分から来た光子が移動した距離で，光子の時刻で測定されたものです。しかし，膨張する宇宙で距離を定義する場合，(光子の時刻ではなく）現在の時刻 t_0 において測った場合の距離に直してすべての距離間隔を測定するのが慣例となっています。宇宙は $t = 0$ から膨張しているので，光子の旅の初期の部分には余分の重みがつくのです。宇宙の年齢をより多くの時間間隔に分割することによって，**臨界密度**の宇宙で見ることができるもっとも遠い距離を計算することができます。1つの間隔しか取らなければそれは ct_0 となります。2つの間隔に分割すると，$0.5ct_0/0.5^{2/3} + 0.5ct_0 = 1.29ct_0$ となります。旅の前半の距離は $1/a(t_0/2) = 1/0.5^{2/3}$ 倍だけ拡大しているからです。4つの間隔に分割すれば $1.58ct_0$ が得られます。非常に多数の間隔に分割して計算すると $3ct_0$ が得られます。これが現在の**宇宙の地平線**までの**共動距離**です。この値は宇宙年齢 $t_0 = 138$ 億年に対して約400億光年となります[1-24]。

1-24｜138億年のあいだに約400億光年離れたところまで到達したということは光速を超えていておかしいと思うかもしれませんが，これは空間そのものが膨張する速度なので物理法則に矛盾していません。空間の中を運動する物体の速度は光速度を超えられません。

ビッグバンから約40万年後の観測者を考えてみましょう。地平線までの距離は $3ct$，約120万光年です。この観測者(実際にはただのガスの雲)は，見える範囲の半径120万光年の領域内で熱平衡(**等温**)になろうとします。熱平衡になれば，半径120万光年の温度一定のパッチ(小領域)ができます。このパッチは，ビッグバンの40万年後から現在までの宇宙の膨張に伴って，現在では半径10億光年まで拡大しています。しかし，現在の地平線は半径400億光年です。したがって，この温度一定のパッチの直径は空の上で1/40ラジアン(約1.4°)，すなわち満月の直径の約3倍の角度にしか対応していません[1-25]。一方，観測された全天の温度はほぼ一定です。このように**等方的である**(どの方向を見ても同じように見える)ためには，非常に特殊な初期条件か，あるいは観測可能な宇宙全体の温度を強制的に一定にする何らかのメカニズムが必要なのです。

1-25｜ラジアンは弧度法における角度の単位で，1ラジアン＝$180/\pi \sim 57.3$ 度。

上記のビッグバンモデルは，観測された宇宙をよく記述できているのですが，以下の2つの事実を説明するために，非常に特殊な初期条件が必要でした[1-26]。

1-26｜以下の①の問題は「平坦性問題」，②の問題は「地平線問題」と呼ばれています。

① 現在の $\rho/\rho_{\rm crit} = \Omega$ の値が1に近いので，Ω が宇宙

初期にはほぼ厳密に1だった。

② ビッグバンから40万年後の宇宙の晴れ上がり以前にはお互いに通信することができなかった多数のパッチ(小領域)で,**宇宙マイクロ波背景放射**の温度がほぼ同じである。

アラン・グース(Alan Guth)は,これらの初期条件をさほど特殊なものと考えないで済むような**インフレーションシナリオ**(インフレーション理論とも呼ばれる)を提案しました[8][9]1-27。インフレーションシナリオは,宇宙の初期の歴史の中で,ある時期に非常に大きなダークエネルギー密度が存在し,それが宇宙の膨張を急速に加速させたと仮定しています。まずロシアでアレクセイ・スタロビンスキー(Alexei Starobinsky)が,通常のビッグバンの減速膨張に先だって急速な加速膨張(インフレーション)が起きる宇宙の研究を始めました[19]。このインフレーション期のあいだは,宇宙は**定常宇宙モデル**のようにふるまいますが,それはごく短い一時的なものです。インフレーションシナリオの前段階すなわち序幕として,ある時刻 t_s まで宇宙は通常のビッグバンと同様の膨張をするという考えも提案されています。アンドレイ・リンデ(Andrei Linde)の永続インフレーションモデル[12]では,インフレーションの中で宇宙が誕生するので,この序幕はありません。ビッグバン後の t_s において,第一幕,インフレーション期が始まります。この期間,放射優勢期($H_0 t_0 = 1/2$)なので**ハッブル定数**は $H = 0.5/t_s$ です(注1-9参照)。インフレーション期のあいだに宇宙は 10^{43} 倍以上に膨張します。約 $200t_s$ でインフレーション期が終了し,第二幕が始まります。第二幕は,標準的なビッグバンモデルです

1-27|同じ年に日本の佐藤勝彦もインフレーション理論を提案し出版しています(Sato K. 1981, *MNRAS*, 195, 467)。

が，初期条件はインフレーション期にすでに設定されています。たとえば，等温になることができた非常に小さなパッチ(小領域)は，インフレーションによって巨大な等温領域に膨張し，観測可能な宇宙よりもはるかに大きくなるのです。したがって，現在観測可能な宇宙では**宇宙マイクロ波背景放射**の温度はほぼ同じに見えるのです。

しかし，なぜインフレーションでほぼ厳密に $\Omega = 1$ となるのでしょうか。インフレーション期には宇宙が定常状態にあることがその答えです。宇宙が膨張すると密度が下がると予想されますが，定常状態では密度は一定でなければなりません。したがって，定常状態のあいだは継続的に物質が生成されていなければなりません。これは，式(6)において質量 M が一定ではなく，r^3 に比例して増大することを意味します。そうすると，宇宙が膨張するにつれて，ポテンシャルエネルギーの項は($-\mathrm{G}Mm/r$ なので)r^2 に比例してますます負の値になっていきます。エネルギーが保存されるためには，運動エネルギーの項 $1/2mV^2$ を大きくしなければならないので，V が大きくなり膨張が加速します。この章の冒頭の第2節(「宇宙の膨張」)で述べたように，宇宙の膨張に関していえば，この加速はアインシュタインの**宇宙定数**を導入することに等しいのです。しかし，次の関係式に注意してください[1-28]。

1-28｜全エネルギーが $E=0$ $(0.5mV^2=\mathrm{G}Mm/r)$ で，かつ宇宙が臨界密度 ρ_{crit} を持つときにハッブル速度 H_0r が脱出速度と等しくなるという第2節の議論を思い出してください。

$$(\mathrm{G}Mm/r)/(1/2mV^2) = \rho/\rho_{\mathrm{crit}} = \Omega \quad \cdots\cdots(13)$$

したがって，もしインフレーション前の宇宙において $\mathrm{G}Mm/r = 1$ で $0.5mV^2 = 2$，$E = 0.5mV^2 - \mathrm{G}Mm/r = 2 - 1 = 1$，$\Omega = 0.5$ であったとすると，10^{43} 倍に

膨らんだ後では，$GMm/r = 10^{86} (= (10^{43})^2)$となります。とすると，$E = 1$を維持するためには，$0.5mV^2$は$10^{86}+1$でなければなりません。したがって，インフレーション後，$\Omega = 1 - 10^{-86}$となり，これは式(8)で与えられた厳しい限界内に収まるのです。つまり，インフレーションが起きればほぼ厳密に$\Omega = 1$となるのです[1-29]。

1-29｜ここでは議論をわかりやすくするために$E = 1$に対して$GMm/r = 1$, $0.5mV^2 = 2$の組み合わせ（すなわち$\Omega = 0.5$）となっていますが，この組み合わせ（すなわちΩの値）が異なっても同じ結論になります。

このように，インフレーションはビッグバンモデルの2つの問題を解決しますが，別の疑問が生じます。なぜ宇宙はインフレーション期に大きな宇宙定数を持っているのでしょうか。この疑問に対する答えは，高エネルギー素粒子物理学の統一場理論にあります。**電磁気力**と**弱い力**を一つの**電弱力**に統一するワインバーグ-サラム（Weinberg-Salam）理論（電弱統一理論ともいう）は，大きな**真空のエネルギー密度**を必要とします。真空のエネルギー密度は宇宙定数と同じような作用をします。ワインバーグ-サラム理論では，宇宙は，温度Tが10^{15} K以上の（またはそれに相当するほどエネルギー密度が高い）宇宙定数の大きな状態から，宇宙定数が小さいかゼロの低い温度の正常状態に**相転移**します。さらに高い温度で強い力と電弱力を統一するのが**大統一理論**（GUT: grand unified theory）です。GUTでは，Tが10^{28} K以上になると大きな宇宙定数から小さな宇宙定数への相転移が起きます。これら二つのどちらの相転移でもインフレーション期が生まれるのです。

インフレーションはとてつもない膨張を引き起こすので，素粒子のスケールで起こる**量子ゆらぎ**のような小さなものでさえ，観測可能な宇宙の大きさにまで大きくしてしまいます。しかし，ゆらぎを膨らませているあいだにも，つねに新しい小さなゆらぎが生まれています。インフレーション期には宇宙が2倍の大きさにな

1-30｜ある量の分布を調べる際に，その量の分布範囲をいくつかに区分して（階級に分けて）ヒストグラムの形で表すことがありますが，その際の区間（階級）をビンと呼びます。

る時間が一定なので，2 倍異なる大きさ（ゆらぎの波長）のビン[1-30]に入るゆらぎのパワー（振幅）は一定です。時間を倍加時間（宇宙の大きさが 2 倍になる時間）の単位で，また大きさ r を光速×倍加時間の単位で測ってみましょう。そうすると $t = 10$ のとき，$t = 9$ と $t = 10$ のあいだに生じたゆらぎは，倍加時間が 1 未満のあいだしか存在していないので，すべて大きさ（波長）$r = 1$ 程度のゆらぎとなります。$t = 1$ のときに生じたゆらぎも $r = 1$ 程度で，その振幅は同じであったはずです。しかし，それらのゆらぎは $t = 10$ では大きさが $r = 512$ とな

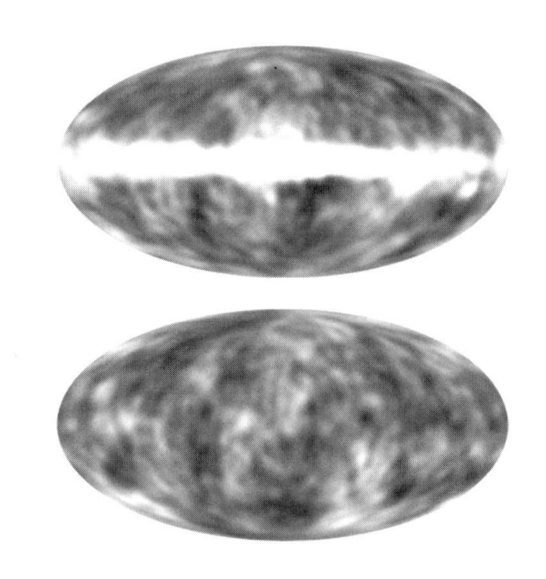

図1.4｜上｜ COBE 衛星の測定装置 DMR で測定された宇宙マイクロ波背景放射の温度ゆらぎの全天マップ（白いほど温度が高い）。銀河系から来る強い信号（楕円の長軸の周辺の白い部分）は差し引いていない。下｜すべての角度スケールで等しい振幅を持つようにランダム処理を用いて作成したモデルの温度ゆらぎ[1-31]。

1-31｜球面をモルワイデ図法で楕円に投影した図で全天が描かれています。

っています。したがって，$t = 10$ では，$r = 512$ と $r = 1$ のゆらぎの振幅は同じであるはずです。同じ議論を $t = 2, 3, 4, \cdots$ に適用すると，大きさが $r = 256, 128, 64, \cdots$ のゆらぎの振幅は，すべて $r = 512$ と $r = 1$ のゆらぎの振幅に等しくなることがわかります[1-32]。

これらのゆらぎは宇宙マイクロ波背景放射の温度ゆらぎとなり，地球から観測した場合，空の上に投映されたさまざまな角度スケールのパターンとして見えます。異なる角度スケールのゆらぎの振幅が等しくなることが**インフレーションシナリオ**で予測されます。1992 年に COBE チームは，宇宙マイクロ波背景放射の温度ゆらぎのパターンの振幅が，10°，20°，40°，80°を中心とする角度のビンで同じであることを発見したと発表しました。図 1.4 は，COBE で観測された実際の空の温度ゆらぎの地図（マップ）と，すべての角度スケールで等しい振幅を持つモデルを用いて作成された地図を比較したものです。2 つの地図は非常によく似ており，詳細な統計的比較を行うと，全スケールでゆらぎの振幅が等しいとするインフレーションの予測が観測結果とよく一致していることがわかります。

1-32｜このような性質をもつゆらぎのスペクトルはハリソン－ゼルドビッチスペクトル（Harrison-Zel'dovich spectrum）と呼ばれています。

音響スケール

2000 年以降の**宇宙マイクロ波背景放射**（CMB）の観測から，0.8°という角度が重要であることが分かりました。このスケールは，上で説明したビッグバンから 40 万年後の宇宙の地平線までの距離に関係しています。この角度は COBE 衛星のビームサイズ（分解能）の約 1/10 です。2001 年に NASA によって打ち上げられたウィルキンソンマイクロ波異方性探査衛星

(WMAP)は0.2°のビームサイズを持ち，このピークを正確に測定することができました。2009年に欧州宇宙機関(ESA)によって打ち上げられたプランク衛星は，0.08°のビームサイズで以前の測定をさらに改良しました。ビッグバンから40万年のあいだ，宇宙は**電離**しており，電離したプラズマがCMBの**光子**を強く散乱していました。この光子の圧力によって，宇宙に光の速さに近い速さで進む音波(音響振動)が発生します。**密度ゆらぎ**の2つの成分(**ダークマター**と普通の物質)は異なるふるまいをします。ダークマターは光子と相互作用しないので，ダークマターの密度ゆらぎは空間に固定されたままですが，電離ガス(プラズマ)の密度ゆらぎはCMB光子の圧力で音波となって宇宙空間を伝わります。そしてビッグバンから40万年後，宇宙は冷えてプラズマが再結合して光子と相互作用しなくなります(**宇宙の晴れ上がり**)。その時点で音波の干渉によって強められていた特定の波長があります。この波長が空の円周の1/220 (約1.6°) です。この波長サイズのまだら模様は図1.5で見ることができます。

音響スケールは**銀河**の空間分布にも見られます。銀河は物質密度が高いところに形成される可能性が高く，初期密度分布においてピークの場所には銀河が密集して形成されます。それに加えて，そこからビッグバン以来空間を伝わった音波が40万年後にたどり着いた球状の殻のところも密度が高く銀河が多く形成されます。その球殻の半径は，132 Mpcでも152 Mpcでもなく142 Mpcで，二つの銀河がこの距離だけ離れている確率が高くなります。図1.6に示した銀河の密集度合のグラフを見ると，太い矢印で示すペア間隔で値が高くなっていることがよくわかります。縦軸は観

図1.5 | 欧州宇宙機関(ESA)のプランク衛星が観測したCMBの温度ゆらぎの全天マップ。
http://www.esa.int/Science_Exploration/Space_Science/Planck/Planck_reveals_an_almost_perfect_Universe

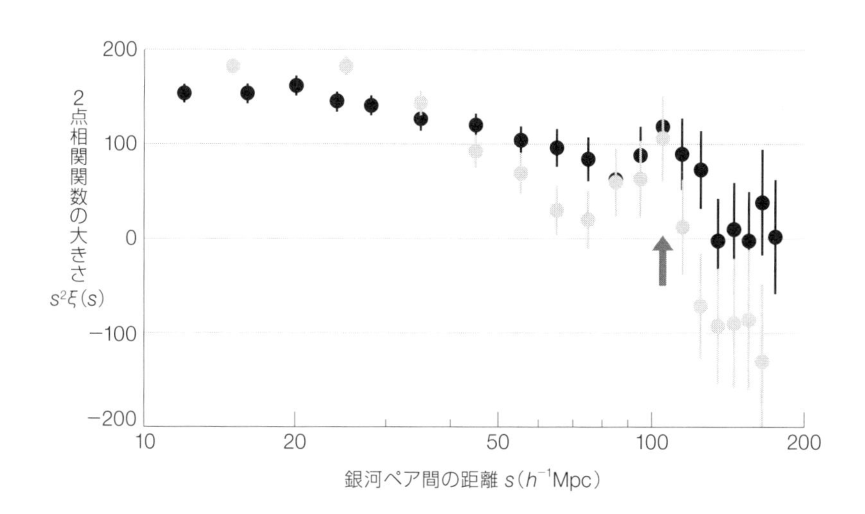

図1.6 | 銀河-銀河ペアの密集度合の強さ(縦軸)を銀河ペア間の距離 s (横軸)の関数として示した図。横軸の単位にある h は**ハッブル定数**を100で規格化した値($h = H_0/100$ km/s/Mpc)。薄い灰色の丸はブレーク(Chris Blake)らの銀河探査[2], 黒の丸はアイゼンシュタイン(Daniel Eisenstein)らによる銀河探査[5]の結果。太い矢印で示したところが銀河の密集度合が強い距離です(sh^{-1}~100 Mpcで, h=0.7なので s=142 Mpc)。これは宇宙の最初の40万年のあいだに宇宙を横切った音波の波長から予測される値です。

測された密集度合の強さ(2点相関関数の大きさ)を示しています。横軸に沿ってペア間隔の距離が大きくなっています。現在の**ハッブル定数**の値($h = H_0/100 = 0.7$)に対しては，太い矢印は142 Mpcに対応します。

現代の研究

ダークマター

COBE衛星で観測された温度ゆらぎに対応する初期の宇宙の小さな密度ゆらぎは，重力が他の相互作用によって妨げられない限り，現在の宇宙で見られるような銀河や銀河団などの構造へと成長することができます。構造の成長にもっとも重要な時期は，ビッグバンから5万年後です。この時期になると，物質の密度が背景放射の密度よりも大きくなり，密度の高い領域が**重力崩壊**し始めることができます(注1-9参照)。COBEで測定された温度ゆらぎは，地球上でいえば山の高さや谷の深さに相当する重力ポテンシャルの差を示しています。実際，典型的な重力ポテンシャルの差は，地球表面の重力加速度で測ると±3億kmに相当します[1-33]。しかし，宇宙の山と谷のあいだの距離は天文学的なもので，30京(3×10^{17})kmもあります。そのため，勾配は非常に緩やかで，下り坂を自由に移動できる物質だけが谷間のプールに集まることができます。ビッグバンから1万年後の温度30,000 Kの宇宙ではすべての化学元素は電離しており，その結果生じた自由電子(原子核に束縛されていない**電子**)が背景放射と相互作用して，重力に抗する非常に強い作用を生み出します。そのためすべての普通の物質は糖蜜のようになって，宇宙の小さな重力勾配を自由に流れるこ

1-33｜地球上のでこぼこによる重力ポテンシャルエネルギーの差ΔEは，地球表面の重力加速度($g = 9.8\,\mathrm{ms^{-2}}$)と質量$m$と高さの差$\Delta h$の積になります($\Delta E = mg\Delta h$)。たとえば富士山の山頂と海面でのエネルギーの差は約3800 mの高低差に相当します。同様の測り方をすると，それが宇宙の密度むら(でこぼこ)では±3億kmの高低差に相当するという意味です。

とはできません。したがってCOBEが明らかにした温度ゆらぎの存在は，宇宙の質量のほとんどが放射と相互作用しない異種の物質でできていることを示しています。それは光を散乱したり，光を吸収したり，発光したりすることはできません。これが**非バリオンの**ダークマターです[1-34]。このダークマターの性質については，まだはっきりとしたことはわかっていません。

1-34｜天文学でバリオンというときは一般に，普通の物質(原子)を構成する陽子と中性子と電子を指します。陽子と中性子を合わせて核子ということがあります。非バリオンのダークマターとは，バリオン以外の素粒子からなるダークマターです。現在(2021年)までの観測からは，ダークマターがバリオンである可能性は低いと考えられています。

歴史的に見ると，非バリオンダークマターの最初の候補は**ニュートリノ**でした。ニュートリノは存在することが知られており，式(9)の反応で決まるその数密度は，宇宙マイクロ波背景放射の観測から分かっています。もし3種類のニュートリノのうちの1つが電子の質量の約1万分の1というわずかな質量でも持っているとしたら，宇宙のニュートリノの密度は$\Omega = 1$となるのに十分な量になるでしょう。この小さな質量を持つニュートリノは，ビッグバンから1万年後の重要な時刻において，20万km/s程度の速度を持つことになります。この速い運動速度のために，ニュートリノを成分とするダークマターは**熱いダークマター**(Hot Dark Matter: HDM)と呼ばれています。その速度が大きいため，ニュートリノは宇宙膨張につれて減速するまでに約7000光年移動することになります。この7000光年は現在の宇宙では7000万光年に拡大しています。これよりも小さな領域では，仮にその領域の密度がまわりより高くても，**重力崩壊**する前にニュートリノが逃げてしまうので，重力崩壊が起きません。このように，ダークマターがニュートリノだとすれば非常に大規模な構造しかできなくなってしまいます。ところが観測されている宇宙には，銀河団や超銀河団のような宇宙全体から見ると十分小規模な構造が存在しており，このことからダークマターがおもにニュートリノからなっていることが否定されます。図 1.7 の**コンピュータ・シミュレーション**では，ニュートリノよりずっと小さい速度を持つ素粒子からなる**冷たいダークマター**（Cold Dark Matter:CDM）がある宇宙（左）では多くの小規模の高密度構造がみられますが，熱いダークマター（HDM）がある宇宙（右）ではそれらが消え去っていることがわかります。

非バリオンダークマターのもう一つの理論モデルは，重くて電気的に中性で安定な素粒子の存在を仮定しています。この（未発見の）素粒子は，通常の物質や放射と非常に弱い相互作用をすることから，弱相互作用重粒子（Weakly Interacting Massive Particle: WIMP）[1-35]と呼ばれています。このような重い粒子は，ビッグバンから 1 万年後でもニュートリノに比べて非常にゆっくりとした動きをしているため，WIMP は冷たいダークマターとなり得ます。冷たいダークマターの一つの

1-35｜日本語の定訳はありません。WIMP（ウィンプ）の略称が広く用いられています。英語のwimpには「弱虫」という意味があります。かつてダークマターの有力候補の一つと考えられた「質量を持つコンパクトなハロー天体（MAssive Compact Halo Object）がMACHO（マッチョまたはマチョー：英語でmachoは「男らしい」という意味）と略称されたこととの対比で，ユーモアがある命名です。

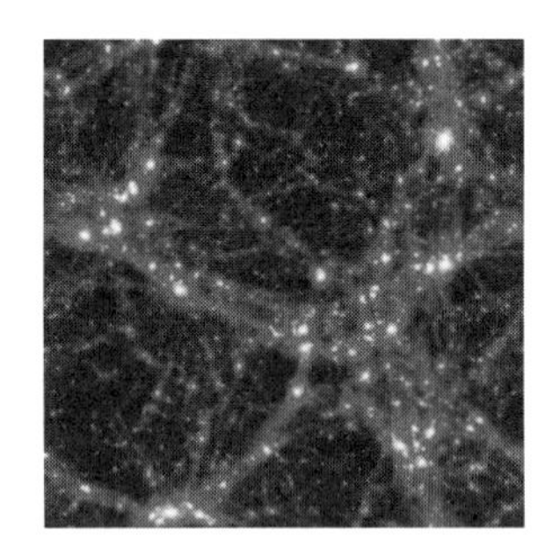

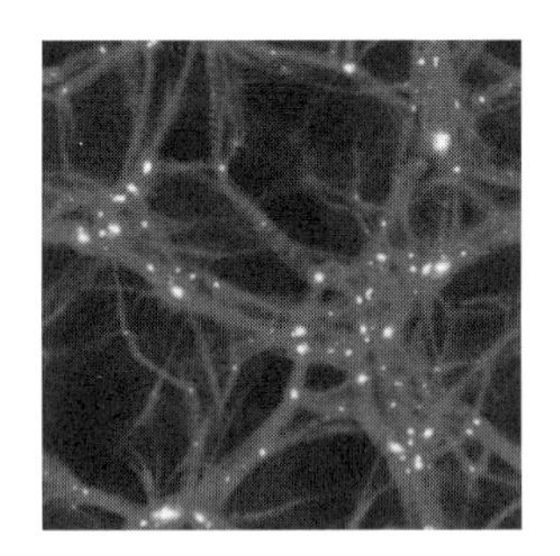

図1.7 ｜ダークマターの違いによる宇宙大規模構造のシミュレーションの比較。冷たいダークマター（CDM）がある宇宙（左）に見られる密度の高い小さな構造（薄い白い点）の多くは，熱いダークマター（HDM）（ニュートリノのような粒子）がある宇宙（右）では，粒子の運動によってならされてしまいます。出典：文献[13]より

候補として，超対称大統一理論（SUSY GUTs）が存在を予言する超対称性粒子の中で，もっとも軽い**ニュートラリーノ**が挙げられています。この理論は，粒子加速器で観測される高エネルギー粒子相互作用のモデルとして現在有力視されているものです。

CDM モデルの**宇宙論**に関わる予測は，それを構成する粒子が何であるかには依存しません。そのため，粒子の正体が何か分からなくても，ビッグバンから 40 万年後の**宇宙マイクロ波背景放射**に見られるほぼ完全になめらかな状態から，高度に構造が発達した現在まで，宇宙がどのようにして進化してきたのかについての CDM モデルの一般的な考え方は，ある程度確証をもって述べることができるのです。

ダークエネルギー

宇宙の膨張が加速しているという発見（アレックス・フィリペンコによる第 4 章の Ia 型超新星の距離についての議論を参照）により，標準的な宇宙モデルに「**ダークエネルギー**」が導入されることになりました。これはアインシュタインによって導入された**宇宙定数**である可能性もありますが，インフレーション期に存在したように**真空のエネルギー密度**である可能性もあります。これまでのデータは，真空のエネルギー密度が時間とともに変化しないとする仮定と合っています。しかし，インフレーション期の大きな真空エネルギーは消えてしまったので，ダークエネルギー密度が時間変化することはあり得ると考えられ，多くの科学者がダークエネルギー密度の時間変化を測定しようとしています。時間の関数としてダークエネルギー密度を研究することは，ESA のユークリッド衛星と NASA の広視野赤外線サーベイ望遠鏡

WFIRST[1-36]の主要な目標となるでしょう。

1-36｜2020年5月に，NASAの初代主任天文学者の名前をとってナンシー・グレース・ローマン宇宙望遠鏡（略称 ローマン宇宙望遠鏡）と名付けられました。

標準宇宙モデル

この章で述べたデータにより**宇宙論**は，思索に基づく形而上学的な学問からデータ駆動型の宇宙物理学の一研究分野へと変貌しました。今日では，以下の三つの要素からなる標準宇宙モデルに基づいてさまざまな計算と予測が行われています。第一は，あらゆるスケールで等しい振幅を持つハリソン－ゼルドビッチスペクトル（注 1-32 参照）にきわめて近いスペクトルを持つ原始密度ゆらぎで，これはインフレーションシナリオが予言するものです。第二はこれもインフレーションシナリオで予言される平坦な空間です（全エネルギー密度は**臨界密度**に等しい）。第三はそれぞれ以下の密度を持つ３つの構成成分です。

○**普通の物質**（バリオン）
　密度 $0.4189 \pm 0.0026\,[10^{-24}\,\mathrm{g/m^3}]$（5%）
○**冷たいダークマター**（CDM）
　密度 $2.232 \pm 0.019\,[10^{-24}\,\mathrm{g/cm^3}]$（26%）
○**ダークエネルギー**（支配的な成分）
　密度 $3349 \pm 67\,[\mathrm{eV/cm^3}]$（69%）

同じ単位に換算すると，ダークエネルギーのエネルギー密度はダークマターのエネルギー密度の２倍を少し超えています[1-37]。このモデルでは**ハッブル定数**は 68 km/s/Mpc で，これまで最良の測定値よりもわずかに小さく，宇宙の年齢は 138 億年（13.8 Gyr）と予測されます。

1-37｜括弧内の数値は，普通の物質とダークマターの密度を$E=mc^2$の公式によってエネルギー密度に変換し，ダークエネルギーの密度と同じ単位にして比較したときのそれぞれの成分の割合（%）を示しています。

宇宙の未来

ダークエネルギーに関する理論の予言どおりに宇宙膨張の加速が続くと仮定すると，私たちの観測可能な宇宙(地平線内)に含まれる銀河は次第に少なくなっていきます。非常に遠い未来(今から数1000億年後)には，**局所銀河群**の銀河以外は見えなくなっているかもしれません。その時代に生まれた文明がこの章で説明した**宇宙論**を理解するのは，私たちよりもはるかに難しくなっていることでしょう。私たちは幸運なのかもしれません。宇宙の歴史のまだはじめの頃に生きているおかげで，宇宙の誕生からいかにして私たちがここまでたどり着いたかを示す観測的証拠がたくさん得られるからです。

結論

この章の結論は，第2章で述べられる「銀河の起源」への序章にすぎません。銀河を形成するために必要な条件は，ビッグバンから10^{-12}秒後までのあいだに起こったインフレーション期に確立されたのです。インフレーションが起きる以前に宇宙に存在した構造は，どんなものでもインフレーションによって現在では観測不可能な大きさに拡大されてしまっています。したがって私たちが観測できる宇宙最古の構造は，COBE衛星，WMAP衛星，プランク衛星などで観測された宇宙マイクロ波背景放射の温度ゆらぎで，これはインフレーションの中で作られたものなのです。

第2章
銀河の起源とその進化
アラン・ドレスラー

Chapter 2
The Origin and Evolution of Galaxies
Alan Dressler

はじめに

第1章では**ビッグバン**について説明しました。ビッグバンは宇宙のはじまりの瞬間で，私たちが知っているすべてのものが，現在とはまったく異なる形，すなわち超高エネルギーの光とさまざまな素粒子が群れ集まる海のような形で存在していました。このとき，物質とエネルギーの熱い海は非常になめらかなものでした。それとは対照的に，今日の宇宙は冷たい暗闇で，その中に**銀河**と呼ばれる巨大な星々の集団が光を放っています。言い換えれば，宇宙はなめらかな状態から複雑な構造を持つ状態へと進化してきたのであり，この進化は私たち人類の存在と不可避的に結びついているのです。

天文学者はよく「進化」という言葉を使いますが，私は宇宙に関してはこの言葉を慎重に使います。この文脈での「進化」は，生物学者がいうある種の選択プロセスを含むものではなく，オックスフォード・コンサイス辞書にある「(出来事などの)見かけの姿の移り変わり」に対応する「継続的な変化」を意味します。宇宙の進化になんらかの意図や設計図があるかどうかは，私たち一人一人にとってはさまざまに想像力をかきたたせますが，それはもちろん本章では扱いません[2-1]。

ビッグバン直後の対称性と単純さから始まり，互いに複雑な関係をもつさまざまな粒子の創生，さらには(最初はビッグバン直後の高温プラズマの中で次には星の中心部で起きた)元素の合成を経て，もっとも現在に近い時期に起きた生物と生命の誕生に至るまでの宇宙の移り変わり，これが私にとっての「宇宙の進化」です。それは，生命そのものに代表されるようなきわめて複雑なものが，まったくの単純な状態から構築されてゆ

2-1｜宇宙や生命という精巧なシステムが，「知性を持った何者か」によって設計されたとする「インテリジェント・デザイン」という思想があります。進化論に反対するアメリカの団体などが1990年代に提唱しはじめました。キリスト教の旧約聖書の創世記に強く影響されていますが，宗教色を薄めるために，「知性を持った何者か」を(キリスト教の)神と切り離して，人によっていろいろ想像する余地を残しています。おもにアメリカ合衆国内ですが，インテリジェント・デザインを学校で教育すべきと主張する人々がいます。

くことです。私たち人類の進化は，宇宙の何10億年にもわたる進化のごく一部でしかありません。しかし，私たちは宇宙の進化と強く関係しているのです。私たちは，単なる付け足しや取るに足らない事故で宇宙に生まれたのではありません。したがって，どのような一連の出来事によって私たちが存在することになったのかということは，私たちが問うべきもっとも重要な問いなのです。

私はこの章で，何10億個以上もの星の巨大な体系であり宇宙の主要な構成要素である銀河の進化について，私たちが知っていると思っていること，および，まだ謎に包まれていることのおさらいをしたいと思っています。銀河の誕生とその後の進化は，宇宙で起きた創造の物語の中できわめて重要な出来事なのです。

銀河とは何か

肉眼で夜空に見える星は数1000個ですが[2-2]，たとえ小さなものでも望遠鏡を使えば何100万個もの星が見えます。歴史の記録を調べると，多くの星が空に巻き付いた帯のような狭い領域に集中していることは古くから知られていました。この帯はギリシャ語で「galaxias kyclos（乳の環）」と呼ばれていたことから，英語の「galaxy（銀河）」という言葉が生まれました。今から約400年前，ガリレオ・ガリレイ（Galileo Galilei）は，新しく発明された望遠鏡を自ら製作し，それを使って，この帯（天の川）が肉眼では見えないほど暗い無数の星々からできていることを示しました。やがて，星々が狭い帯の中に集まっているという事実から，この集団は薄い円盤の形をしており，太陽はその中にある無

2-2｜肉眼で見えるもっとも暗い6等星とそれより明るい星は全天で約8600個あります。同時に見られる夜空は全天の半分なので，夜空を見上げて肉眼で見える星は4000個あまりです。

数の星々の1つに過ぎないと人々は正しく推測しました。200年以上前に，知的で想像力豊かな人々，とくにその一人であるイマヌエル・カント(Immanuel Kant)は，無数の星々からなる円盤あるいは球のような形をした巨大な集団，すなわち“島宇宙”[2-3]が他にもたくさんあるかもしれないと想像しました。

1920年代，エドウィン・ハッブル(Edwin Hubble)は，私が現在所属するカリフォルニア州パサデナにあるカーネギー研究所のウイルソン山天文台(現在のカーネギー天文台)で天文学者として活躍していました。ハッブルは，夜空に淡い楕円形に見えるアンドロメダ星雲の距離を測定して，「他の天の川(島宇宙)」の存在についての何世紀にもわたる議論[2-4]に終止符を打ちました(図2.1参照)。ハッブルは，この星雲が私たちの天の川の境界をはるかに超えたところにあることを発見したのです。彼はこのことを，規則的に明るさが変化する**セファイド**という種類の**変光星**の観測から示しました。セファイドの真の明るさは，**銀河系**(天の川銀河)(第1章の注1-4参照)の中にある距離の分かっているセファイドの観測から求められていました[2-5]。そこで，セファイドの見かけの明るさを観測してそれを真の明るさと比較すれば，セファイドまでの距離が計算できます。光源の見かけの明るさは距離の2乗に比例して暗くなるという法則(逆2乗則)を利用するのです。

それ以後ハッブルをはじめとする当時の天文学者たちは，空の中のぼんやりとした淡い光の雲が，銀河であるのか銀河系内の小規模な星形成領域[2-6]，たとえばオリオン星雲(図4.5)のような星とガスの塊，であるかをきちんと区別しました。1920年代後半までには，何100個もの銀河が確認されていました。ハッブルら

2-3｜空間に点在する銀河は大海に浮かぶ島々にたとえられて，当時は「島宇宙(island universe)」と呼ばれました。現在はこの用語は学術用語としてはほとんど使われていません。

2-4｜ハーシェルが観測に基づく宇宙の形を出版したのは1785年です。宇宙の姿に関する科学的な議論はここから始まったと考えて良いでしょう。しかし，哲学的思索や想像に基づいた島宇宙，あるいは太陽のような星は無数にあるとする考え方はカント以前にもあり，16世紀のディッグスやブルーノ，18世紀のライトらにも見られます。

2-5｜リービットが発見した周期−光度関係は小マゼラン雲のセファイドに対するもので，見かけの明るさに基づいていました。距離を決めるには，周期−光度関係を真の明るさ(絶対等級)を使って表す必要があります。そのためには別の方法で距離が決められた銀河系中のセファイドの観測が必要だったのです。

はこれらの銀河の光を分光分析し，銀河の光を色(**スペクトル**)に分解(分光)することで，銀河の中にある星の光を，銀河系の光や銀河系内の個々の星の光と比較することができたのです。もっとも驚くべき発見は，**ドップラー偏移**(目の前を通り過ぎる救急車のサイレンの音が，近づくときには高くなり，遠ざかるときには低くなるのと同じ効果)の測定からもたらされました。多くの銀河が毎秒数 1000 km の速度で私たちから遠ざかっていたのです[2-7]。ハッブルは，銀河系から遠い銀河ほど後退速度が大きくなることを発見しました。**宇宙の膨張**とい

図2.1｜我々の銀河系の姉妹銀河であるアンドロメダ銀河(メシエ31)[2-8]の写真。平らな円盤状に分布する星々をかなり傾いた角度で見ているため，楕円形のように見えます。渦巻き腕とダスト(塵)が濃く集まったダストレーンが見られます。丸みを帯びた中央部(**バルジ**)にあるのは古い星々で，それらが明るく滑らかな輝きを放っています。渦巻き腕は，若くて高温の星が現在も誕生しつつある場所なので，少し粒状性を帯びています。出典：Wikisky (http://wikisky.org/)

2-6｜星が生まれている場所。星生成領域ともいう。用語集の「**星形成／星生成**」も参照してください。

2-7｜初期の分光観測で銀河のスペクトルを撮影し，銀河の赤方偏移を発見したのはアメリカのヤーキス天文台のスライファーです。後退速度が銀河の距離に比例することを示したハッブルの1929年の論文には24個の銀河のデータが使われていますが，そのうち20個の銀河の後退速度はスライファーのデータです。ハッブルはおもにこれらの銀河の距離の決定を行ったのです。

2-8｜18世紀に彗星を探していたフランスの天文学者メシエが，彗星と紛らわしいぼんやりと拡がった天体をカタログにまとめました。これはメシエカタログと呼ばれ，そのカタログに掲載されている天体は，メシエ31(M31)のようにカタログ番号で呼ばれます。

う概念は，ハッブルには決して受け容れやすいものではありませんでしたが，最終的には彼の最大の遺産(業績)となりました。この発見が宇宙の誕生という概念を持つ**ビッグバン**宇宙論へと繋がったのです。宇宙は静的ではなく動的であり，現在とは異なる過去があり，現在とは異なる未来がある，つまり宇宙は今も変化し続けているのです。宇宙とは何かという認識を変えたこれらの発見は人類の歴史の中でもっとも偉大なものの一つです。

銀河の形態

銀河が私たちの**銀河系**のような巨大な星の集団であることが明らかになると，ハッブルと彼の同僚たちは，銀河の形の違いに関心を持つようになりました。銀河の形はさまざまですが，種族が異なるキリンとクラゲの違いというよりも，キリンと馬の違いのような同種属の中での違いです。大きさや明るさにはかなりの違いがありますが，基本的には大きさの違う同じ動物のようなものです。宇宙では広大な空間に銀河がさまざまな形で存在しています。あちこちにある単独の銀河やたくさんの二連銀河や三連銀河，いくつかの明るい銀河と暗い銀河からなる銀河群，時に見られる多数の銀河を含む銀河団などなどです。これらすべての銀河が，大きさは異なるがいくつかの基本的な形で表されるのです。これが銀河系のまわりの直径1億光年以内の宇宙の見え方です（宇宙で距離を測るには，光が1年で移動する距離である**光年**を単位として用います。1光年は約10兆キロメートルです)。

銀河が示すこの単純な規則性の原因を見つけること

が，何 10 年にもわたる天文学の研究課題となりました。今でもある程度それは続いています。科学ではよくあることですが，分類学が最初のステップでした。研究対象を，ある特徴を共有するクラスに分類することで，その特徴を作りだす物理的プロセスの手がかりを得ることができます。

銀河の分類に関するもっとも古い研究もハッブルによりなされました。ハッブルは，銀河の大きさや明るさよりも形に注目して，**渦巻銀河**，**楕円銀河**，レンズ状銀河の 3 つのタイプ(形態)を同定しました(図 2.2 参照)。実

ハッブルの銀河分類体系

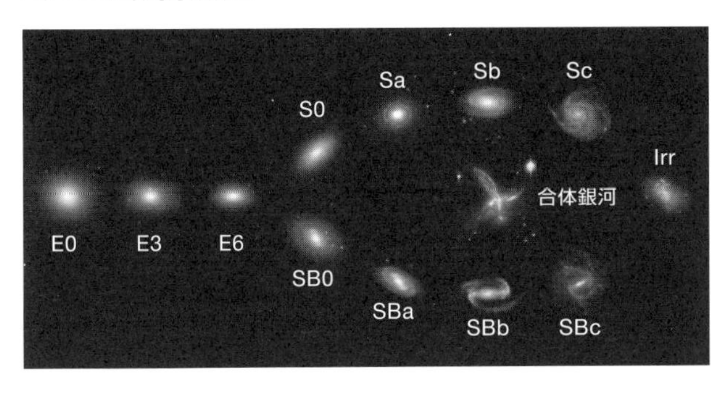

図2.2｜さまざまな形態の銀河を配置したハッブルの「音叉図」[2-9]。楕円銀河(扁平度にしたがってE0-E6に分類)は楕円体状の星の集団です。S0銀河(エスゼロ銀河と発音。レンズ状銀河ともいいます。SB0は棒状構造を持つもの)は渦巻銀河に似ていますが，現在星はほとんど生成されていません。渦巻銀河には棒がある銀河(SB，下の系列)とない銀河(S，上の系列)があります。これらの銀河が今日の明るい銀河の95%を占めています。残りのほとんどは不規則銀河(Irr)と合体銀河(音叉の中心)です。明るい銀河に対してはこれよりも精巧な分類法も考案され利用されてきましたが，このハッブルの単純な分類法は，銀河の基本的な構造と**星生成**活動の性質をよく表しています。このような図では伝えきれない重要な事実として，銀河の大きさには10倍程度の幅があり，明るさには100倍程度の幅があることが挙げられます[2-10]。出典：アイオワ大学物理・天文学科，NASA／ハッブル宇宙望遠鏡

2-9｜この図はハッブルが1936年に出版したオリジナルの音叉図とは少し異なっています。

2-10｜明るい銀河の100-1000分の1以下の規模の銀河は「矮小銀河(dwarf galaxy)」と総称されます。これに対して明るい銀河を「巨大銀河(giant galaxy)」と呼ぶことがあります。数からすれば矮小銀河のほうが巨大銀河より圧倒的に多く存在します。

際，大きさでは10倍，明るさでは100倍も違う銀河がこの三つの形態に分類できることは注目に値します。渦巻銀河と楕円銀河の例を図2.3に示します。私たちの銀河系のような渦巻銀河はもっとも多くある形態で，夜空では外縁部に渦巻き模様がある楕円形に見えます。天文学者たちはすぐに，渦巻銀河は基本的には平らな円盤であると認識しました。真横から見る(エッジオン)と，厚みは広がりに対して20-30分の1しかありません。正面から見る(フェイスオン)とほぼ完全な円形です。視線に対して両者の中間的な角度で傾いているものが楕円形に見えるのです。

渦巻銀河はすべて完全に平らというわけではありません。多くは中央部が膨らんでいます。この膨らみを**バルジ**といいます。バルジはどの角度から見てもほぼ丸く見えるため，球に近い形であることが知られています(どの角度から見ても丸く見えるのは球体だけです)。銀河系は，私たちが**ダスト**(塵)の多い円盤の中にいるためによく見えませんが，薄い円盤と膨らんだバルジの両成分を持っています。円盤は夜空に広がる淡い光の帯(天の川)として見え，その帯の幅がいて座方向で大きく広がっていることからバルジの存在が分かります。広視野赤外線探査衛星(WISE)は，ダストに邪魔されていない銀河系の見事な写真[2-11]を撮影しました(図2.4)。バルジの外側には，球状の「**ハロー**」が円盤の外側まで広がっています。ハローの中には，たくさんの“球状星団”があります[2-12]。渦巻銀河にはほかにも特徴があります。たとえば，中央にバルジの代わりに棒状やレンズ状の構造を持つものがあります。渦巻き模様のパターンにも，規則的で大規模なものやレースあるいは“綿毛のように”見えるものがあります。こ

2-11｜ダスト(塵)による光の吸収の効果は，波長が長くなるほど弱くなるので，可視光より波長が長い赤外線で撮影すると，星間吸収の影響が少ない写真が撮れます。電波では星間吸収の影響はほとんどなくなります。

2-12｜銀河系の球状星団は小型望遠鏡でも見えます。

渦巻銀河

楕円銀河

図2.3｜代表的な渦巻銀河と楕円銀河。渦巻銀河（**左**）は，立派な渦巻き腕を持っていて，その中の節のように見えるところで星が生まれています。中央のバルジ（中心の丸い部分だけでなく，半径で半分程度まで広がっている）は，何10億個もの古い星の集まりです。楕円銀河（**右**）は，古い星々ばかりが楕円体状に集まってできています。この楕円銀河には，球状星団と呼ばれる古い星団が何1000個もあります。銀河の周縁から外側に点々と見られる細かいしぶきのように見えるものです。一つの球状星団には約100万個の星があります。出典：NASA／ハッブル宇宙望遠鏡

図2.4｜NASAの衛星「WISE」による近赤外線で見た銀河系の全景（天の川）。全天をモルワイデ図法で楕円に表したもの。この画像の中心はいて座の方向で，銀河系の中心に向かう方向です。この方向に光が集中して四角っぽい丸型に見えているのが銀河系のバルジです。

れらの違いは，星が銀河内でどのように運動しているかという力学的研究には重要ですが，ここではそれは扱いません。

楕円銀河は渦巻銀河とは対照的に，何10億個以上もの星が集まってできた丸い玉のような形をしています。長年研究が行われてきましたが，楕円銀河の形状については，すべてが円盤形(オブレート：扁平楕円体)なのか，すべてがラグビーボール型(プロレート：扁長楕円体)なのか，それとも両方の形をしたものがあるのかは，いまだにはっきりとはわかっていません[2-13]。私たちが宇宙を見る視点が一つしかないために，これはなかなか難しい問題です。それぞれの銀河を一方向からしか見ていないからです。私たちの一生は，宇宙の基準からするとほんの瞬間です。この一生のうちに，銀河を「良い方向」から見ることができる場所に私たちが移動する機会はなく，銀河が私たちの視線に対して回転するのを見ることもありません。楕円銀河には，渦巻銀河とおなじように宇宙空間に広がるかすかなハローがあり，通常はその中に多数の球状星団が点在しています。天文学者は長年，楕円銀河は銀河の進化を研究するのに適しているのではないかと考えていました。楕円銀河の形が単純なので，その進化の歴史ももっとも単純であると考えたからです。しかし実際にはその逆でした。

2-13｜楕円を短軸の周りに回転させたものがオブレート(扁平楕円体)，長軸の周りに回転させたものがプロレート(扁長楕円体)です。楕円銀河には，そのどちらでもなく，三軸不等の楕円体(湯たんぽ型)のものもあることが知られています。

S0(エスゼロ)銀河(ハッブルはこれをレンズ状銀河と呼んでいました)は，楕円銀河と渦巻銀河の交差点のような位置にあります。**バルジ**の光がそれを取り囲む薄い円盤の光よりもはるかに強く，円盤の中に渦巻き模様は見られません。また，「不規則銀河」と呼ばれるものもあります。これは渦巻銀河，楕円銀河，S0銀河以外の数パーセントの銀河の総称です。不規則銀河の中には，小さすぎて安定したパターンで整然と**星生成**をすることができないように見えるものもあります。不規則銀河は楕円銀河とS0銀河よりは，渦巻銀河と共通する特徴を多く持っています。また不規則銀河の中には，銀河“同士”の衝突や**合体**の結果，あたかも銀河という列車が衝突してぐちゃぐちゃになった「衝突列車の銀河版」のように見えるものがあります。

渦巻銀河の渦巻き模様は，単なる分類学から，さまざまなタイプの銀河を生み出す物理プロセスの初歩的な理解へと進む最初のきっかけとなりました。星の一生について多くのことが理解されてくると，渦巻き模様は，ガスと星からなる薄い円盤の中で生まれる若い星によって形作られていることが分かってきました。渦巻き模様，円盤の薄さ，新しい星の生成はすべて密接に関連していることも明らかになりました。

典型的な銀河である私たちの**銀河系**は，もっとも多く存在する渦巻銀河の一つで，質量，大きさ，光度ともに平均に近いものです。銀河系の目に見える部分，すなわち星の存在する領域の直径は約100,000光年です。ネアンデルタール人がヨーロッパ大陸で繁栄していた頃に地球で反射された太陽の光は，まだ銀河系の幅を越えていません。私たちの太陽は，もっとも数の多い星のほぼ2倍の質量を持っていますが，かなり典型的な星です。銀河系には約1000億個の星があるので，現在地球に住んでいる人間一人につき，約12個の星がある勘定になります。また，私たちの銀河系は「回転」しています。太陽とその近傍の星々は銀河系の中心の周りを，毎秒約220キロメートルの速度で運動しています。この速度でも1回転するには約

2億年かかります。太陽が現在の位置を最後に通過したとき，つまり今から2億年前は，恐竜がちょうど地球を支配し始めていたときでした。

現在では，銀河で何が起こっているのか，その基本的な事柄は分かっています。**渦巻銀河**の円盤は，銀河中心の周りをほぼ円形の軌道で回転する星からおもにできています。星のあいだを漂っているのは，星が生まれるもととなるガスです。ガス全体の質量は星全体の質量よりも小さいものです。このガスはおもに水素原子からできています。これは宇宙全体にもいえることで，ヘリウム原子はある程度存在しますが，炭素，窒素，酸素，シリコン(ケイ素)，マグネシウム，鉄などの重要な**重元素**の原子は1% 未満しかありません。重元素の原子のほとんどは，炭化水素，ケイ酸塩，氷などの小さな粒(**ダスト**)になって希薄な霧のように漂っています。これらは地球や私たち人類を作るもとになった物質と同じものです(後続する各章を参照)。銀河内の星間空間のガスやダストの平均密度は1立方センチメートルあたり原子1個しかありません。これは，これまでに地球で作られたどんな真空より真空度が高いものです。しかしこの密度は，銀河の外の銀河間空間にあるガスよりも10万倍も高く，**星生成**の出発点となるには十分な密度なのです。

銀河の渦巻き腕に沿って，星間空間の平均より密度の高いガス雲があります。そこで，ガスが**重力収縮**し，中心で核の火がつくと新しい星が誕生します。ガス雲の密度が高いと，もっとも一般的な元素である水素，炭素，窒素，酸素などの分子，水あるいは二酸化炭素の氷，また炭素とシリコンを含む長い鎖でできた微細な「**ダスト**」などさまざまな分子が形成されやすくなります。このダストには地球上の油に含まれる炭化水素の多くが含まれています(後の各章を参照)。このような分子を多く含んで密度が高く低温の巨大なガスの塊を**分子雲**と呼びます。

少なくともいくつかのケースでは，渦巻き模様自体が星生成の要因となっているようです。渦巻き腕は，浴槽で立てる水の波がその中を行ったり来たりするのと同じように，銀河の中を絶えず掃き回る圧力波のようなものです。この波が通過すると，分子雲が圧迫され，その中のガスが圧縮されて重力が圧力に勝り，雪崩のような**重力崩壊**を引き起こす密度にまで達します(第5章参照)。分子雲中の小さなガス雲が収縮すると温度が上昇し，その結果，より明るく光り，放射によってエネルギーが失われることでガス雲はさらに収縮します。このようなガス雲がグロビュールと呼ばれる小さな塊に分裂すると収縮は止まります。グロビュールの中で**原始星**が生まれます。その後の重力収縮によって原始星の中心部の温度は何100万度にも上昇し，**核融合反応**が始まります。星の中心部の核の火は，熱として途方もないエネルギーを生み出します。このエネルギーによってガスは高い圧力を得て，重力によって落ち込む莫大な質量を支えることができるのです。星は何億年，何10億年にもわたって輝き続けます。星のコア(中心部)では核融合反応によって，最初の**主系列**星の段階では水素がヘリウムに変換され，主系列を離れた後にはヘリウムからより重い元素が合成されます。宇宙にある水素とヘリウムより重い元素は，すべて星のコアで形成されたものです[2-14]。

これが銀河の生き方です。銀河は何世代もの星を作るのに必要な原料を保持し，やがて惑星や生命を

2-14| ごくわずかのリチウムとベリリウムはビッグバンでも作られます。鉄より重い元素のでき方については第3章で詳しく説明されます。

作るもとになる重元素でその原料を豊かなものにしているのです。

銀河を構成する星の年齢

渦巻銀河および不規則銀河と楕円銀河およびS0銀河のあいだには明らかな違いがあります。前二者では**星生成**が続いていますが，後二者では実質上(しばしばまったく)星生成活動はありません。しかし話は簡単ではありません。**銀河系**のような**銀河**は「昨日生まれた」のではなく，古い星もたくさん存在しているのです。実際，あらゆる形態の銀河は何世代にもわたる星の誕生と死を積み重ねてきたのですが，そのプロセスはずいぶん昔に始まったようです。どの銀河にも，宇宙誕生後わずか20億年程度しか経っていない頃に生まれた星があります。楕円銀河の星は，ほとんどが宇宙の歴史の最初の20–30億年のあいだにできたものですが，銀河系のような渦巻銀河では，その時期までには全体の星の20%しか誕生していなくて，それ以降数10億年にわたってほぼ一定の割合で星生成が続けられてきました。

宇宙の歴史が星の中に刻み込まれているという私たちの理解は，1940年代にウイルソン山天文台でハッブルの同僚の一人であった卓越した天文学者ウォルター・バーデ(Walter Baade)による先駆的な観測から始まりました。1940年代，バーデはもっとも近い隣のアンドロメダ銀河の非常に深い(暗い天体まで写っている)写真を撮影しました。アンドロメダ銀河の暗い星の色や明るさを，銀河系の星団(その年齢はある程度の精度で決定されていた)の星と比較したバーデは，銀河系のような渦巻銀河には，2つの異なる**星の種族**が存在すると考えました。銀河の丸みを帯びた成分である**バルジ**や**ハロー**の星は平均して，円盤(平らな成分)の星よりもずっと古いのです(星の種族の平均年齢を割り出す技術は，現在では“非常に”信頼性の高いものとなっています)。さらに，年齢の古い星々では，炭素，窒素，酸素，シリコン，マグネシウム，鉄などの**重元素**の含有量が非常に少ない星の割合が高いのです。先に述べたように，また第3章でも説明されますが，これらの元素は何世代にもわたる星の誕生と死の中で合成されたものであり，ビッグバンでできたものではありません。これら重元素の割合が非常に低い星は，銀河の中でもっとも古い星々であり，重元素が大量に生産される前に生まれた星であると考えれば辻褄が合います。このことは，丸みを帯びた成分(バルジとハローおよび楕円銀河)が初期に形成されたという考えに合います。対照的に，平らな円盤成分の中にあるほとんどの若い星は重元素を比較的豊富に含んでおり，それらは丸みを帯びた成分(楕円体成分と呼ぶ)ができた後で生まれてきたものです[2-15]。

ここ数10年，天文学者たちは，私たちの近くにある銀河がどのようにして作られたのかを知るために，星生成を研究してきました。たとえば，銀河系の低密度のハローには，重元素がもっとも少ない最古の星が含まれていることを発見しました。これらの星は，**超新星**がどのようにしてその場所に重元素を運んできて星生成のきっかけを作ったのかを示す「化石の記録」を保存しています。これまでに，銀河のどこかある場所での星生成率(SFR)[2-16]は，新しい星を作るために利用できるガスの密度によって大きく左右されることが発見されています。さらに銀河の中で“金属量勾配”(円盤

2-15｜バルジの形成過程に関する最新の知見については，後節「銀河の形態の起源を目撃する」の最終パラグラフ(73ページ)を参照してください。

2-16｜銀河の星生成率(Star Formation Rate: SFR)は，銀河の中で1年間に誕生する星の質量を太陽質量単位で表したもので，単位は[太陽質量/年]です。

の中心部では周辺部より金属＝重元素の量が多い）があることも分かりました。このことは，銀河が中心部から外側に向かってできていったことを示唆しています。密度の高い中心部から外側に向かって次第に星生成に必要なガスが供給されたので，外側ほど星生成活動の期間が短く重元素が少ないのです。最近では，小さな衛星銀河が銀河系やアンドロメダ銀河に引き込まれる際に，“潮汐力によって”衛星銀河から一部の星が引き出されハローに流れ落ちた例も発見されています（“潮汐はぎ取り”と呼ばれる重力の効果）。最大の望遠鏡を使えば，これらの星のスペクトルを観測できます。スペクトルの分析から，流れの中にある星の元素組成がどれも同じで，ハロー中での動きも同じであることがわかり，それらの星々が引き裂かれた小さな銀河の一部であることを証明することができました。

これらの進歩は今日の銀河の詳細な観測研究から生まれました。私たちの銀河系や近傍の銀河は，それらがいつ生まれたかを教えてくれる生きた化石なのです。「今日」の銀河の観測から過去の銀河の進化について多くのことが分かったということ自体驚くべきことです。しかしそれに加えて天文学者は，歴史家が羨むことしかできない贈り物を持っています。過去の歴史を“そのまま見る”ことができるのです。ここ 20–30 年のあいだに，地上に設置された巨大な望遠鏡や，地球を周回する人工衛星に搭載された宇宙望遠鏡が，120 億光年彼方まで銀河からの光を集め，宇宙が 50 億年，100 億年，さらには 120 億年若かった頃の銀河の姿を見ることができるようになったからです。

銀河の形態の起源を目撃する

大きな望遠鏡ならどれでも遠くの**銀河**の光を集めて過去(宇宙が“若かった”頃)を振り返ることはできます。しかしバーデたちが近傍の銀河で研究したように，銀河の中の個々の星を観測できる私たちの能力は非常に限られています。遠くにある銀河を見ると，個々の星や星団の光が混ざり合ってしまい，星の年齢(さらには各元素の存在量)の研究は非常に難しくなってしまいます。このような遠方の銀河を観測するときの“空間分解能”はとても低いのですが，はるか昔の宇宙にも**渦巻銀河**(星生成が続いている銀河)が一般的に見られたこと，また**楕円銀河**やS0銀河も(数は少ないかもしれませんが)存在していたことは確認できます[2-17]。つまり，20-30億年前ではなくずっと昔に**星生成**活動を止めてしまった銀河もあるということです。

2-17｜空の上でどれくらい細かなものまで識別できるかが空間分解能です。遠方銀河の画像では細かな構造はよく見えませんが，渦巻銀河と楕円銀河／S0銀河の区別はできるのです。

これら遠い銀河の**星の種族**が，私たちの周りにある現在の銀河の星の種族とどう違うか調べるためのもっとも直接的な方法は，それらの銀河の光を**分光器**で分析することではありません。地上に設置されている望遠鏡では，地球大気の乱れによって空間分解能が制限されていますが，宇宙望遠鏡ではより鮮明な画像を得ることができます。望遠鏡で得られる画像の鮮明さは口径に比例し，観測する光の波長に反比例します。宇宙に望遠鏡が打ち上げられてからの20-30年間，宇宙望遠鏡の口径は遠くの銀河を詳しく見るには小さすぎました。そして1990年にようやくハッブル宇宙望遠鏡が打ち上げられました。その口径2.4メートルの主鏡は，はるか昔の銀河がどのような姿をしていたかを示すのに十分な大きさでした。

ハッブル宇宙望遠鏡が打ち上げられたとき，天文学者たちは，それが予定どおりの性能を発揮すれば，宇宙年齢の半分の時代にまでさかのぼって銀河を詳細に観測できると信じていました。しかし打ち上げ当初のハッブル宇宙望遠鏡は，主鏡の製造ミスにより，その約束を果たすことができませんでした。1993 年，スペースシャトルの宇宙飛行士によって大胆な修理が行われ，もとの光学系の収差を補正した新しいカメラが設置されて，もともと目指していた非常にシャープな画像が実現されました。天文学者たちはすぐに，ハッブル宇宙望遠鏡が誕生後 10 億年にも満たない宇宙の過去に遡って，揺籃期にある銀河の姿を明らかにすることができることを知りました。失望が歓喜へと変わっていったのです。

それ以来 1000 本以上の研究論文が発表され，ハッブル宇宙望遠鏡が何 1000 時間もかけて深く詳細に撮影した空の狭い領域の画像から分かったことが報告されてきています。地上最大の望遠鏡で撮影された写真でもまったく何もないように見えた空の一角に，驚くほどの数の遠くのかすかな銀河が見えることが明らかになりました。これらの特別の天域は「**ハッブル・ディープ・フィールド**（ハッブル深宇宙）」[2-18]と呼ばれています。その写真を撮るためには，遠い過去の銀河からの**光子**が 100 億年の旅のあとで少しずつカメラに流れ込んでくるあいだ，何 100 時間もハッブル宇宙望遠鏡を向け続ける必要がありました。

2-18｜ハッブル宇宙望遠鏡によるいくつかの深い探査天域をまとめて，ここでは複数形でハッブル・ディープ・フィールドと呼んでいます。

ハッブル・ディープ・フィールドの画像には，銀河の進化に関する並外れた多様性と詳細な情報が含まれています。しかしそれはさておき，おそらく天文学者なら誰もが，これらの画像に関してもっとも注目すべき点は，銀河の進化を直接見ることができることだと思うでしょう。これらはまさに1000の言葉と論文に値する画像です。図2.5は，ハッブル・ディープ・フィールドの画像から切り出した個々の銀河を示しています。銀河の距離と**ルックバックタイム**はハッブル膨張による後退速度から，第1章で説明した**ハッブルールメートルの法則**(後退速度と距離が比例する)を使って求めました。図2.5の30億年前の銀河(左図)を図2.2のハッブルの形態分類型と比較してみると非常によく似ています。

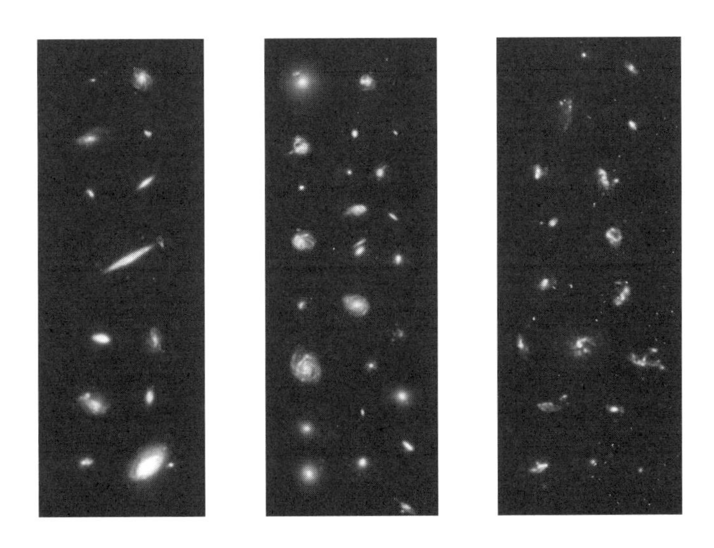

図2.5｜ハッブル・ディープ・フィールドの画像から，銀河が宇宙時間の中でどのように進化しているかを三つの図で示しています。左の図は，現在から30億年前の銀河を示しており，それらの形態は図2.2や図2.3の「局所」宇宙（現在の宇宙）に見られる基本的な銀河の形態と一致しています。70億年前（中央の図）の銀河でも，中には「ゴツゴツ」した感じのものもありますが，多くは現代の銀河に似ています。右図は今から100億年前，宇宙がまだ30億歳頃の銀河を示しています。ここにある銀河は，破砕された渦巻銀河のように見えますが，実際には，安定した星の円盤を形成しようとしている渦巻銀河，つまり，“組み立て中の銀河”なのです。しかし，この時期にも楕円銀河のように見えるものがいくつか存在していています。サイズが小さいこと以外は現在の楕円銀河と同じように見えます。この図の基本的なポイントは，銀河の進化が起きているところを“そのまま”観察できるということです。出典：NASA／ハッブル宇宙望遠鏡

70 億年前の銀河(中図)でも，分類型に合わないものがいくつかあるだけで，ほぼ同じように見えます。しかし，100 億年前の様子(右図)は大きく異なっています。この図は宇宙が 30 億歳頃の銀河の姿を示しています。多くの銀河が現在とは違っていて、渦巻銀河は破砕片のように見えます。これはまさに渦巻銀河が円盤成分を作っているところ，あたかも手に負えない思春期にあるような銀河を見ているのだと天文学者は信じています。数 10 億年後にはこれらは現在の成熟した銀河の姿になるでしょう。

本当の意味でこれはハッブル宇宙望遠鏡の最大の成果かもしれません。写真だけで，**銀河**からなる宇宙が進化していること，すなわち若い頃と今とでは銀河の見え方が違うことを示しています。科学の世界では，写真だけで物語を語れることはあまりありません。しかし，ハッブル宇宙望遠鏡は“100 万語”にも値する写真を撮影しているのです。

ハッブル宇宙望遠鏡の画像は，楕円銀河についても同様に興味深いことを示しています。楕円銀河は，現在ほど多くありませんでしたが，遠い過去の若い宇宙にも確実に存在しています。渦巻銀河とは異なり，若い宇宙でも基本的には現在と同じように滑らかで丸く，若くして成熟したように見えます。しかし，これらの初期の楕円銀河は，“同じ質量あたりで見ると”，現在の宇宙にある彼らの子孫よりもはるかに小さかったのです。このことを説明するのは簡単ではありませんが，時間が経つにつれて楕円銀河は「膨らんだ」(質量は同じですが，大きさが大きくなった)ように見えます。これを説明するメカニズムはいくつか提案されていますが，満足の行くものは今のところなさそうです。肯定的に言えば，私たちの予想を裏切るこのような大発見は，私たちが根本的な事柄をまだ理解していない兆候である可能性が高いのです。銀河の進化について何かを見逃していることに気づくのは良いことです。先入観に合わないものを知ることは，“理解するための”重要なステップなのです。

最後に，ハッブル宇宙望遠鏡による“銀河の時系列変化”の画像を見ると，宇宙が非常に若かった頃にはS0銀河はあまりなかったことがわかります。このことは，S0銀河の多くは「疲れ果てて」**星生成**をやめた渦巻銀河の子孫であることを示唆します。S0銀河は，楕円銀河に円盤がつけ加わったように見えますが，時系列で見ると，円盤銀河[2-19]に**バルジ**(楕円銀河に似ている)が加わったものであることがわかります。このことは，バルジは渦巻銀河が成熟した後に形成されるという重要な結論を示しています。次の節で説明するように，小さな衛星銀河が大きな銀河に飲み込まれてしまうことは，マイナー・マージャー[2-20]と呼ばれます。このプロセスは，楕円銀河がどうして質量をあまり増やさずに膨らむのか，渦巻銀河の強力な円盤成分の中でどのようにバルジが成長できるのかという二つの問題の両方を解決することになるかもしれません。

2-19｜円盤成分を持つ渦巻銀河とS0銀河を総称して円盤銀河(disk galaxy)といいます。

2-20｜日本語として定訳はなく，英語読みのままで広く使われています。用語集の「**合体**」を参照してください。

銀河と巨大ブラックホール

星，ガス，**ダスト**に加えて，楕円銀河とバルジを持つ円盤銀河の中心には巨大な**ブラックホール**[2-21]があります。**一般相対性理論**が予測するこれら謎の大質量天体は，太陽の何100万倍から何10億倍もの質量を無限に小さな空間(「空間」すらもない)に隠しています。自

2-21｜ここで議論されるブラックホールは，銀河の中心核にある巨大な超大質量ブラックホール(supermassive black hole)と呼ばれるものです(用語集の「**ブラックホール**」を参照してください)。

然界のこの異常な事実への手掛かりは，1960 年代に新しく開発された“電波望遠鏡”による観測からはじめて得られました。電波は**電磁波**の一種で，よく知られている可視光よりもエネルギーが低い(波長が長い)ものです[2-22]。電波天文学者たちがあらゆる種類の天体，**銀河系**内の星，ガスやダストからなる星間ガス雲，そして銀河系外の**銀河**などを観測していたとき，驚くべきことを発見しました。ほとんどの銀河は，星を生成しているガス雲から微弱な電波を出して「光っている」ことはわかっていましたが，ごく一部の銀河では，中心部から強力な電波が出ていたのです。電波望遠鏡の口径が大きくなり感度が高くなるにつれて，銀河の中心部から両側にジェット状に電波が出ていることを示す電波写真が撮れるようになりました。図 2.6(左上)はその有名な例で，銀河の星の広がりのはるか先まで，高エネルギーの**電子**を光速に近い速さで放射している電波銀河です。

光学望遠鏡[2-23]はすぐにこれらの電波銀河の観測を行いました。ほとんどの銀河は巨大な楕円銀河のように見えましたが，可視光では銀河の中心部に異常なものは見られませんでした。しかし，いくつかの電波銀河では非常に重要なことがわかりました。これらでは，電波源の位置に銀河ではなく星のように見えるものが光学望遠鏡の画像に写っていたのです。星が強力な電波源になるとは考えられません。しかし，ヘール天文台の巨大なパロマー200 インチ望遠鏡を使って**スペクトル**を撮影したところ，これは銀河系の星ではなく，信じられないことに，遠く離れた宇宙にある天体であることがわかりました。これらの天体は，準恒星状電波源(恒星のように見える電波源を意味する)，または

2-22｜電磁波は波長の短いものほどエネルギーが高いのです(用語集の「**電磁波**」を参照してください)。

2-23｜天体望遠鏡は観測できる波長帯を明示したいときは，ガンマ線望遠鏡，X 線望遠鏡，紫外線望遠鏡，赤外線望遠鏡，ミリ波望遠鏡，電波望遠鏡などのように，その波長帯の電磁波の名称を頭につけます。しかし，可視光を観測する望遠鏡は可視光望遠鏡と呼ぶことは少なく，一般に光学望遠鏡と呼ばれています。英語では optical telescope です。

2-24｜星が一定方向にそろった回転をしている円盤とは違って，楕円体成分(バルジとハロー)の中では星がランダムな軌道運動をしています。このような系では星のランダムな運動速度分布の広がりを表す速度分散と系の質量のあいだにはとても強い相関関係がありますので，上と下の軸にそれぞれが目盛られています。

電波銀河
ブラックホール

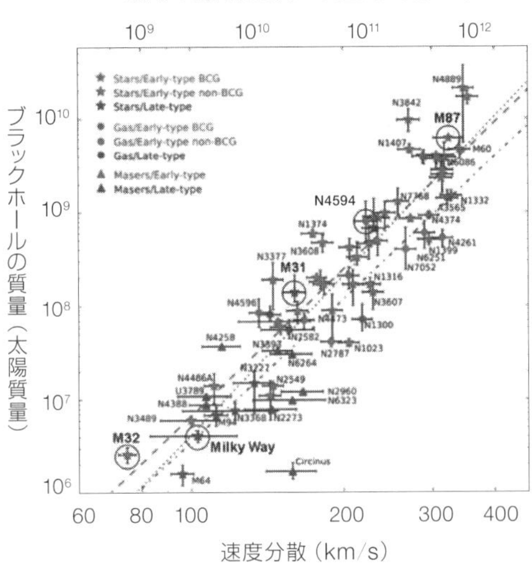

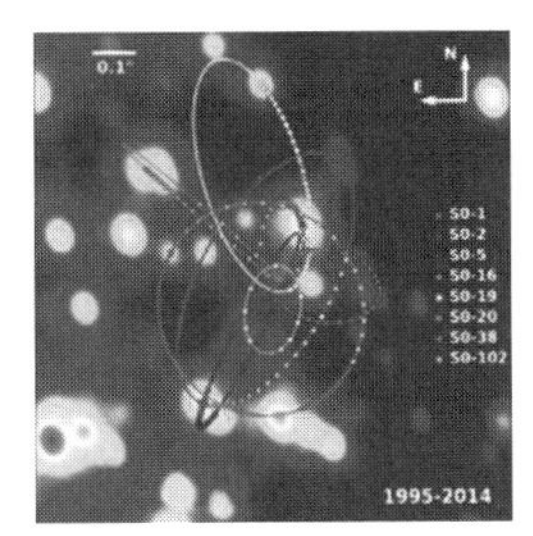

Keck／UCLA
銀河系中心グループ

図2.6｜超大質量ブラックホール。左上の画像は，楕円銀河の可視光写真（白）と電波強度を示す電波望遠鏡による「画像」（薄い色の広がり）を重ね合わせて合成したものです。銀河の中心から相対する2方向に放射された電子のジェットを持つこのような「電波銀河」の発見は，楕円銀河やバルジが支配する円盤銀河の中心に超大質量ブラックホールがあることの発見につながりました。これらは宇宙でもっとも強力な長寿命のエネルギー源です。右は，銀河中心にあるブラックホールの質量を，銀河の「楕円体成分」の質量（上の目盛）と，楕円体成分中の星の「速度分散（取り得る速度の広がり）」（下の目盛）の関数で表した2013年のまとめです[2-24]。ブラックホールの質量と両者のあいだには強い相関関係が見られます。著者（ドレスラー）は最初，銀河系にもっとも近いM31（アンドロメダ銀河）とその伴銀河である楕円銀河M32を含む，超大質量ブラックホールを持つ5つの銀河のデータ（図で丸印のついているもの）に基づいて，この関係を提案しました。M31とM32の初期の観測は，超大質量ブラックホールがどの銀河にも共通して存在し，その形成と成長が銀河全体の形成と成長に関係していることを初めて示唆するものでした。左下の画像は，アンドレア・ゲズ（Andrea Ghez）が率いるカリフォルニア大学ロサンジェルス校（UCLA）の銀河系中心グループ（Galactic Center Group）によるもので，銀河系中心にある太陽の400万倍の質量を持つ超大質量ブラックホールの周りを運動する星の実際の軌道を示したものです。出典：国立電波天文台 国立電波天文台

略称で**クエーサー**と名付けられました。カリフォルニア工科大学の天文学者，マールテン・シュミット(Maarten Schmidt)は1963年に，見慣れた水素の**輝線**がクエーサーのスペクトルに見られることを発見し，クエーサーが何10億光年も離れた非常に遠い天体であり，その距離にあるもっとも明るい銀河よりも明るいことを証明しました。クエーサーがこれほど明るく見えるためには，巨大なエネルギー源が必要であり，そのエネルギー源は**核融合反応**で輝いている星では説明できません。何らかの未知のエネルギー源が必要でした。

1969年，ケンブリッジ大学の宇宙物理学者ドナルド・リンデンベル(Donald Lynden-Bell)は，巨大なブラックホールがその答えになり得ると示唆しました。1960年代には，**ブラックホール**はまだアインシュタインの一般相対性理論の理論上の予測にすぎませんでした。しかし，いくつかの星が目に見えない大質量天体の周りを周回しているように見えるという事実は知られていました。それは太陽の10倍以上の質量を持つ星がブラックホールに重力崩壊した可能性があるという間接的な証拠でした。リンデンベルは，クエーサーの「エンジン」には，太陽の数100万倍から数10億倍の質量を持つブラックホールが必要であると計算しました。ブラックホールは，何も，光ですらも逃れることができない時空の場所なので，巨大なブラックホールがクエーサーのエンジンになるというのは逆説的に思えるかもしれません。しかし，リンデンベルは，渦巻くガスの円盤からガスが激しくブラックホールに落下する過程で，膨大な量の重力エネルギーを放出すると想像しました。ブラックホールの外側にあってブラックホールを取り巻くこの非常に高温の**降着円盤**は，銀河のすべての星の光を合わせたものと同じくらいのエネルギーを放出するのです(第4章を参照)。

リンデンベルが，超大質量ブラックホールの饗宴がクエーサーのエンジンであると提案してから50年が経って，彼が描いたイメージのすべての要素が確認されてきました。最後のとどめは，近くにある銀河の中心部の直径数10光年という狭い領域で，見えない莫大な質量が実際に検出されたことでした。おとめ座銀河団の巨大楕円銀河M87は，説得力のある最初の例でした。M87には，可視光の写真で簡単に見ることができる高エネルギー電子のジェット噴出があります(図2.7)。カリフォルニア工科大学の天文学者ワラス・サージェン

図2.7｜おとめ座銀河団の巨大銀河M87の可視光画像。白っぽい光は，数1000億個の古い星からのものです。しかし，銀河の中心から右斜め上に出ている塊を伴う異常に長く細い「ジェット」は，銀河中心にある超大質量ブラックホールの近くで，強力な力によって加速された高エネルギー電子のビームです。出典：NASA／ハッブル宇宙望遠鏡

ト(Wallace Sargent)とピーター・ヤング(Peter Young)は，この銀河の中心にある星の運動速度が周辺より速くなっていることを示すスペクトルを得ました。銀河のまさに中心にある**太陽質量**の数 10 億倍の質量が及ぼす万有引力こそが原因とするにもっともふさわしい説明でした。M87 はクエーサーではありませんが，そのジェットは超大質量**ブラックホール**の状況証拠の一つとなりました。

私は，サージェントとヤングの研究に続いて 1980 年代後半に，私たちのもっとも近い隣人であるアンドロメダ銀河と，その小さな伴銀河である矮小楕円銀河 M32 の観測を行いました。どちらの銀河でも，中心部で星が劇的に加速されていることを発見しました。これは，大質量のブラックホールがなければ説明が難しいことです。中心にある質量は，アンドロメダ銀河では太陽質量の約 1 億倍，M32 では 200–300 万倍と推測されました。特に興奮させられたのは，アンドロメダ銀河は銀河系にもっとも近い銀河で，M32 とともにどちらの銀河も**クエーサー**のような振る舞いをしていなかったことです。これは，すべての巨大銀河の中心には大質量の巨大なブラックホールがあるということだと私は思っていました。現在はクエーサーのように大量のエネルギーを放出していなくても，リンデンベルが提唱したように，過去にはそういう時期があったのかもしれませんし，将来的にはブラックホールが再び“食事をはじめる”かもしれません。

これらのいくつかの例から，ブラックホールの質量は，銀河の楕円体成分の質量とともに増加しているように見えました。この楕円体成分は，M87 や M32 ではすべてですが，アンドロメダ銀河では円盤の質量が大きいので，楕円体成分の質量は全体の30％程度しかありません。また**銀河系**でも，**バルジ**が小さいことを考えると，その中心のブラックホールは太陽質量の数100万倍以下でなければならないと私は予測したのです。そして，カナダの天文学者ジョン・コルメンディ(John Kormendy)による，バルジのとても大きい渦巻銀河M104のブラックホールの測定データを追加しました。これら最初の5つの銀河から，ブラックホールの質量は銀河全体の質量ではなく，楕円体成分にある星の質量に比例して増加していることを私は示唆しました。それぞれの銀河の超大質量ブラックホールの質量は，銀河の楕円体成分にある星の質量の0.5％程度です。

喜ばしいことにこの関係は確認され，この分野ではもっとも重要な発見の一つと考えられています。何10個もの銀河のブラックホール質量の測定データ(現在はいくつかの方法で測定されています)を用いて，今日ではこの相関関係が非常に強いことが確認されています(図2.6(右))。巨大なブラックホールを作る過程と，巨大な銀河を作る過程という，まったく異なる二つの過程のあいだに関係があるということは，銀河中心のブラックホールが銀河の成長とともに成長していった(共進化)という驚くべき証拠と考えられています。しかし，30年経った今でも，その物理メカニズムは十分に理解されていません。

大質量ブラックホールがすべての明るい銀河，少なくとも楕円銀河やバルジを持つ円盤銀河(渦巻銀河とS0銀河)の中心部にあるということに対して疑いを持つ人はすでにほとんどいなくなりましたが，私たちの銀河系で超大質量ブラックホールが発見されたことは，最終的にはそれらの人々の疑いを取り去る決定的な証拠となりました。他の銀河と違って銀河系の場合だけは，ブラックホールを周回する個々の星の運動を測定することができます。その結果，太陽質量の400万倍という非常に正確な質量の測定が可能になりました。図2.6(左下)は，カリフォルニア大学ロサンジェルス校(UCLA)のアンドレア・ゲズ(Andrea Ghez)とその共同研究者によるデータです(第4章の注4-40を参照)。わずか数光年の範囲内にこれほどの質量を詰め込むことができるのは，物理学ではブラックホール以外には知られていません。毎年，これらの星が予測された軌道を正確に運動するにつれ，私たちは銀河系の超大質量ブラックホールが存在することの確認精度を上げています。そしてそれは，他の銀河のブラックホールも本物である証拠なのです。

銀河はどのように生まれたのか——基礎過程

宇宙に**銀河**がある理由は簡単です。重力があるからです。重力は物質の特性であり，あらゆる質量のあいだに働く普遍的な引力(万有引力)です。二つの質点[2-25]のあいだに働く重力は，両者の質量の積に比例し，距離の2乗に反比例します。なぜ重力があるのか，重力がどのように作用するのかはまだ完全にはわかっていません。しかし，重力が存在すること，そしてそれが銀河を作る上で果たした役割に疑問の余地はありません。

2-25｜力学における概念で，質量だけを持ち大きさや形を持たない点のことです。

私たちは，宇宙にまだ銀河がなく，すべての物質が非常になめらかに分布していた時代にまでさかのぼって見ることができます。1989年，NASAの宇宙背景放射探査衛星(COBE)は，ビッグバンから約40万年後の宇宙の様子を“マイクロ波で”かつてない詳細さで描き出しました(この**宇宙マイクロ波背景放射**の驚くほど高解像度の画像は図1.5を参照)。この時点での宇宙の温度は約3000℃で，星や銀河が形成されるにはあまりにも高温でした。銀河を作り，現在の宇宙で見られる大規模構造のもとになった当時のガスの密度分布には，非常に小さなゆらぎがあったはずだと物理学者たちは長い間予測していました。COBE衛星は，それまでの観測をはるかに超えた高感度で，この**密度ゆらぎ**に対応する温度のゆらぎを，背景放射強度の天球上のまだら模様としてついに発見したのです。そのゆらぎは，隣接する空の部分で温度が平均の10万分の1だけ異なるというわずかなレベルでした。この発見から30年経った現在でも，この密度ゆらぎの起源はまだはっきりとはわかっていません。しかし多くの研究者が，それは宇宙初期の瞬間に必然的に存在した**量子ゆらぎ**が，宇宙の大きさが指数関数的に成長していた時期(インフレーション期：第1章参照)に非常に大きく増幅されたものであると考えるようになっています。そのまだら模様のパターンは，市松模様や杉綾模様(ヘリンボーン)のような規則的なものではなく，大海の真ん中の波のようなもの，すなわち，大きなものは少なく，小さいものほど数の多い波が混沌と混ざり合っているようなものだと予想されています。COBE衛星以降，過去20年間でさらに感度の高いマイクロ波宇宙望遠鏡が打ち上げられ[2-26]，この初期の物質の海にあった異なる波長の波の強度の相対的な割合(**パワースペクトル**)が，いわゆる“**べき乗則**”で表されることが分かりました。これは自然界でとても一般的な形です。この形

2-26｜2001年にNASAがウィルキンソン・マイクロ波異方性探査衛星(WMAP衛星)を，2009年にESA(ヨーロッパ宇宙機関)がプランク(Planck)衛星を打ちあげ，宇宙マイクロ波背景放射の観測精度は格段に上がりました。WMAPは2001-2010年のあいだ，Planckは2009-2013年のあいだ，太陽-地球系の**ラグランジュ点**L_2で観測を行いました。Planck衛星の観測をまとめた最終論文(12本)は2018年に出版されています。

2-27｜たとえば，山脈にある多数の異なる山の高さの分布にも見られます。ある高さの山の数に比べて，その2倍の高さの山の数はほぼ1/2倍です。

の分布では，ものがどれだけの量あるかは，そのものの規模の大きさに反比例します[2-27]。

以上述べたことを前置きとして，私たちは宇宙138億年の歴史の最初の10億年に何が起きたかを，大雑把ですが知っています。比較的空っぽの海に隔てられた広大な「大陸」に，重力によって大量の物質が集められたのです。これらの大陸の中で，重力は物質をさらに引き寄せて多数の高密度のガス雲ができ，ガス雲は断片化し，その中でさらに密度の高い部分が重力崩壊して，最終的には安定に輝く恒星が生まれました。恒星は，中心部のコアで起きる**核融合反応**で膨大なエネルギーを放出し，重力に抗しているのです。

銀河は重力によって形成されました。しかし，なぜ銀河の形にはさまざまな違いがあるのでしょうか。若い星が渦巻き腕を描いている**渦巻銀河**もあれば，**楕円銀河**のように死に向かう年老いた星だけで構成されている銀河もあります(図2.3参照)。今や私たちは望遠鏡で何10億年も昔の宇宙に遡ることができるので，銀河の形態とその形成過程がどう関係しているのかを見ることができるのです。私たちが見ている楕円銀河は，銀河が密集している領域で生まれました。そこでは銀河の形成が他の場所よりも早く起き，星の形成が活発であったために，現在のような大質量の銀河になったのだと考えられます。これに対して，渦巻銀河は現在も星を生成していますが，一般的には宇宙が50-100億歳の頃に**星生成**のピークを迎えた，質量の小さい銀河なのです。

銀河の空間分布はどうでしょうか。私たちは，特に過去数10年のあいだに，銀河が宇宙空間にランダム(無作為)に散らばっているのではなく，ボイド(超空洞)と呼ばれるほぼ空っぽの空間や密集した集団(銀河団や超銀河団)，そしてそれらを区切る細い帯(フィラメント)などが織りなすレースのパターンのような分布をしていることを知りました。単なるばらまきではなく彫刻作品といった方が良いでしょう。間違いなく重力がこれにも関係しています。これらほとんど意図的にも見える銀河分布のパターンと，そのもとになった宇宙の初期状態で作用した重力(つまりビッグバンの物理学)との関係はどうなっているのでしょうか。渦巻銀河は密度の低い領域に多く見られる一方，楕円銀河は密度の高い集団に多く見られ，非常に密度の高い銀河団にもっとも多く見られます。なぜでしょうか。異なる形態の銀河を形成するメカニズムは何か，また，宇宙環境によって異なる形態の銀河の割合が違うのはなぜでしょうか。

1970年代に入ってから，現在の宇宙がなぜ銀河が織りなすこのようなパターンを示すのか，もともと非常に"滑らか"だった宇宙からこのような「大規模構造」がどのようにして生まれたのか，そしてそれが銀河の形成とどのように関係しているのかについて，私たちの理解が大きく前進することになりました。宇宙には光を出さない**ダークマター**が存在し，それが大規模構造を作り，その中に普通の物質が集まって星や銀河を作っているという決定的な証拠が初めて得られました。渦巻銀河の中心から離れたところを回転する星の回転速度が，それより内側にある星々の重力とつりあうよりもはるかに大きいという発見[2-28]は，まるで目に見えない物質がとても大きな重力を及ぼしているかのようで，最初は受け入れがたいものでした。今日では，ダークマターの存在を示す豊富な証拠があります。特にアインシュタインの**一般相対性理論**によって予測された光

2-28｜太陽系では，太陽が太陽系全体のほとんどの質量を担っているので，太陽の外側には質量はほとんどありません。この場合，外側の惑星ほど回転(公転)速度が遅くなっています(**ケプラーの第三法則**)。ところが渦巻銀河では，中心から離れても回転速度が遅くならず，円盤の広がりの全域で回転速度がほぼ一定になっていました(地球と木星の公転速度が同じという状況に似ています)。これは「平坦な回転曲線」と呼ばれ，目に見えない物質が銀河の中心から離れたところにも広がっていて，重力を及ぼしていることを意味しています。

の曲がり(**重力レンズ**)が観測されています。非常に遠方にある銀河の光が巨大な銀河団を通過して届くときに，銀河団中のダークマターによる**重力レンズ**効果によって銀河が円弧状に歪んで見えます[2-29]。

2-29｜この歪んだ像の解析から銀河団中にある物質の質量分布が得られますが，それは見えている銀河だけでは説明できず，ダークマターがある証拠と考えられています。

第1章で説明したように，現代の観測から，宇宙には私たちがよく知っている通常の物質(おもに**陽子**，**中性子**，**電子**)の約6倍の量のダークマターが存在していることがわかっています。大きな違いは，通常物質(**バリオン**[2-30])の粒子の相互作用の主役は**電磁気力**であるのに対し，ダークマターの粒子を結びつける力は重力だけのように見えることです。大量のプロセッサを搭載した非常に強力なコンピュータのおかげで，重力と宇宙膨張が，当初はなめらかだったダークマターと通常物質の分布を，多くの塊を含む泡のような今日の大規模構造へとどのようにして進化させたかを，非常に詳細にモデル化することが可能になりました。わずかに密度の高い領域では重力による引力が宇宙の膨張に抵抗します。時間の経過とともに密度の高い領域は成長し，低い領域は空っぽになりボイドが残ります。宇宙の膨張と重力による局所的な収縮とのあいだのこの競合が，大規模構造のフィラメント状のパターンを生み出しているのです。

2-30｜天文分野ではダークマターに対して通常の物質をバリオンと呼ぶことが多くあります。素粒子物理学のバリオンの定義とは少し異なります。

ダークマターの支配的な重力によって，通常物質は基本的にダークマターの分布に従います。もしそれだけであれば，銀河団や超銀河団，ボイド，フィラメントなどが存在していたとしても，宇宙全体としては膨張し，一方で局所的には過去の記憶を消し去るほどの高密度状態へと**重力崩壊**する面白くない宇宙で終わるでしょう。しかし，通常物質は電磁気力を介して強く相互作用します。そして，陽子，電子，中性子を原子に結

2-31｜陽子同士および陽子と中性子を原子核に結合させている力は核力の一つである「強い力」です。

2-32｜CCDを検出器として用いた初めての広天域銀河サーベイ観測プロジェクトで，第1期観測(2000年から2008

合させることで，銀河，星，惑星，生命というなんともいえない複雑さにつながっていくのです[2-31]。ダークマターと異なり，通常物質では電磁気力の効果で，光(光子)がガスから運動エネルギーを運び去り，その結果，ガスはより高い密度に収縮します。この暴走過程は，物質密度が十分に高い若い宇宙のいたるところで起こり，その結果，ダークマターのフィラメントの中に通常物質のガスの塊が形成され，その密度が着実に高くなっていきました。これがいずれ銀河になる胎児といえます。最初の星は，このような塊に降り積もる通常物質の雨の中で形成されました。星の中では，原子核の融合によって引き起こされた核の火が，ガスの中にエ

年)で約8500平方度(全天の約1/5)を観測しました。そのデータから，2億3000万個の天体がカタログ登録され，そのうちの明るい銀河93万個，クェーサー12万個，恒星46万個のスペクトルが取得されました。Sloan Digital Sky Surveyの頭文字からSDSSの略称が広く用いられます。この成功を受けて，SDSSは次々に新たなプロジェクトを加えて2021年現在も継続中です。

スローン・デジタル・スカイサーベイによる
銀河分布の大規模構造

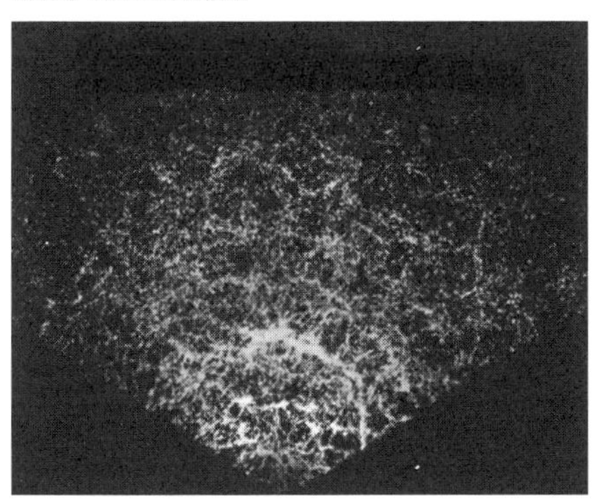

コンピュータ・シミュレーション
による大規模構造

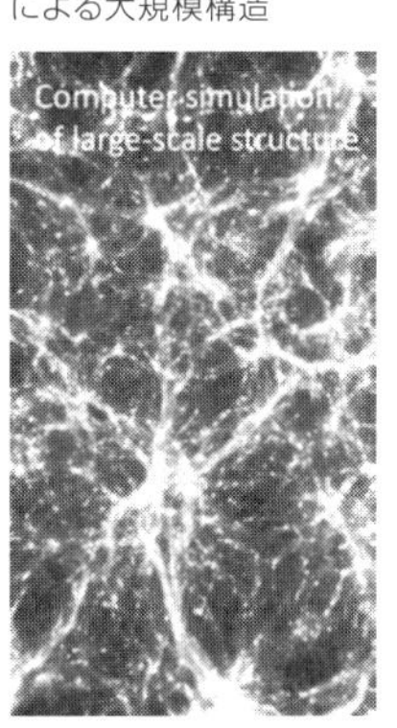

図2.8｜左図はスローン・デジタル・スカイサーベイ[2-32]で製作された宇宙の大規模構造を示す地図。扇の形をした宇宙の一つのスライス(断面)にある個々の銀河が一つの点で表されています。私たちの銀河系は一番下の扇の要の位置にあり，距離(実際にはハッブル膨張による後退速度)にしたがって銀河が奥行き方向にプロットされています。右側の図は，シュプリンゲルと共同研究者による"ミレニアム・シミュレーション"と呼ばれる野心的なコンピュータ・シミュレーションの結果です。膨張する宇宙の中でダークマターの重力によって，銀河が密集した「巨大な壁」や，銀河がほとんど存在しない「超空洞(ボイド)」など，まさに観測されたものに似たパターンが生み出されることを示しています。

ネルギーを注入して，その容赦ない**重力収縮**を止め，数10億年先まで安定な熱と光を生み出したのです(第5章参照)。

最先端の**コンピュータ・シミュレーション**(数値シミュレーションともいいます)は観測されたものと実質上まったく同じに見える宇宙の大規模構造を再現することができます。ドイツの宇宙物理学者フォルカー・シュプリンゲル(Volker Springel)と共同研究者による「ミレニアム・シミュレーション」が図 2.8(右)に示されています。これはまさに記念碑的な成果です。しかし，この理論的アプローチは，銀河そのものがどのようにして形成されるのか，どのようにしてさまざまな形になるのか，そしてこれからの長い時間のあいだに何が銀河内の**星生成**を調節し(そしてそれを終わらせるのか)を明らかにすることには，あまり成功していません。問題は，重力は忠実にモデル化できるが，電磁気力を介した原子の相互作用をモデル化するには，はるかに高分解能で“ダイナミックレンジ”が広いコンピュータ・シミュレーションを必要とすることです。ここでいうダイナミックレンジとは，物理プロセスを記述するコンピュータのプログラムにおいて，同時にモデル化されなければならない最大サイズの構造(たとえば，銀河)と最小サイズの構造(たとえば，銀河中のガス雲内で誕生する一つの星)との違い(両者の比)を指します。そのため，現在も研究は続けられていますが，銀河がどのようにしてさまざまな形に進化していくのか，あるいは何が星の誕生を制御したり抑制したりするのかを“予測する”モデルはまだ実現していません。今や，既存の観測結果を再現するだけのモデルでは不十分であり，まだ観測されていない状況下で起きていることを予測する能力こそが，科学的な理論にとって必要な本質的要素なのです。

理論モデルに基づく数値シミュレーションでは，銀河形成の詳細を予測するのが難しいことを示す教訓的な例があります。上の図で説明したダークマターの重力相互作用によって進化する宇宙の姿は，大規模なパターンも個々の銀河も，構造が“階層的に”形成されていくことを明確に予言しています。つまり，小さな構造が先に形成され，時間の経過とともに小さな構造から大きな構造が形成されていくのです。このことは，ダークマターに関しては明らかで，観測された大規模構造のパターンは，計算機による数値シミュレーションで予測されたものと非常によく一致しています(図 2.8)。しかし，銀河が階層的に形成されるという理論的な予測は，近くの銀河と遠くの銀河のどちらの観測結果とも大きく異なっています。1980 年代から，もっとも大質量の銀河は**星の種族**から見てもっとも古い銀河であり，最後に形成されたもっとも若い銀河ではないことが知られています。言い換えれば，銀河の形成は反階層的(大きなものが先にできた)に見えるのです。理論モデルは観測された宇宙と一致するように「修正」されました。しかしこの修正は物理学に基づいたものというよりも，(こうなるようにするには，こうすればよいというような)現象論的な対応でした。なぜ数値シミュレーションがうまく行かなかったかが分かったのはついこの10 年間のことです。現実の**銀河**では，星生成の際に放出されたエネルギーによってガスが銀河から流出し，また外からも銀河にガスが流入しているのです。流入と流出の競争が，星生成率の変化によって銀河の成長を調節しています。これを天文学者は“フィードバック”と呼んでいます。このフィードバックの複雑さはようやく観測からわかりはじめたところです。最大の銀河で**星生成**がもっとも早く停止するといったように，銀河の成長が反階層的に見える理由はこのフィードバックにあります。残念ながら，数値シミュレーションにフィードバックの物理を適切に記述するアルゴリズムを導入することはまだできていません。このために，理論モデルは，観測からすでに知られていること以外は何も予測できていないのです。

フィードバック効果を含まない銀河の数値シミュレーションでは，20 年前から，銀河が成長するおもな方法として，より小さな複数の銀河の**合体**（マージャー）の役割が強調されてきました。銀河進化の重要な特徴の多くは合体によるものと考えられました。たとえば，渦巻銀河と楕円銀河の違いです。楕円銀河は渦巻銀河同士が衝突して，渦巻銀河の特徴である円盤が破壊され星生成が止まった結果だというのです。このモデルは観測と“合わない”という問題点が，観測天文学者からは一貫して指摘されていました。そのおもなものは，楕円銀河を構成する星の種族の年齢や重元素の量が，“原料”である 2 つの渦巻銀河のものと一致しないことです。

最新の数値シミュレーションは，銀河の成長を制御しているフィードバックの効果を再現するよう改良されていますが（しかし，予言はまだできません），そこではもはや合体が銀河の成長のおもな原因であるとは考えられていません。星生成をほとんど止めた楕円体成分を主体とする銀河の合体によって大質量を獲得したのは，銀河系の 3 倍程度以上のめったにない大質量の銀河だけです。宇宙の歴史を振り返ってみると，ほとんどの銀河は，合体ではなく星生成によって現在の大きさにまで成長しました。現在では，銀河の成長における合体の役割は，大きな銀河が小さな衛星銀河を吸収する“マイナー・マージャー”に焦点が当てられています。それは大きな銀河の成長(特にこれから議論するサイズの成長)と渦巻銀河が自分自身の楕円体成分である「**バルジ**」を大きくする成長の両方に影響を与えるからです。

銀河の星生成史

先に述べたように，**銀河**の中にある何世代もの星は，銀河がどのようにして形成され，どのように成長し，どのように成熟していったのかを一種の化石として記録しています。これは“生きている化石の記録”です。というのは，ほとんどの星は138億年の宇宙の歴史のあいだずっと輝き続けているからです。星は星団の中で，“**べき乗則**”で表される質量分布にしたがって一斉に誕生します。第5章で詳しく説明されますが，この質量分布は，非常に質量の大きな星(たとえば，太陽の20倍の質量)が数個生まれたとすると，太陽質量の3–10倍の星は数10個，太陽とほぼ同じ質量の星は数100個，そしてもっとも一般的な星の種類である太陽質量の半分の星は数1000個生まれることを意味します。実際，天文学者たちは，この種の“べき乗則の質量分布”は宇宙で“とても”一般的に見られることを発見しました。他の2つの例としては，星団の質量分布と銀河団の質量分布が挙げられます。明るい(または大質量の)星団や銀河団は少なく，中程度の明るさ(または質量)の星団や銀河団は多く，暗い(または質量の小さい)星団や銀河団ははるかに多く存在するのです。

質量の異なる星の寿命は大きく違うので，それによって，星団がいつ誕生したのか，つまり星団の年齢を知ることができます。質量の大きい星ほど寿命は短いのです。星から放出されるエネルギーは星の質量に強く依存しています。大質量の星では中心の核融合炉の燃料は小質量の星よりたくさんありますが，放出するエネルギーもはるかに大きいので，その燃料をすぐに使い切ってしまうのです。太陽の寿命は100億年ですが，太陽の10倍の質量を持つ星の寿命は約1,000万年です。星団の年齢を知るには，どの星がまだ生きていて，どの星が寿命を終えて実質上消滅したのかを観測します。星は寿命の終わりに，**超新星**爆発を起こす（多くの場合，超高密度の「**中性子星**」を残す）か，非常に高密度で暗い**白色矮星**（第4章参照）に進化します。まだ安定して輝いている星（**主系列**星）と寿命の終わりに向けて次の段階に進化した星（巨星）とのあいだの分岐点（転向点と呼ぶ）がどこにあるかを知ることで，その星団が誕生してからどれくらいの時間が経ったかを知ることができます[2-33]。

そうだとすれば読者の皆さんは，銀河内の星の出生率は，たとえば（人の出入りが激しくない安定した集団に限れば）生きている人の年齢分布から人の出生率を求めるように，簡単に調べることができると思うかもしれません。しかし，1900年以降のアメリカの出生率を求めるには，まだ生きている人の年齢分布に加えて，20世紀の前半以降死亡した多くの人を勘定に入れなければなりません。銀河でも同じことがいえます。過去1億年に限れば，私たちが目にする若い星団から星の誕生する率（星生成率）がわかるかもしれません。しかし，10億年以上昔に誕生した星団の多くの星は散り散りとなって，銀河の円盤中で他の星々と混じり合ってい

2-33｜星団の主系列星は質量の大きいものから中心部で水素を使い果たし，主系列を離れて巨星へと向かいます。したがって，**H-R図**上のある位置で主系列は巨星部分へ向かって折れ曲がり，それより質量の大きい（明るい）部分の主系列は消滅しています。ここが転向点です。転向点の質量を持つ星の主系列星としての寿命が星団の年齢です。

ます。星団の年齢を知るのは“やさしい”のですが，残念ながら，古い星団中で生まれた“個々の星”の年齢を知ることは難しいのです。そのため，銀河の中の“星生成史”を復元することは難しいのです。それは個々の星団を特定できるような，もっとも近い数10個の銀河だけで可能なのです。遠くにある多数の銀河では，個々の星や星団を特定することはできません。

それにもかかわらず天文学者たちは，間接的ではありますが他の強力な方法を使って，さまざまな銀河の全生涯にわたる**星生成**の歴史(星生成史)を記述することができるようになってきました。大きな前進は，多数の銀河のデータを合わせて解析することで，そのグループの“典型的な銀河”の星生成史が決定できるという認識が生まれたことです。銀河の観測では，ある銀河のある時代の星生成率を，その時代に形成されたもっとも明るくて高温の星の光を使って記録しています。このようにして観測されたデータを集めて，過去のそのときそのときの“すべての銀河の星生成率”を，過去のすべての“時代(epoch)”に渡って測定した結果を合わせれば，宇宙の代表的な体積の中にある全銀河の星生成の歴史を計算することができます。ここで注意しなければならないのは，この方法では，“広大な”空間スケールでの星生成を見ることになるということです。個々の星がどのようにして形成されていくのかという複雑で微細なプロセスは，第5章で説明されます。

この独創的なアプローチは，多くの第一線で活躍する研究者の努力によって，20年以上の歳月をかけて開発されました。特に宇宙物理学者のピエロ・マダウ(Piero Madau)は，先に述べたような数値シミュレーションと比較するために，(個々の銀河ごとではなく)宇宙全体の星生成の歴史を知りたいと考えていました。そのために彼がはじめて作った図は「マダウ図」と呼ばれていますが，その最新版が図 2.9 に示してあります。横軸は，最初の銀河の出現(右端)から現在(左端)までのほぼ全宇宙時間をカバーし，縦軸は宇宙全体の星生成率(Cosmic SFR)を相対値で示しています。個々の点は，異なる時代の銀河の星生成率を数 10 個の銀河に対して測定した結果の平均値とばらつき(誤差棒)です。なめらかな曲線の周りに点が散らばっているのは，特

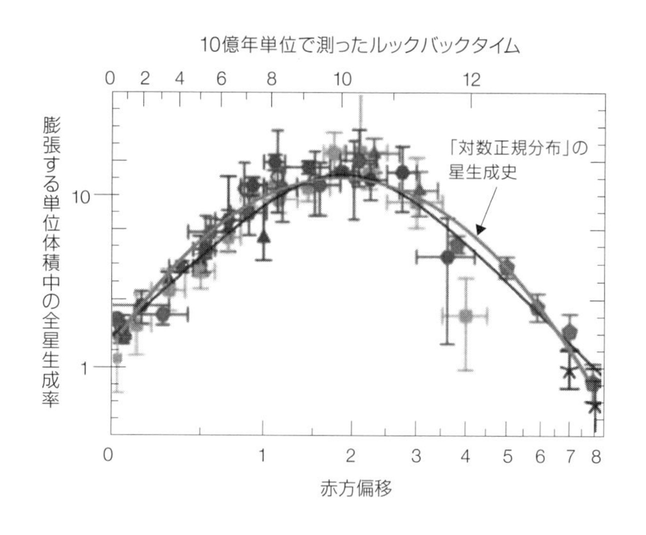

図2.9 | 「マダウ図」は，宇宙の歴史における大局的な星生成率(SFR)の変化を示すものです。個々の銀河に注目するのではなく，宇宙の代表的な体積中の星生成率を，宇宙時間(横軸;左端が現在)の全範囲にわたって追跡しています。縦軸は，その体積中にあるすべての銀河の星生成率(SFR)を合計したものです。星生成率は宇宙誕生後の最初の20億年で急激に上昇し，50倍になりました。その後ほぼ高止まり状態となり，30-40億年後にピークを迎えて，ピークから現在までのあいだに10分の1まで低下しています。

に遠方の銀河では測定が困難であることと，先に述べた大規模構造のボイドやフィラメントなど，銀河分布の空間的な非一様性によって引き起こされる“宇宙論的分散(ばらつき)”のためです。

図 2.9 のおもな特徴は，星生成率が①**ルックバックタイム**で約 130 億年の時点から始まる宇宙の歴史の最初の 20 億年のあいだに劇的(50 倍)に上昇し，②宇宙が約 40 億歳に達した頃(ルックバックタイムで約 100 億年)に上昇が止まって平坦なピークを迎え，③その後現代に向かって急降下していることです。私にとって③がもっとも驚きでした。というのは私が研究を始めた頃は(情報は少なかったのですが)，宇宙の星生成活動は初期に非常に活発で，その後すぐに急激に減少し，最近の 50 億年はあまり活発ではないがほぼ一定であるというのが一般的な理解だったからです。しかし今では私たちは宇宙の星生成の終わりに近い時期に住んでいることを知っています。今から 100 億年後には，星生成活動は微々たるものになって，今日の銀河の明るい渦巻腕は色あせて淡くなっているでしょう。

宇宙の**星生成**活動はなぜこのような変化をするのでしょうか。何が初期の急上昇を制御し，何が現在に向かう急激な低下の原因となっているのでしょうか。この疑問に答えるためには，個々の銀河の星生成の歴史に立ち返る必要があります。もし，個々の銀河の星生成の歴史をこの宇宙全体の傾向と比較することができれば，マダウ図のふるまいの理由を知ることができるはずです。

このことについては，現在のところ 2 つの基本的な考え方があります。1 つは，すべての銀河の星生成活動が同じように，宇宙初期(星生成の原料となるガスが豊富にあった時代)に急激に上昇し，その後，上昇が緩やかになって，ピークを迎え，最終的には下降していくというものです。このモデルでは，個々の銀河の星生成は“クエンチング”[2-34]と呼ばれる過程で停止します。もう1つは，生まれたときに決められたペースで，それぞれの銀河が独自の成長パターンをたどっていくというものです。銀河を作るもとになった物質の密度が高かった銀河ほど，その星生成を制御する「体内時計」が速く進むのです。

2-34｜星生成活動が短時間のうちに止むこと。銀河の外からのガス流入が止まる，銀河からガスが取り除かれる，ガスはあるが超新星爆発などの影響で高温になり星生成ができない，などなどいくつかの原因が考えられていますが，はっきりした理由は分かっていません。日本語の定訳はありません。

この二つのモデルのどちらを選ぶべきかは，過去の銀河を観測して，どちらか一方あるいは両方のモデルの予想が正しいのかを見れば分かるように思えます。しかし，私たちが見ようとしている変化は，数10億年とまではいかないまでも，少なくとも1億年はかかる変化なので，私たちが生きているあいだにどれかの銀河の星生成活動が変化する様子を見ることは不可能です。古生物学者が，異なる時代のスナップショット(化石の記録)から種の進化を組み立てなければならないのと同じ状況に私たちは置かれています。私たちの化石である銀河と星は，過去に遡って「生きている」ところを見ることはできますが，地球上の化石と同じように，その姿は一生のあいだのある瞬間を切り取ったものなのです。

分析を始めるために，構成する星の光の色に基づいて，現代の銀河の大部分を二つのグループに大きく分類します。もっとも赤い色をしている銀河(楕円銀河とS0銀河)は，何10億年も前から星を生成していません。その昔，星間ガスが枯渇する前には，生まれて間もない大質量の高温の**主系列**星がたくさんあったはずですが，そのほとんどが今ではその寿命を終えています。

現在私たちが目にしているのは，何 100 億年ものあいだ主系列上で生き続ける低温の星と，最近主系列の進化を終えた中間質量の星である**赤色巨星**だけです。これらの赤い銀河で起きている唯一の進化は，星の種族全体が老化して行く「受動的」な衰退です。最初にもっとも青い高温の星が死に，その後，徐々に低温度の星が主系列の寿命を終え，最後に「死んだ赤色の」銀河を残していくのです。大質量銀河（最大で太陽質量の 1 兆倍の質量を持つものがある）は“すべて”，現在はこの赤いカテゴリーに属しており，彼らの星生成は本質的に終了しています。

ハッブルの音叉図で楕円銀河や S0 銀河の反対側（図2.2 の右側）には，現在も星間ガスを保持していて星を生成し続けている銀河があります。このような現在進行中の星生成活動は，渦巻銀河の扁平な円盤の中でもっとも広く見られます。もっとも若い大質量星の表面温度は太陽よりもはるかに高温で，星生成をしている銀河全体が青色をしています。**銀河系**（太陽質量の 1000 億倍程度）より小質量の銀河の中には，受動的進化をする赤色の銀河と，星生成をする青色の銀河の両方があり，質量が小さくなるほど青い星生成銀河の割合が多くなります。

私たちの課題は，古生物学者のように，赤い受動銀河と青い星生成銀河との間の“ミッシングリンク”[2-35] を探すことです。それが分かれば，急速なクエンチングのモデルと，ゆっくりと星生成活動が低下してゆくモデルのどちらが良いかを判断する助けになります。もしもクエンチングが，星生成銀河から受動銀河へと変化する一般的な方法であるならば，まさにそれが起きている銀河，あるいはそれが起きた直後の銀河をとら

2-35｜生物の進化研究で用いられる用語。生物の進化を一連の鎖として見たときに，祖先と子孫のあいだの中間にあたると想定される種のことです。その化石などが見つかっていないことから，「行方不明の鎖」を意味するこの用語が生まれました。

えるべきです。急速にクエンチングを起こしている銀河の星の光は，最後の星を生成した後すぐに，1億年ほどで青から赤に変わるはずです。実際，このような若い星と古い星が混在していることを示す中間色の銀河が存在することは知られています。これら中間色の銀河はまさに“クエンチング”を起こし，星生成能力を失ったあと，急速に赤色に変化する途上の銀河だとする解釈がありました。

しかし，これらの中間色の銀河のうち，実際にクエンチングが起きている銀河は非常に少ないことが観測で明らかになってきました。同僚のルイ・エイブラムソン(Louis Abramson)と私は，これらの銀河のほとんどは星生成を終了していないことを発見しました。これらの銀河は，死んだ赤色の銀河に急速に移行しているのではなく，おそらく長いあいだ中間色を保っていると思われます。これらの銀河の中間的な色は，通常の渦巻銀河と同じように，非常に古い「受動的な」**バルジ**と，星間ガスを新しい星に変換し続けている青い円盤が組み合わさってできたものです。銀河がどれだけ赤いか，または青いかは，バルジと円盤に含まれる星の相対的な割合によって決まります。エイブラムソンと私はスローン・デジタル・スカイサーベイ(注2-32参照)で得られたスペクトルを使って，中間色の銀河のうちで星生成が最近終わった急速なクエンチングを示す銀河は“2-3パーセント”しかないことを示しました。

この研究は，エムラー(Gus Oemler)，グラッダース(Mike Gladders)，ポジャンティ(Bianca Poggianti)，ブルカニ(Benedetta Vulcani)らを含む大規模な共同研究の一部でした。私たちの目的は，銀河の星生成史の多様性という，より一般的な問題を探ることでした。私たちのグループは，**ルックバックタイム**で60億年にも及ぶ範囲で銀河のスペクトル観測を行い，星生成率と質量を測定しました。私たちは，すべての銀河の星生成活動はビッグバンから20-30億年後という非常に早い時期から“指数関数的に低下する”という一般的なモデルによる分析から始めました。この指数関数的な低下モデルによれば，最近の60億年間に“星生成率が上昇している”銀河は存在しないはずです。これはマダウ図の「全銀河の平均」のふるまいと似ています。しかし，私たちの研究で得られたデータを使って，エムラーはこのモデルの予測が間違っていることに初めて気づきました。過去30-60億年のあいだに星生成率が“上昇した”銀河がたくさんあったのです。

星生成史の「指数関数的低下」モデルに代わるものを見つけるためにグラッダーズは，マダウ図で観測されている全銀河の平均星生成率に見られる上昇と下降の形を提案しました。彼は，“個々の銀河”の星生成率の変化が同じような形をしていても，星生成がピークになる時刻と星生成活動が持続する長さ（持続時間）という二つのパラメータの値が銀河ごとに異なるのではないかと推論しました。彼は，私たちのデータサンプルに含まれる数1000個の銀河のそれぞれに対して，この二つのパラメータを決定するための高度なコンピュータプログラムを書いたのです。そのプログラムに“課した条件”は，それぞれの時刻において個々の銀河の星生成率と質量が観測値と合致すること，およびすべての銀河の星生成活動の総和はマダウ図と一致することの二つです。図2.10に計算結果を示します。薄い色の多数の曲線は，個々の銀河の星生成史モデル（星生成率の変化）を示しています。

この実験で，現在の受動銀河の星生成活動は，宇宙史の早い段階で急激にピークを迎え，今からずっと前に終わっていることが確認されました。他の銀河は現在も星生成を続けています。これらの銀河は星生成率のピークとなる時期が広い範囲に散らばっており，持続時間も受動銀河よりも系統的に大きく，今日も星生成を続けているに違いありません。現在の宇宙には，星生成活動が“上昇しつつある”銀河はごくわずかですが，**ルックバックタイム**で60億年の宇宙(サンプルの中でもっとも早い時期)に見られる銀河の20%が，その時点で星生成率が“上昇している”ことがわかりました。

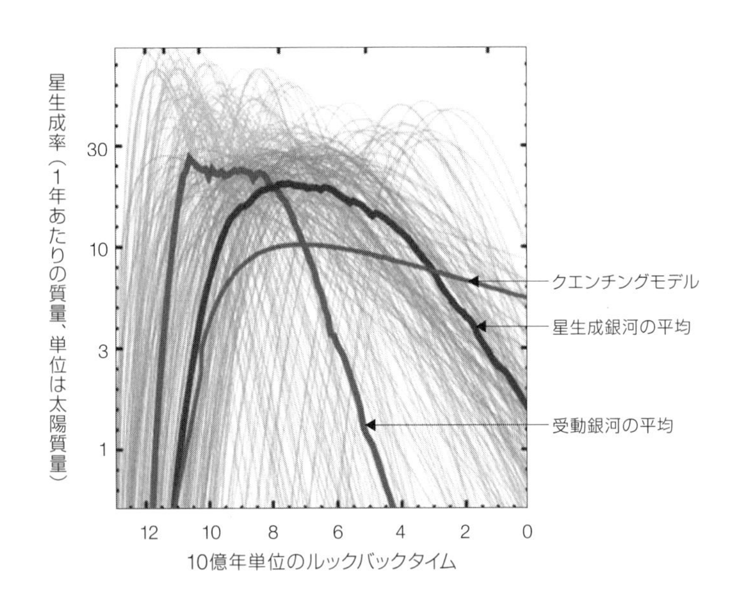

図2.10｜銀河の星生成史。モデル化された個々の銀河の星生成史が示されています(横軸が図2.9と逆向きになっていることに注意してください)。現在の受動銀河と現在も星を生成している銀河の平均の星生成率曲線，およびすべての銀河が同じ星生成史を有していて，ある時期に突然星生成が終わるクエンチングモデルの曲線が示されています。薄い色の多数の細い曲線は個々の銀河の星生成率曲線です。

さらに早い時期には，「上昇銀河」の割合はもっと増えている可能性があります。

私たちのモデルでは，観測結果と一致させるために明確な“クエンチング”を導入する必要はありません。ほとんどの銀河の星生成活動は，最終的には低下するのですが長く継続するのです。このモデルでも，星生成活動がなぜピークに達するのか，またその後になぜ大きく減少するのか，その理由を説明する必要があります。星生成活動が低下期にある銀河でも「食糧供給」は十分あります。すなわち，星が作られるもとになるガスは豊富に存在しているのですが，何らかの原因で加熱されたりガスの性質が変化したりして，この燃料が**星生成**に利用できなくなっていると一般に考えられています。その原因として，**降着円盤**を持つ**ブラックホール**の存在，星生成活動(特に**超新星**)によって生み出されるエネルギーなどが考えられています。この分野の研究はまだ日が浅く，星生成を制御しているものは何か，なぜ星生成の歴史が非常に多様であるのかを理解するには至っていません。

銀河進化の研究の最前線

宇宙時間を遡れば遡るほど，祖先の銀河から届く光は赤い方に偏移していきます。ハッブル宇宙望遠鏡に搭載されていた第一世代と第二世代のカメラの感度はほぼ可視光域にしかなく，その観測が届く地平線はビッグバンから10億年後程度でした。つまりそれらのカメラでは，ビッグバンから10億年以内に誕生した幼少期の銀河を見ることはほとんどできなかったのです。しかし，2009年のスペースシャトルによるハッブル宇宙望遠鏡の最後の修理ミッションで設置された広視野カメラ3(WFC3)は，赤外線に感度の高い新しい検出器を搭載し，観測限界を宇宙史の最初の10億年にまで広げました。幼少期の銀河を探すには，非常に深い多色の画像から，可視光では見えなくて赤外線波長帯の画像にしか現れない，非常に暗い少しぼやけた天体を発見すれば良いのです。この技術がこれほど強力なのは，最初の10億年の宇宙にある銀河から地球に届く可視光は，紫外線(UV)としてその銀河を発した光で，その銀河内あるいは周辺の水素ガスに完全に吸収されるからです。10億歳よりも若い銀河では，一つ一つの**光子**が紫外線としての高いエネルギーを持っているので，水素原子に吸収されやすいのです[2-36]。

2-36｜このため，これらの銀河から出た紫外線のほとんどは(可視光となって)地球には届きません。届くのは銀河を出たときの波長がもう少し長い光で，それは赤外線となって地球に届きます。したがって，可視光のいくつかの波長帯(色)の画像と赤外線波長帯の画像を見比べて，赤外線画像だけに写っている銀河を探せば，幼少期の銀河候補が見つかるのです。

図2.11は，ハッブルWFC3カメラの初期観測の例で**ハッブル・ディープ・フィールド**にある7つの幼少期の銀河の画像です(ボックス内)。**ルックバックタイム**が約132億年(**赤方偏移**が7から8)，すなわちビッグバンから約6億年後で宇宙の大きさが現在の1/9程度しかなかった頃の銀河です。これらの銀河は，“手前”(宇宙の大部分)にある他の銀河に比べて，信じられないほど暗く，約100時間かけて光を集めた赤外線画像でしか見ることができませんでした。ハッブル・ディープ・フィールドの小さな点に対して，WFC3による画像がボックス内で大きく拡大されています。上列の4つの画像では1つの点のような像しか見えませんが，下列の3つの画像では光が広がって見え，左から2つ目のものでは複数の明るい点が見られます。これらすべての光は，**銀河系**の10%程度の大きさしかない星生成活動の激しい領域から出ています。しかし，WFC3よりも波長の長い赤外線に感度のある宇宙望遠鏡搭載のカ

メラでしか検出できない，比較的古い(約1億歳の)星からの光も含まれている可能性があります。もしそうだとすれば，これらの若い銀河は見た目ほど小さくなく，構造も単純ではないかもしれません。この文章を書いている時点で，図2.11のような天体が約1000個発見されています。

現在私たちの“初期宇宙”への到達限界は，ビッグバンから約6億年後，ルックバックタイムで約132億年です[2-37]。ハッブル宇宙望遠鏡で撮影されたもっとも深い画像で，数10個の原始銀河が見つかっています。これらの銀河は，この非常に早い時期に宇宙でもっと

2-37｜2021年8月時点でもっとも遠い(もっとも昔の)銀河として確認されているのはGN-z11という銀河で，赤方偏移は$z = 10.97$，ルックバックタイムは134億年(ビッグバンから4億年後)です。

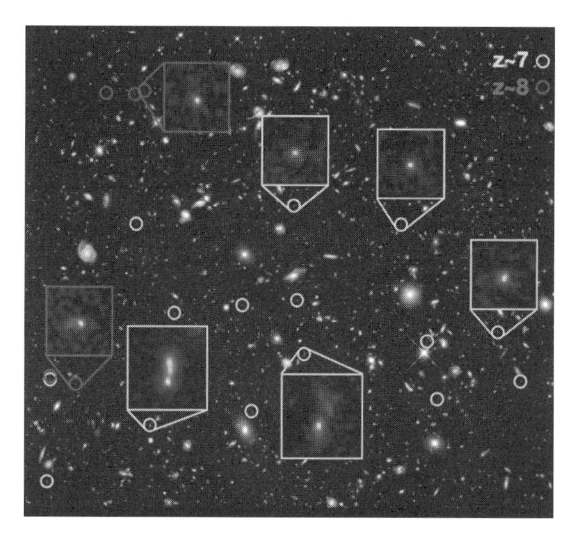

図2.11｜ハッブル・ディープ・フィールドの銀河。7個の幼少期の銀河はルックバックタイム約132億年(ビッグバンから約6億年後)の宇宙にあります。拡大されたボックス内の画像では，これらの若い銀河にある高温で若い星の光が支配的なのですが，実際に望遠鏡で見ると，宇宙の膨張による赤方偏移のために赤く見えます。これらは，現在の銀河に比べて小さく，比較的単純な形をしています。赤方偏移7と8の銀河が丸と四角の色の濃さの違い(右上隅)で表されています。出典：NASA／ハッブル宇宙望遠鏡

も激しい**星生成**が行われた場所で生まれたほぼ点状に見える天体です。理論モデルから，宇宙で最初の星が誕生したのはビッグバンから2−3億年後と予想されていますので，今回発見された銀河は，まさに現代宇宙の誕生と呼ぶにふさわしいものです。それ以前の宇宙は，素粒子と光だけで構成されており，われわれ人類の起源とは十分なつながりを持たない宇宙だったのですから。

画像は理解するための強力な第一歩であることはわかりましたが，実際には私たちが宇宙について学んできたことのほとんどは，近傍および遠方の星や銀河の光を虹の色に細かく分けて広げ**スペクトル**にする分光から得られたものです。スペクトルには，天体の物理的性質に関する膨大な量の情報が含まれています。たとえば，天体の温度や密度，“状態”（固体，液体，気体など），化学組成などです。さらに，私たちが収集したすべての情報を物理学や化学の知識と組み合わせることで，より多くの関連する複雑な性質が明らかになりました。ハッブル宇宙望遠鏡による生まれて間もない10億歳未満の銀河の発見は驚くべき成果です。しかし，それらが存在するということ以上にはほとんど何もわかっていません。それらの基本的な性質を解明するには，分光が不可欠ですが，これらの天体はあまりにも暗いため，さらなる成果は望めません。銀河の誕生から現在に至るまでの進化を明らかにするという私たちの野心的な目標のために，すでに100年近くにも及ぶ挑戦的な研究が行われてきました。さらなる進歩のためにはより強力な望遠鏡が必要なのです。

はじめて宇宙に生まれた銀河の星生成，化学組成，構造，動力学を測定してその性質を調べるために，

NASAはジェームズ・ウェッブ宇宙望遠鏡(JWST)を建設しました(図2.12)。この巨大な極低温望遠鏡のおもな目的は，宇宙の暗黒時代に終止符を打った宇宙第一世代の星(初代星)からの「最初の光」を探すことです。初代星の誕生は，ビッグバンの光が宇宙の膨張によって薄れて行く2−3億年後までの中で，1億年程度のあいだに起きたことです。JWSTはハッブル宇宙望遠鏡の後継機で，複数の鏡でハッブル宇宙望遠鏡のほぼ10倍の光を集光し，より長い波長の赤外線まで観測できます[2-38]。長い波長の赤外線を観測するためには，望遠鏡自体から放射される赤外線が深宇宙からのかすかな信号を邪魔しないように，望遠鏡を**絶対温度**で40 K(摂氏−233 ℃)という気が遠くなるほどの低温度に冷却する必要があります。広大な宇宙空間と熱平衡状態[2-39]にあれば，どんな物体でもこのような温度まで

2-38｜JWSTでは，18枚のセグメント鏡を合わせて口径6.5 mの主鏡を構成します。観測可能波長は0.6−28 μmです。ハッブル宇宙望遠鏡は口径2.4 mで波長1.7 μmの近赤外線までしか観測できません。

2-39｜二つの物体のあいだで熱の移動がなく両者が同じ温度である状態をいいます。

図2.12｜ハッブル宇宙望遠鏡の赤外線後継機であるジェームズ・ウェッブ宇宙望遠鏡(JWST)。左は想像図で，テニスコートの面積ほどの平らなシートは，望遠鏡の鏡を暗闇で低温に保つための多層の日よけスクリーン(傘)です。右の写真は，NASAのゴダード宇宙飛行センターの巨大な「クリーンルーム」で，機械と光学の技術者が望遠鏡を組み立てている様子です。完成した18枚の金コーティングされたセグメント鏡が支持構造に取り付けられています。出典：NASA

冷えることができますが，地球や月の近くにあったり，太陽の光を受けていたりする場合には，このような温度まで冷えることはありません。このため，JWSTは地球から150万kmの距離に置かれ[2-40]，それを暖める太陽などの天体を望遠鏡から隠すための巨大な「傘」を持っています。JWSTは，これまでに作られた天文衛星のなかでもっとも複雑な装置の一つといえるでしょう。その部品の製造はすべて終了しており，組み立てや試験の手順は順調に進んでいます。JWSTの打ち上げは2021年に予定されています。

2-40｜太陽と地球を結ぶ線を延長して太陽と反対側にある**ラグランジュ点**L_2に投入されます。

JWSTに搭載されたカメラは，より長い波長の赤外線を使って，**ハッブル・ディープ・フィールド**のさらに暗い天体までを探査します。その画像から，初期の銀河の中でもっとも明るい青色の星だけでなく，銀河の質量の大きな割合を占めると想定される太陽質量程度の星々の存在も明らかになるでしょう。これらの星々はおもに可視光で光っていますが，初期の銀河からのその光は**赤方偏移**して赤外線となって私たちに届きます。JWSTで初めて，これらの銀河がどのような形をしているのか，どのくらいの速さで成長しているのか，また，その構成成分が，私たちがよく知る成熟した銀河とどのくらい似ているのかを完全に見ることができるようになります。さらに，JWSTには100個の天体の光を同時にスペクトルとして記録することができる高感度の近赤外線多天体分光器が搭載されます。これにより，宇宙の非常に早い時期における正確な**星生成**率や元素組成を測定することが可能になり，ほとんどの星の成長に先立って超大質量**ブラックホール**が成長している証拠を探すことができるようになります。言い換えれば，JWSTを使って宇宙に出て近赤外分光

2-41｜アルマ（ALMA）はAtacama Large Millimeter／Submillimeter Array

を行うことで，天文学者は，現在およびほんの少し過去の銀河を研究するのに使っているのと同じツールを使い，宇宙最初の銀河を研究することができるようになるのです。これにより，銀河の誕生から現在に至るまでの歴史を記述しようとする私たちの100年来の探求が完結すると期待されています。

JWST時代には，地上望遠鏡も重要な役割を果たすことになるでしょう。1つはすでに完成しているアルマ望遠鏡です(ALMA[2-41]，図2.13(左)参照)。これは，チリ北部の標高の高いアタカマ高原の直径14 kmのエリアに展開されている66個のアンテナからなる巨大な電波望遠鏡で[2-42]，地上最大の光学望遠鏡やハッブル宇宙望遠鏡に匹敵する空間分解能で，電波(ミリ波／サブミリ波)の画像を撮影することができます。アルマ望遠鏡は，非常に遠い宇宙にある銀河であっても，星が生まれる分子ガスの分布とその性質を詳細に描き出すという，銀河

(アタカマ大型ミリ波／サブミリ波アレイ)の頭文字を取った略称です。スペイン語でAlmaは「心(たましい)」を意味します。

2-42｜アルマ望遠鏡は電波干渉計で，天体を66台のアンテナで同時に観測し，それらの信号を結合して画像を構成します。標高は5000 mです。66台のアンテナのうちもっとも離れたペアの間隔(基線長)を口径とする巨大なアンテナで観測したのと同じ空間分解能を達成できます。アルマ望遠鏡で可能な最大基線長は16 kmです。

図2.13｜左｜前例のない国際共同プロジェクトでチリのアタカマ高地に設置されたアルマ望遠鏡(ALMA)は，近くの銀河だけでなく，ルックバックタイムで100億年の宇宙にある銀河の中で，星の誕生場所となる**分子雲**の探査を開始しました。アルマ望遠鏡は，標高5000 mにあるため，大気は薄く，大気中の水蒸気によるミリ波の吸収が少ないのです。右｜巨大マゼラン望遠鏡(GMT)は，アメリカの8つの研究機関にオーストラリア，韓国，ブラジルを加えた国際共同プロジェクトです。直径8.4 mの7枚の主鏡で十分な光を集め，JWSTで発見された非常に暗い銀河の重元素の存在比を測定し星やガスの運動を調べます。

進化の研究のための新たなフロンティアを切り開きつつあります。また，星や銀河から引き出されたガスを餌にしている超大質量**ブラックホール**である**クエーサー**のエンジンを調べるための強力な装置でもあります。

銀河進化の研究においてALMAやJWSTを補完するものとして非常に重要なのが，地上に建設される史上最大規模の光学望遠鏡です。現在，口径25 m，30 m，40 mの分割主鏡を持つ3つの巨大な望遠鏡(巨大マゼラン望遠鏡GMT，30 m望遠鏡TMT，欧州超大型望遠鏡E-ELT)がそれぞれ建設中で，いずれも1000億円以上の予算をかけた国際共同プロジェクトです。JWSTの近‐中間赤外線に対する卓越した感度は，おそらく初代星が誕生したと考えられているビッグバンから2億年後の宇宙にまで遡って，もっとも若い銀河の検出と研究を可能にするでしょう。ALMAの観測と組み合わせることで，JWSTでは星生成史や，銀河質量と**重元素**量の増加の仕方を調べることができるようになります。しかし，JWSTよりもはるかに大きな前述の3つの望遠鏡でなければ，性質がさまざまに異なる**超新星**爆発の結果である重元素の存在比を明らかにしたり，星やガスの運動を測定したりすることはできません。このような測定に欠かせない，より高い分散度(色をより細かく分けること)での分光観測は，これら3つの望遠鏡の莫大な集光力によってのみ可能になります。JWST，ALMA，そしてこれら3つの超大口径望遠鏡の組み合わせは，私たちを探求の最終場面へと導く可能性を秘めています。

宇宙が**銀河系**のような巨大で複雑な星の系である**銀河**から構成されていることを発見したことで，はじめて地球上での生命の出現と人類の進化を宇宙の歴史と結びつける100年に及ぶ研究[2-43]が始まりました。何世代にもわたって星から生み出される重元素を蓄える銀河という存在がなかったならば，生命に必要な複雑さは決して実現しなかったでしょう。最初の1億年は私たちの宇宙と同じであったとしても，その後“銀河を形成しなくなった宇宙”を想像することは難しくありません。そこでは広大な宇宙の大海で1-2世代にわたり星が誕生するのですが，炭素，窒素，酸素，シリコン，マグネシウム，鉄などの重元素が，惑星や生命を生むには少なすぎるのです。銀河は，これらの重元素を保持し，再利用するための貯蔵庫であり，その中で重元素が惑星や生命を生み出すための十分な量になるまで増やすことを可能にしたのです。私たちがここにいるということは，私たちの住むこの宇宙が実現可能であったことを物語っていますが，この宇宙は決して“必然”であったのではありません。

2-43｜宇宙は銀河系と同じような銀河からなっていることを発見したのはアメリカの天文学者ハッブルで，1924年のことですからほぼ100年前です。

私たちの故郷の銀河である**銀河系**は，もっとも一般的なタイプの**銀河**の代表格です。適度な星質量[2-44]を持つ渦巻銀河であり，星を生成するレースのような大きな渦巻き腕があり，小さな**バルジ**の中心には，印象的ではあるがどう猛ではない**ブラックホール**が存在します。銀河系がこのような銀河である必然性はなかったのです。なぜなら，長命で幸運な地球を宿している太陽のような質量と年齢の星をたくさん含む銀河にはさまざまな形態のものがあるからです。巨大銀河の周辺にある矮小銀河はとても数が多いので，私たちの故郷がそのような矮小銀河の一つであっても不思議ではありませんでした。しかし銀河系に生まれたのは，私たちに取ってよいニュースです。というのは，銀河の誕生と成長の歴史は，銀河系で起こったことによって

2-44｜銀河は大別して，星，星間物質(ガスとダスト)，ダークマターから構成されています。星生成活動を重要な手がかりとして進められる銀河進化の研究では，星だけの質量が重要なデータとなります。そこで，星間物質とダークマターを除いて，銀河にある恒星の質量の総和を星質量(あるいは恒星質量)と定義して用います。英語ではstellar massです。

2-45｜矮小銀河では星生成の歴史が短く，重元素が少ない上に巨大銀河から受ける力学的な擾乱（潮汐はぎ取りや潮汐破壊）などもあるからです。

詳しく例示されているからです。銀河系という銀河に生まれた私たちは，銀河の形態，大きさ，星生成史や重元素増加の歴史などがどのように起きたのか理解するのに有利な立場にいるのです[2-45]。誕生から今日に至るまでの銀河進化の全貌を描きたい私たちの探求は，人類の登場という注目すべき章を含む，地球上の生命の物語にとって不可欠な序章なのです。

第3章
元素の起源とその進化
バージニア・トリンブル

Chapter 3
The Origin and Evolution of the Chemical Elements
Virginia Trimble

はじめに

世界の最初の1世紀にいた賢者は，片足で立っていられる程度の短い時間で彼の民の律法を説明するように求められ，「自分にしてほしくないことを他の人にしてはならない。それ以外は解説である」と答えたといわれています[3-1]。これと少し似ていますが，ガスから岩石や金属まで，地球上と星々に存在するすべての元素の起源について尋ねられた場合の答えは，「水素とヘリウムは**ビッグバン**と呼ばれる高温・高密度の宇宙初期からあったが，残りのすべての元素は星によって作られた」となるでしょう。賢者は上のように答えたのち，見込みのある彼の弟子に，「解説」を勉強しに行くよう指示を加えました。それと同様この章は，主要原理そのものの解説とその応用の話題からなっています。ここでいう応用とは，この原理に基づいて，個々の星々を超えた何1000 億個もの星からなる銀河を見たとき何がわかるか，そして**銀河**は時とともにどのように変化してきたかということです。

3-1｜これはユダヤ教の聖典「タルムード」に登場する話です。タルムードでは，「残りは解説です。すぐに学びに行きなさい」と続いていて，「解説」も教えと一体であり切り離せないことになっています。しかし，現代の英語では「解説」は付け足しと捉えられ，「残りは解説です」はしばしば，「残りは取るに足らない」を意味するようになっています。

地球上の生命は，ほとんどがとても複雑な**化学反応**で成り立っています。あなたの体，あなたの犬やフィロデンドロン[3-2]の鉢植え，シャワー室のカビなどの中で行われている化学反応は，食べ物や水や空気の分子を肉や血液に変え，あなたの体を動かすエネルギーを生み出しています。ノーベル賞を受賞した物理学者リチャード・ファインマン(Richard Feynman)の言葉を引用すると，「昨日のマッシュポテトは明日の脳になる」ということです(明日の脳になることがほかの人よりはっきりわかる少数の人々がいます)。

3-2｜サトイモ科のつる植物(philodendron)。

元素とは何でしょうか。それは，実験室でできるどんな過程を経ても，より単純な物質に分解できないことを，1700年代以降の科学者たちが見つけた物質です（今では，非常に高温・高密度で核反応が起きれば，星，実験室（加速器），あるいはそれ以外のどこでも元素を変化させることができることが分かっています）。

図3.1に元素の周期表を示しましょう。これは，私たちが知っているすべての元素を示しています。地球や太陽の中に自然に存在する80種類の安定元素，寿命は長いが不安定ないくつかの元素，そして現在では原子炉や加速器では作れるが自然界には存在しなか

元素の周期表

周期＼族	1	2	3	4	5	6	7	8	9	10	11	12	13	14	15	16	17	18
1	1 H																	2 He
2	3 Li	4 Be											5 B	6 C	7 N	8 O	9 F	10 Ne
3	11 Na	12 Mg											13 Al	14 Si	15 P	16 S	17 Cl	18 Ar
4	19 K	20 Ca	21 Sc	22 Ti	23 V	24 Cr	25 Mn	26 Fe	27 Co	28 Ni	29 Cu	30 Zn	31 Ga	32 Ge	33 As	34 Se	35 Br	36 Kr
5	37 Rb	38 Sr	39 Y	40 Zr	41 Nb	42 Mo	43 Tc	44 Ru	45 Rh	46 Pd	47 Ag	48 Cd	49 In	50 Sn	51 Sb	52 Te	53 I	54 Xe
6	55 Cs	56 Ba	ランタノイド	72 Hf	73 Ta	74 W	75 Re	76 Os	77 Ir	78 Pt	79 Au	80 Hg	81 Tl	82 Pb	83 Bi	84 Po	85 At	86 Rn
7	87 Fr	88 Ra	アクチノイド	104 Rf	105 Db	106 Sg	107 Bh	108 Hs	109 Mt	110 Ds	111 Rg	112 Cn	113 Nh	114 Fl	115 Mc	116 Lv	117 Ts	118 Og

ランタノイド	57 La	58 Ce	59 Pr	60 Nd	61 Pm	62 Sm	63 Eu	64 Gd	65 Tb	66 Dy	67 Ho	68 Er	69 Tm	70 Yb	71 Lu
アクチノイド	89 Ac	90 Th	91 Pa	92 U	93 Np	94 Pu	95 Am	96 Cm	97 Bk	98 Cf	99 Es	100 Fm	101 Md	102 No	103 Lr

図3.1｜現時点における元素の周期表。下に別途示されているランタン（La）から始まる系列はランタノイド（ランタン系列），アクチニウム（Ac）から始まる系列はアクチノイド（アクチニウム系列）と呼ばれます。元素記号の上の数字は原子番号です。

ったかもしれない26種類の元素です。あなたの好きな金(Au)や銀(Ag)は安定元素です。ウラン(U)やトリウム(Th)は，寿命は長いが不安定な天然元素で，非常に重要なエネルギー源になる可能性があります。カリフォルニウム(Cf)やボーリウム(Bh)は不安定で寿命が数秒以下の元素です。最後に発見された安定元素は1923年に発見されたハフニウム(Hf)です。不安定な元素は，私たちが文献を読み書きしているあいだも発見され続けており，現在では周期表は118番元素(オガネソン，Og)まで広がっています。

偶然ではありませんが，生物にとってもっとも重要な元素は，少数の例外を除いて，水素(H)と酸素(O)をはじめとする宇宙でもっとも一般的な元素です。水素と酸素の化合物である水は，ほとんどの細胞の重さの半分以上を占めています。次は炭素(C)で，他の多くの原子とさまざまな方法で結合するユニークな能力は，炭水化物や脂肪を含むほとんどの有機分子の構成要素です。窒素(N)はタンパク質の重要な部分です。ほかにも，血液中の鉄(Fe)や骨の中のカルシウム(Ca)やリン(P)などが一般的で重要な元素です。

マンガン(Mn)，セレン(Se)，マグネシウム(Mg)，ナトリウム(Na)，塩素(Cl)，カリウム(K)などはあまり一般的ではありませんが，長きにわたる健康維持には欠かせないもので，さまざまな植物や動物の組織に含まれています。私たちに必須な微量元素を見分ける簡単な方法は，信頼のおけるメーカーのマルチビタミンやミネラルのボトルのラベルを見ることです。もっとも重い必須元素は，サイロキシン[3-3]にとって必要なヨウ素(I)でしょう。硫黄(S)は，いくつかの植物やバクテリアの発色に寄与しています(すべてのバクテリアが病気の原因にな

3-3｜甲状腺ホルモンの一種。

るわけではありません!)。生きている細胞には存在しない化学元素は，ヘリウム(He)，ネオン(Ne)，アルゴン(Ar)であり，有用な化合物を形成しないため“希ガス”と呼ばれています[3-4]。

3-4｜希ガスにはこれらに加えて，クリプトン(Kr)，キセノン(Xe)，ラドン(Rn)が含まれます。

もし地球と宇宙で共通にある元素が現在のものと違っていたなら，明らかに生命は(もし存在していたとしても)大きく異なった発展を遂げていたでしょう。したがって，酸素と炭素はたくさんあるのに，ベリリウム(Be)とフッ素(F)はほとんどないのはなぜなのか，という疑問は興味あるものです。またそれを問ううちに，あなたの体にとって間違いなく良くない鉛(Pb)，ヒ素(As)，水銀(Hg)などの元素がどこから来ているのかも分かるでしょう。いまや私たちは元素の作られ方(**元素合成**という名前で呼ばれています)を十分理解しているので，次のようにいうことができます。仮に，酸素よりも多くのフッ素(周期表上では左右に隣り合っていますが)や，リンよりも多くのヒ素(縦方向に隣り合っています)が造られた宇宙だったとしたら，多くの点でそれは私たちの宇宙とは違っているでしょう。生命が必要とするだけの長い時間星を輝やかせ続ける方法も違ったかもしれないし，そうでなく生命が住めない宇宙になったかもしれません。天文学者や物理学者の中には，実際にこのことを心配して，「微調整問題」とか「人間原理」と呼んでいる人もいます。これらについては，この章では取り上げません。

実際，私たちの宇宙で，どこでいつ，どのような核反応が起こり，どのようなものを生み出すのか，私たちはそれなりによく理解しています。恒星の構造や進化およびその中での**元素合成**は，現代の宇宙物理学の中でも，かなりよく理解されている分野です。またこれらは長い期間にわたって確立されてきた分野でもあるので，この章で述べられていることの多くは，数10年前にすでに述べることが可能であって，実際に述べられていました。以下では，数10年前にいわれていたこととそれが現在までにどのように改訂されたか，その概要から始め，元素合成が行われている宇宙のさまざまな場所と，それぞれの場所でどんな元素が作られているのかを説明します。そして最後に，銀河の化学組成の進化を概観し，それが，現在知られている何1000個もの**太陽系外惑星**の中で，**ハビタブル惑星**の数，年齢，および存在場所に関してどのような意味合いを持つのかを説明します。図3.2は，太陽系に存在する元素の量を，原子核に含まれる**陽子**の数（**原子番号**といいます）の関数として示したものです。もし私たちが元素の起源と進化を完全に理解していれば，すべての過程における元素合成の結果を足し合わせればこの図の結果になるはずで，実際ほぼそうなっています。

ちなみに化学反応は，特定の化合物の分子の中に特定の元素の原子を出し入れするだけです（たとえば，石炭や炭素を空気や酸素の中で燃やすと二酸化炭素ができます）。これとは対照に核反応は，3つのヘリウム原子が融合して炭素原子を作るように，ある元素を別の元素に変える反応です。原子の中を見てみると（図3.3参照），化学反応は原子の外側の部分で**電子**を借りたり，貸したり，共有したりしているのに対し，核反応は原子の内側にある原子核の**陽子**や**中性子**を攻撃し，ときには陽子を中性子に変えたり，逆に中性子を陽子に変えたりしていることがわかります。

ここで最後に一つ注意があります。原子番号によって元素が決まりますが，多くの元素（すべてではありません)は，すべての原子が必ずしも同じ数の中性子を持っているとは限りません。原子番号が同じで中性子の数が異なるものがあります。これらは**同位体**と呼ばれ，安定なものと不安定なものがあります。この陽子と中性子の合計数を質量数といいます。図3.2に示されているのは地球上に天然に存在する安定な同位体です。

なぜ「私たち」は同位体を気にしなければならないのでしょうか。生物学者ならあまり気にしません。生物は育ってきた同位体の混合比に慣れています。生命に関わる化学反応や生化学反応は原子の中にある電子の数(一般には原子核中の陽子の数に等しい)によって決定されるので，陽子数が同じで中性子数の違う同位体の混合比が違っても生物にとって問題になりません。ただし，このことは実際には検証されていないと言わ

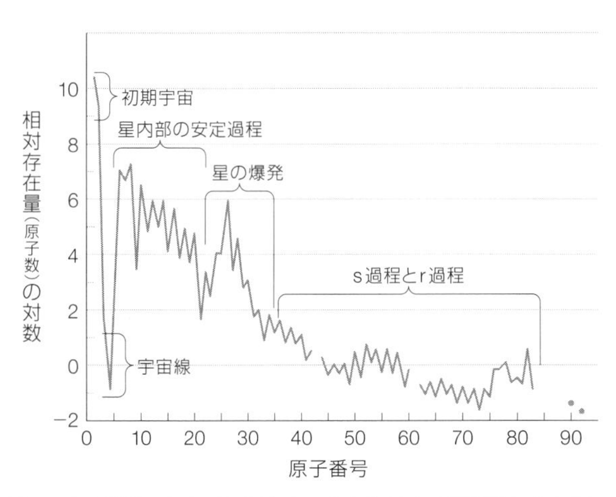

図3.2｜自然界に存在する長寿命で安定な元素の相対的な存在量(左端が原子番号1の水素，右端が原子番号92のウラン)。縦軸は対数で，水素はベリリウム(原子番号＝4)の約100万の100万倍(対数で12の違い)存在します。それぞれのグループの元素を合成する核反応の種類とそれが起きる場所が示されています。

なくてはなりません。私の知る限りでも例外が一つあります。陽子1個と中性子1個を持つ水素(**重水素**と呼ばれる)は普通の水素の2倍の重さがあります。魚は標準的な地球ミックス(1万個以上の水素原子に対して重水素原子1個)の水なら大丈夫ですが，重水(重水素原子からなる水)だけを入れた水槽では死ぬといわれています。

けれども，地質学者と考古学者なら気にします。なぜなら，ウラン(U)，トリウム(Th)，カリウム(K)，炭素(C)などの不安定な同位体(もっともよく知られているのは炭素-14でC-14とも表記)[3-5]のいくつかは，岩石や木材や布のサンプルの年代を測定するために使えるからです。こ

3-5｜陽子6個と中性子8個からなる質量数14の炭素の不安定同位体。表記は炭素-14，C-14の他，^{14}C，14Cなどと書かれることもあります。

3-6｜その殻(ボーアの原子模型でいうエネルギー準位)に入ることのできる限界数まで電子が入っている状態。用語集の「**ボーアの原子模型**」を参照してください。

3-7｜原子核が1個または複数の中性子を捕獲してガンマ線を放出する現象。捕獲された中性子はベータ崩壊して陽子になり，より重い別の元素の原子核に変わります。熱核融合反応では作ることができない鉄より重い元素は，この反応で作られると考えられています。単位時間あたりに捕獲する中性子の量が多いr過程と少ないs過程では，合成される元素の系列(種類)が異なります。

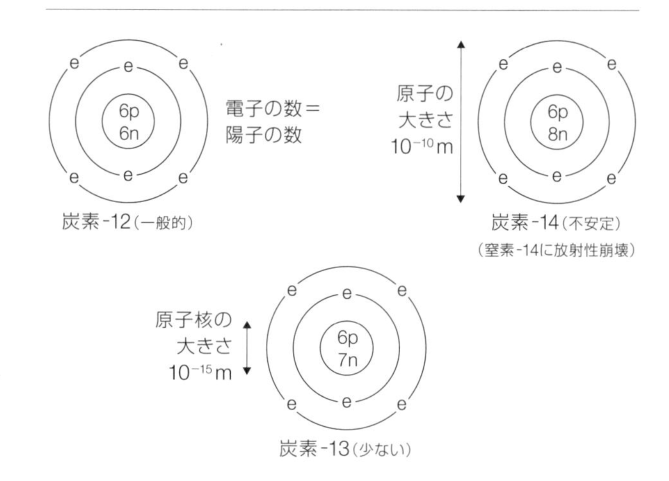

図3.3｜元素，原子，同位体の構造。各元素は，原子核の中に元素ごとに決まった数の陽子(p)を持つ原子から構成されています。炭素の陽子数は6個です。同位体とは，原子核に含まれる中性子(n)の数が異なる元素の変種です。一般的な炭素(炭素-12)は6個の中性子を持っていますが，まれに7個の中性子を持っているもの(炭素-13)があり，古い岩石の中にあるそれぞれの量で有機炭素と無機炭素を見分けることができます(第6章参照)。不安定な同位体である炭素-14は，約5700年で窒素-14に放射性崩壊します。炭素-14は宇宙線が地球の大気に当たることで作られ，古代遺跡の年代測定などに使われています。

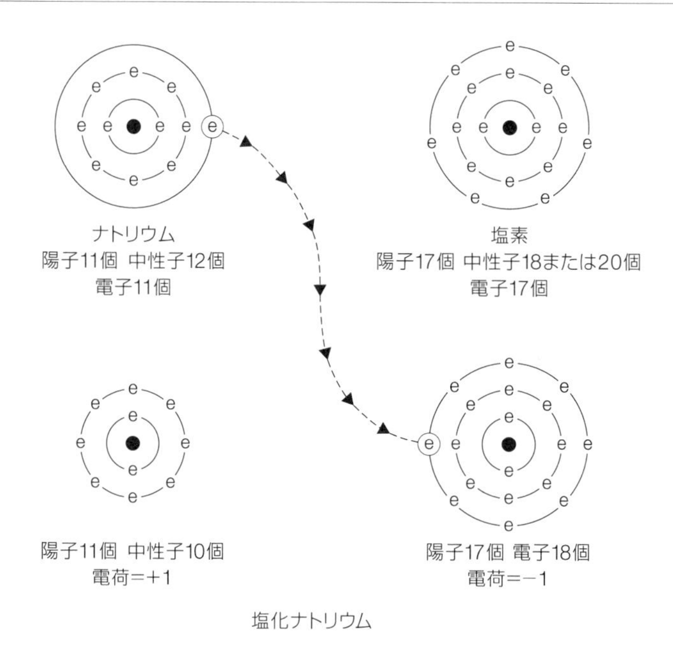

図3.4｜生化学的なものを含むすべての化学反応には，電子だけが関与します。最外殻が安定した数の電子（元素によって2，8，18，32個）を含む閉殻構造[3-6]になるまで，電子を貸したり，借りたり，共有したりすることができます。電子を貸した原子はプラスに，借りた原子はマイナスに帯電するので，電磁気力によって引き合い分子を作ります。この塩化ナトリウム（普通の塩）の分子の例では，塩素の原子がナトリウムの原子から電子を奪い，それぞれが8個の電子からなる閉じた外殻になっています。ナトリウムのプラス（＋）電荷と塩素のマイナス（－）電荷が引き合って両者を一体に保持しているのです。

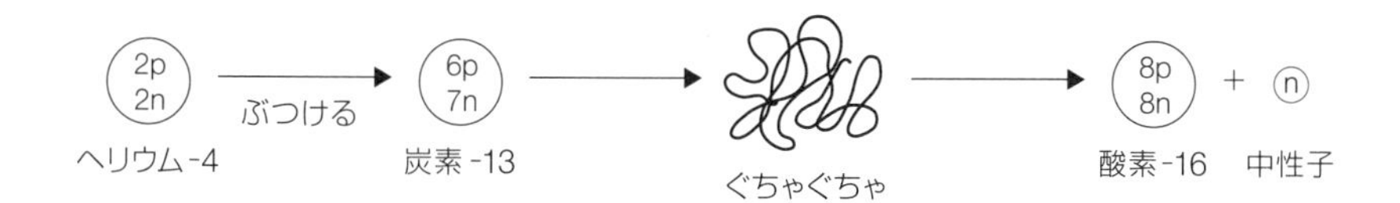

図3.5｜核反応とは，陽子と中性子が原子核のあいだを移動したり，お互いに変化し合ったりする反応です。この例では，ヘリウム-4の原子核が炭素-13の原子核にぶつかり，粒子が完全に絡み合い，酸素-16の原子核と中性子1個が出てきます。この反応によって，鉄より重い元素を合成する中性子捕獲[3-7]に必要な中性子が供給されます。中性子は不安定で，別の原子核に捕獲されない限り約11分（半減期）以内に，陽子＋電子＋ニュートリノに崩壊します。

こで年代とは，岩石が固体になってから，または木が生きていたときからの時間の長さを意味します。

天文学者である私たちは完璧主義者なので同位体を気にしています。私たちは，元素の存在比だけでなく，同位体の存在比も含めて，それを説明する元素合成のプロセスを理解したいと思っています。明らかに，説明はすべてうまくいきます。そうでなければこの話をここではしません。しかし，多くの元素は異なるプロセスで作られた同位体を持っているので，単純な話というわけにはいきません。たとえば，普通の炭素である炭素-12は進化した星の中で3つのヘリウム原子が融合してできたものです。炭素-13（地球の炭素の約90分の1）は太陽よりも重い星の中で水素が燃えてできたもので，炭素-14（年代測定に使われる不安定なもの）は，地球の上層大気中で**宇宙線**が窒素に当たることで作られています。ちなみに炭素-14は**放射性崩壊**をして窒素-14に戻ります。

歴史的な概観

元素の起源について今日私たちが知っていることは，2本の柱ともいえる研究に基づいています。第1の柱は，バービッジ（Geoffrey Burbidge）らによる「The Synthesis of the Elements in Stars（星の中での元素の合成）」と題する100ページに及ぶレビュー論文[3]（B^2FH）です[3-8]。この論文には，太陽系に各元素がどのくらい存在するかについて当時知られていたことと，それらの元素を合成するために星の内部で起こる核反応についての議論が含まれていました。著者の4名は程度の差こそあれ**定常宇宙論**の支持者でした。定

3-8｜著者の4名（Burbidge, Burbidge, Fowler, and Hoyle）の頭文字を取ってB^2FH論文と略称されます。

常宇宙論では，高温で高密度な初期宇宙(ビッグバン)は存在しなかったので，彼らはこの論文にはビッグバンによる核反応は含めませんでした。2007年に，カリフォルニア工科大学でこの論文の出版50周年記念式典が行われました。著者4人のうち存命の2人(バービッジ夫妻)しか参加しませんでしたが，それは非常に楽しいものでした(図3.6(左)を参照)。

大雑把にいえば現在までに以下の結論が得られています。まず，高温で高密度の初期宇宙は重要であったこと，次にB^2FHによって特定された7つの元素合成プロセスは，星の種類と星の爆発の種類によって違いがあること，そして他の星(特に古い星)や銀河には，太陽やそれに似た星とはかなり異なる元素の存在比を示すものがあることです。これを理解する秘訣は，元素組成に合わせて**元素合成**プロセスの組み合わせを調整することです。

第2の柱は，1968年に発表されたベアトリス・ティン

図3.6｜元素合成理論のパイオニアたち。左｜B^2FH論文の著者：左からマーガレット・バービッジ(Margaret Burbidge)とジョフリー・バービッジ(Geoffrey Burbidge)夫妻，ウィリアム・ファウラー(William Fowler)，フレッド・ホイル(Fred Hoyle)。右｜ベアトリス・ティンズレー(Beatrice Tinsley)

ズレー(Beatrice Tinsley)の博士論文です。この論文で彼女は銀河全体の進化が計算できる手法(銀河のモデル)を作り，進化が重要であることに私たちを気づかせてくれました。モデル化にあたって彼女の用いた仮定は厳格なものでしたが，不合理なところはありませんでした。それは，(a)星をいくつかの質量グループ(**太陽質量**の0.5-0.85倍から10倍以上のものまで)に分ける，(b)星は10億年ごとのバースト(爆発的星生成)で生成され，**重元素**の多くは短寿命の大質量星から来るので，星が生成される瞬間に重元素が銀河に追加される(瞬間リサイクリング)，(c)バーストに含まれる星の質量グループの構成割合はすべてのバーストで同じである，(d)新たに作られた重元素はガスの中に均質に混合される，(e)銀河内に物質が流れ込んだり流れ出たりしない，というものです。

これは要約すると，「均質で一定の**初期質量関数**(IMF)(誕生時の質量別星数分布)をもつ，瞬間リサイクリング近似の**閉じた箱モデル**(クローズドボックスモデル)でした。このモデルは二つのことを教えてくれました。第一に，この比較的単純なモデル計算(当時のコンピュータには負担がかかりましたが)の結果は，明るさ，色，元素組成，それにガスの含有割合が異なるさまざまな銀河の観測された性質と非常によく一致することです。第二に，進化が重要であることです。銀河は，若い星をより多くもっていた過去は現在よりも明るく青かったでしょう。そのため，宇宙の膨張率や，その膨張が加速しているか減速しているかを決定するためのもっとも単純な方法に，銀河の明るさや色を用いることはできません。それらは時間とともに変化するからです。その後のモデルでは，初期質量関数を可変にする，瞬間リサイクリング近似をやめる，非均質な混合を考慮する，物質の流入や流出を可能にする，などの改訂がなされました。これらはおもに長いあいだ指摘されていた**G型矮星問題**を解決するためのものです。この問題についてはのちほどお話しします。

さらにもっと大雑把な話をすれば，ティンズレーの論文以来私たちが学んできたことは，今見ている銀河（ここでは10億光年程度より近距離にある銀河と定義します。ということは私たちが見るその銀河の光は今から10億年前までにその銀河を発したものです）は，彼女が想定した巨大なガスの雲として生まれたのではないということです。最初に形成されたのは，私たちが知っている元素のいずれでもない**ダークマター**の小さな塊でした（第1章と第2章を参照）。これらは，おそらく太陽の100万倍程度の質量で，**重力収縮**していました。その中に水素とヘリウムのガスが流れ込み，最初の星を形成しました。そのうちに，小さなダークマターの塊（星やガスを包み込んでいる）がだんだんと集まってきて（重力がつねに勝るのです!），銀河のような大きな塊ができていきました。**銀河系**の中でもっとも古い星団（形が丸くて特徴がないため「球状星団」と呼ばれています。図3.7参照）はおそらく，後に銀河系を作ることになったはるか昔の矮小銀河の中で形成されたのでしょう。

このような矮小銀河は今でも存在しています。銀河系をはじめとする他の巨大銀河は，自らが所有する星やガス，およびダークマターの“目録”を増やすために，今でも矮小銀河を掃き集めて成長しています。不思議なことに，ダークマターは，ガスや星をつなぎ止める以外には，ほとんど何の影響も与えていません。ダークマターは核反応を起こしたり，光を放ったり，私たちの視界を遮ってものを見えなくしたりすることもありません。もしあなたが空の暗いところで天の川を見れば微かに見えるかもしれない暗い斑点は，ダークマターとはまったく関係ないのです。それは，1-2%のダスト(かなり不透明です――スモッグの日や砂漠の砂嵐を考えてみてください)を含むガス(基本的には透明)の雲です[3-9]。

3-9｜天の川の中心線に沿って見られる暗い斑点の連なりはダークレーン，またはダストレーンと呼ばれますが，実態はダストを含むガス雲が多数密集しているものです。ガスは透明ですが，ダストを含むために背景の光を遮って暗く見えるのです。これらの暗く見えるガス雲は暗黒星雲と呼ばれますが，ダークマター(暗黒物質とも呼ばれる)とはまったく別のものです。暗黒星雲は低温で水素分子や他の複雑な分子を含むので，しばしば分子雲とも呼ばれます。

銀河の**重元素**量が増えてゆく**化学進化**についてちょっとした計算をしてみましょう。元素合成と銀河の化学進化を適切に計算するには，非常に幅広い分野について分かっていることすべてを必要とします(分かっていないこともあります)。たとえば，(a)星生成はどのように起きるか，(b)**対流**(エネルギーを運び，組成や温度の異なるガスを混ぜ合わせる規則的なガスの流れ)や**乱流**を含む

図3.7｜ハッブル宇宙望遠鏡によるさそり座の球状星団メシエ80(M80)の画像。この星団は3万光年の距離にあり，数10万個の星があります。この画像の視野は一辺が約100光年で，星団の中の隣りあう星の典型的な距離は非常に大きい(1光年の10分の1)のですが，星々が接触しているように見えるのは，ハッブル宇宙望遠鏡の空間分解能が十分高くないためです。もっとも明るい星のほとんどは，**核融合反応**の最終段階にある**赤色巨星**です。出典：NASA

星の内部構造，(c)ガスの**不透明度**，(d)核反応がガスの密度や温度，組成にどのように依存するか，(e)星は穏やかに外層を吹き飛ばすこともあれば，**新星**，特に**超新星**(図3.8参照)として爆発し，作った重元素をまき散らすこともある，(f)宇宙線と呼ばれる高エネルギー粒子の加速の機構，などなどです。

　私たちの**銀河系**を考えてみましょう。銀河系には，太陽質量の約10^{12}倍もある支配的なダークマターに加えて，太陽質量の約10^{11}倍(1000億倍)の星とガスが含まれています。このうち重元素は約1%以下ですので，宇宙の歴史を通じて，太陽質量の約5億倍程度の重元素が蓄積されたことになります。典型的な超新星爆発では，水素とヘリウム以外の重元素が太陽質量の1-

図3.8｜超新星残骸カシオペアAの代表色カラー画像(この本のカバーにも掲載されています。以下の説明にある「色」はカバーのカラー画像で確認してください)[3-10]。赤は加熱されたダスト粒子から発する赤外線を表しています。オレンジ色は可視光を表しています。緑と青は高温のガスからのX線(青の方がより高温)を表しています。真ん中のシアン色の点は残された星の中心核です。出典：NASA

3-10｜目に見えない波長の電磁波で記録された画像に目に見える色を割り当てて可視化する技法は，古くは擬似カラー表示(false color)と呼ばれていましたが，最近では代表色表示(representative color)と呼ばれることが多くなりました。ここではカラー画像が白黒表示で表されています。

2倍発生しますので，これまでに合計でおそらく2億から3億個の超新星爆発が銀河系で起きたことになります。この数は，それらが成長した銀河系の中で最近起きたのか，それとも初期のより小さなガス雲の中で多数発生したのかには関係ありません。平均すれば100年あたり約2個の超新星の発生頻度になります。そしてこれは，銀河系によく似た銀河で観測されている超新星の発生頻度とほぼ同じです。

私たちは銀河系円盤のほこりっぽい濁りの中にいるので，銀河系の“目録”をあまりよく見ることができません（魚が最高の魚類学者にはなれないのと同じです）。私たちが確かな証拠をもっている最近の数個の超新星は，1006年，1054年，1572年，1604年，そして1680年頃に出現したもので，ほとんどが中国の天文学者による記録です[3-11]。もちろん，光はそれらの日付よりも何1000年も前に発したものですが，いずれにしてもこれらはもう手遅れです。今後銀河系内の太陽の近くで超新星が発生すれば，実に壮観なものになるでしょう。今後1万年ほどで超新星爆発が起こる可能性のあるもっとも近い星は，アンタレスとベテルギウスです。どちらも，紫外線（UV）やX線の閃光で人類が危険にさらされるほど近くはありませんが[3-12]，明るさは満月ほどになると思われます。

ここまでで私たちは賢者の主張をある程度理解できました。「水素とヘリウムはビッグバンから来たものであり，バービッジ，バービッジ，ファウラー，ホイル（B^2FH，あるいは星といってもよい）が残りのすべてを作った」。これ以降私たちは，確立された事柄と理解できていない不可解な事柄の両方を詳しく見ることにしましょう。

3-11｜藤原定家の『明月記』には，1006年，1054年，1181年の超新星の記録があります。望遠鏡が発明される前（1608年以前）に肉眼で観測された超新星の記録は世界に7-8件しかないといわれていて，そのうちの3件が『明月記』に記載されています。

3-12｜アンタレスは約550光年，ベテルギウスは約500光年の距離にあります。

ビッグバン元素合成

19世紀の化学者たちは，私たち人類の起源を初めて科学的に推測しました。彼らは，(地上と隕石中に)どんな元素がどれだけあるかを調べ始めました。大多数の見解は，もっとも単純な原子(水素)が先にあって，現在私たちが目にする星や惑星が形成される前に，一部の元素が何らかの過程でより重い元素になっていくというものでした[23]。

量子力学と**一般相対性理論**という20世紀の革命は，この平和的な考え方を一掃し，**核融合反応**が起きるのは，宇宙でも十分に高温で密度の高い二つの場所だけであることを明らかにしました。一つは誕生直後の初期宇宙で，そこでの組成は星ができる前から決まっていました。もう一つは，現在および過去の星の中心部で，そこで起きる水素の核融合は現在も進行中で観測可能です。核融合反応がこれら二つの場所で起きることは比較的早くから考えられていましたが，二つの世界大戦という破壊的な事態とそのあいだのほぼ全世界的な不況は，誰がいつ，何を考えることができるかに大きな影響を与えました。

この二頭の馬に乗ったのは実際には一人の研究者，ロシア系アメリカ人物理学者のジョージ・ガモフ(George Gamow)でした。彼は故郷のオデッサから，宇宙論研究者のフリードマン(Alexander Friedmann)の指導を受けようと，サンクトペテルブルク(ペトログラード／レニングラード)に移りましたが，フリードマンはすぐに亡くなりました(死因は不明)[3-13]。ガモフはその後ドイツに渡り，アインシュタインの重力に関する一般相対性理論と電磁気学を統一することを試みましたができません

3-13｜このためにガモフは研究分野を原子核物理学に変更したのです。

でした。量子力学を信奉するようになった彼は博士論文で，古典力学で考えると十分なエネルギーがない場合でも，原子核が他の元素の原子核に変われるメカニズムを示しました。ほとんどのものは外に出るよりも中に入る方が簡単であるという一般的な原理があります。その同じ原理にしたがって，小さい原子核を古典力学で必要とされるエネルギーよりも少ないエネルギーで核融合させ大きい原子核にすることができます。これは障壁通過，あるいは**トンネル効果**と呼ばれ，今日の**元素合成**を理解する上で欠かせないものです。

水素からヘリウムを作る可能性に関する先駆的な議論は，ガモフがコペンハーゲンとケンブリッジのフェローシップを得て去ったあとレニングラード大学に残った人々が始めました。その議論が星の内部での核融合反応（次節「星の中での元素合成」参照）につながったのです。一方，ガモフはさらに西に移動し，1935年から米国で，初期の高温の宇宙（後にビッグバンと呼ばれる）で**重元素**を合成する可能性を検討しました。

ガモフのアイデア[11]は第二次世界大戦を生き延びました。彼はそのあいだジョージ・ワシントン大学の教授として過ごしたのです。その後すぐに，彼は若い物理学者ラルフ・アルファー（Ralph Alpher）とロバート・ハーマン（Robert Herman）とチームを組み，中性子だけから始まった宇宙の進化を追うことにしました。しかし，これは間違っていました。出発点は**陽子**，**中性子**，**電子**，**光子**，および**ニュートリノ**の熱平衡状態でなければならないのです。しかし不思議なことに，合成されたヘリウムの量について彼らはほぼ正解を得たのです。私はいつもこれを謎だと思っていました！ 彼らは，中性子捕獲を繰り返すことで，すべての元素を合成することができると予想し，その結果はほぼ図3.2のようになると予測したのです。

しかし，致命的な欠陥がありました！ 陽子と中性子を加えた数(質量数)が5あるいは8の安定な原子はありません。つまり，普通の水素やヘリウム，それに少量のリチウム(Li)，重水素(D)，それにヘリウム-3(陽子2個と中性子1個のヘリウム)を作ることはできましたが，それより重い元素とのあいだには大きな隔たりがあったのです[3-14]。しかし，アルファーとハーマンは，中性子から始まる宇宙を考える過程で，宇宙の元素合成が大量のX線を残し，それが宇宙とともに膨張し，冷却され，現在では**絶対温度**が5K近くになっていると予測しました。しかし，それが観測可能かもしれないということは，当時の彼らは考えもしませんでした。

この予測はしばらく忘れられていました。ガモフは遺伝子コードを解読する研究のほうに興味を移していったのです[3-15]。予測された放射は1965年に偶然に発見されました(第1章)。この発見に対するノーベル賞は1978年に発見者(ペンジアスとウイルソン)に贈られました。ガモフ(1968年まで生きた)は，この放射の重要性が広く議論された1967年の会議に出席していました。私(著者トリンブル)もそこにいましたが，彼は自分の予言したものが発見されたことを完全には納得していなかったという印象を持ちました。他の参加者も同様でした。その根拠として彼はこういったのです。「私はニッケル(5セント硬貨)を1枚なくした。あなたは1枚見つけた(あの5Kを覚えていますね)。同じ硬貨だなんて誰にわかるんだい」[3-16]。ガモフよりずっと長生きしたアルファーとハーマンは，ノーベル賞の共同受賞者とならなかったことに幾分かの不快感を示していました。

3-14｜これらを元素(元素記号:陽子数，中性子数，質量数)の形式で示します。
水素 (H：1，0，1)，
重水素 (D：1，1，2)，
ヘリウム-3 (^{3}He：2，1，3)，
ヘリウム-4 (He：2，2，4)，
リチウム-6 (^{6}Li：3，3，6)，
リチウム-7 (Li：3，4，7)
質量数5の安定元素がないため水素とヘリウムに比べてリチウムはほんのわずかしかできません。これらに加えてごく微量のベリリウム(Be：4，3，7)も作られます。質量数8以上の元素はビッグバンでは作られませんでした。

3-15｜ガモフは1950年代になると分子生物学に傾倒し，塩基配列ACGTの組み合わせとアミノ酸の対応を明らかにする遺伝子コードの解読に取り組みました。

3-16｜「あの5Kを覚えていますね」はガモフの言葉ではなく，著者トリンブルが読者に向けて言った言葉です。

驚くことではありませんが，普通の水素，重水素，普通のヘリウム（ヘリウム-4），およびヘリウム-3の正確な量は，初期宇宙の温度と密度の歴史に非常に敏感に依存しています。では科学者たちは現在，必死になって図3.9の詳細を改良しようとしているのでしょうか。実はそうではありません。初期宇宙という大釜とそこで合成された元素の全体像は，今日では「調和**宇宙論**」（第1章）[3-17]と呼ばれるものの中に包含されています。ビッグバンの元素合成は，**ダークマター**（第1章と第2章）が陽子と中性子で構成されたもの（**バリオン**）ではありえないこと，そしてある種の仮説的な粒子（たとえば4番目のニュートリノ）がビッグバン時に存在していなかったことを初めて示した重要な理論でしたが，今では同じことが別の方法から得られるようになっています。

3-17｜英語のConcordance Cosmologyの訳語です。宇宙は平坦で，ダークエネルギーが7割，残りが物質で，そのほとんどはダークマターという宇宙モデル（第1章の標準宇宙モデルの別名と考えても良い）に基づく宇宙論。多くの観測事実を少数のパラメータを調節することで説明できることからこう呼ばれます。

ハビタブルな宇宙という観点から見れば，星が生きていくのに十分な水素を残したビッグバンならば，どんなビッグバンでも問題はありません。奇妙なことに，同時に合成されるほんのわずかのリチウム（原子100億個の中の1個の割合）は重要です。ガスを星に変えるには，ガスを氷点（0°C）よりはるかに低い温度まで冷やさなければなりません。これは，1-2％の**重元素**が含まれている今日のガスでは簡単にできます。重元素，特に炭素とそれから作られる分子は，熱を可視光，赤外線，マイクロ波として放射し，ガスを冷却することに長けているからです。ところが，水素とヘリウムだけしか含まないガスでは冷却がうまくいきません。そこにほんのわずかのリチウムがあれば，水素化リチウム（LiH）ができて冷却を助けることができます[10]。

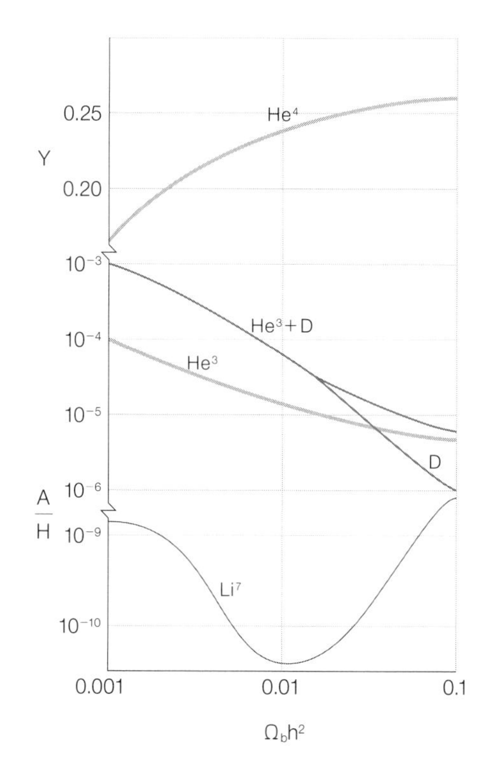

図3.9｜高温·高密度の初期宇宙(ビッグバン)で合成された元素や同位体の存在量を，反応に関わっている通常の物質(バリオン)の密度の関数として示した図。横軸の0.01はハッブル定数が100 km/s/Mpc(h=1)の場合に，宇宙の膨張を止めるのに必要な密度(**臨界密度**)の1%を意味します(0.1なら10%)。縦軸で，ヘリウム-4は全バリオンに対する質量比Y(25%弱)で示し，その他の重水素(水素-2，Dと表す)，ヘリウム-3，リチウム-7については，普通の水素(H)に対するその元素の原子数(A)の割合(A/H)で示されています。リチウムは異なる条件下で2つの異なる反応で作られているため，その曲線は下にへこんだ形をしています。観測から推定されたD，He^3，He^4，Li^7の存在量[3-18]と合致する横軸の値の範囲はほぼ0.01-0.03です[3-19]。バリオン(水素，ヘリウム，炭素，その他すべての物質を含む)の密度は，遠い将来に宇宙の膨張を止めるために必要とされる臨界密度よりもはるかに低いことがわかります。出典：アストロフィジカルジャーナル

3-18｜星生成を始めたばかりの若い銀河や，クエーサーのスペクトルに吸収線を生じさせる遠方の中性水素ガス雲などの観測データを基に，ビッグバン元素合成直後(星ができる前)の宇宙における値を推測します(図のように質量数を右肩表記にすることもあります)。

3-19｜観測値は，
$Y=0.24$,
$D/H=2.5\times10^{-5}$,
$He^3/H=1.1\times10^{-5}$,
$Li/H=1.6\times10^{-10}$
です。観測誤差も考慮して，これらにすべて合致する横軸の値は，ほぼ0.01－0.03の範囲にあるということです。

星の中での元素合成

水素とヘリウムを超えて元素合成を進めるには，初期宇宙と同じくらい高温で高密度の場所を見つけなければなりません。そのような場所の一つが，原子炉や物理学の実験施設にある加速器です。そして，実際に，この節で議論される反応のほとんどすべては加速器実験で再現することができます。実験の結果から，異なる温度と密度での特定の反応の速さ，反応で発生した(あるいは吸収された)エネルギーの量，そしてそれぞれの反応で作られた元素が分かります。これらの結果は，原子核の中で陽子と中性子に作用する力(強い力と弱い力)の理論とうまく適合しています。そして，合成される元素は，実際に私たちが星の中で見ている元素なのです。このように，実験と理論と観測が互いに合致することを確かめあうことが，天文学をはじめとする科学の進歩の特徴です。実験と理論と観測が一致しているからこそ，どのような条件でどのような核反応が起こり，どのような元素ができるのかが確信できるのです。初期宇宙とともに，核融合反応を起こすのに十分な温度と密度を持っているもう一つの場所は星の中心部です。星が一生の大半のエネルギーを核融合反応から得ていることは約90年前から知られており，ハンス・ベーテ(Hans Bethe：1967年ノーベル物理学賞受賞)が，1930年代の終わり頃にもっとも重要な反応の詳細を論文に書いています[1][2]。

もっとも重い元素を作る複雑な反応については，第二次世界大戦後になってからゆっくりと理解が進んでいきました。その鍵となったのは，バービッジらによる，観測された星の元素組成とそれらすべての元素を作るのに必要な核反応についての大規模なレビュー論文[3]です。この論文は先に述べたように，即座にB^2FHという頭文字をとって認識されるほど，天文学者にとって重要なものでした。それ以来，元素合成の研究はこの論文の結果を微調整することで進んでいきました。この分野の最近のレビュー[21][22]は，B^2FHの枠組みの上に構築されています。現在でも，いくつかの反応(たとえば，炭素とヘリウムが酸素を作る反応)では，より正確な

図3.10｜ビッグバンによって物質の75%以上が水素の形で作られたからこそ，星は水素の核融合によって何10億年も生き続けることができるのです。普通の星がほとんど水素とヘリウムでできていることは，ここに描かれている女性，セシリア・ペイン(Cecilia Payne；後のペイン・ガポシュキン：Payne-Gaposchkin)の博士論文で初めて明らかにされました。科学者が博士論文で基本的な発見をするのは非常に稀なことです(この他のもう1つのケースについて後ほどお話しします)。そのためもあるかもしれませんが，ペインの結果は，他のもっと年配の天文学者によって証明されるまで，研究者の社会で完全に信じられることはありませんでした。コプト人の墓の肖像画に似たこの絵は，1945年頃に彼女の夫セルゲイ・ガポシュキンによって描かれたものです(画像提供：キャサリン・ガポシュキン・ハラムンダムス：Katherine Gaposchkin Haramundams)3-20。

3-20｜セシリア・ペインはイギリスに生まれ，ケンブリッジ大学でエディントンの講義に刺激されて天文学を目指しました。当時ケンブリッジ大学では女性には博士号を授与しない制度でした。研究を続けるために彼女は，女性に与えられる奨学金を得て1923年にシャプレーが台長を務めるアメリカのハーバード大学天文台に行きました。彼女にそれを勧めたのはエディントンでした。ケンブリッジ大学が女性に博士号を授与しはじめたのは1948年です。セシリアは1933年にロシア生まれの天文学者セルゲイ・ガポシュキンと結婚し3人の子どもをもうけました。

数値が必要で，各国の実験家や理論家が積極的に研究しています。

主要な燃焼フェーズ——水素

まずは概要を説明しましょう(表3.1参照)。少ない粒子からなる軽い原子核は，一般的に低い温度で融合し，星は時間の経過とともに，より高温で密度の高いコアを持ち，重い原子核を融合する方向に進化していきます。このことを頭に置いておけば，理解がしやすくなるでしょう(鉄より重い元素はまったく融合できません)。

星をその寿命の90%以上のあいだ輝き続けさせている最初の一連の反応は，水素を融合させてヘリウムにする単純なものです。次に，ヘリウムが燃焼(天文学では**核融合反応**を一般に燃焼といいます)して，炭素と酸素になります。私たちの太陽ではそれ以上は進みません。太陽より質量の大きい星では，炭素と酸素が燃焼することでネオン，マグネシウム，シリコン(Si:ケイ素)などの中間質量の元素が作られ，今度はそれが融合して鉄や(周期表で)その近傍の元素(ニッケルや銅など)になります。

表3.1｜星の進化段階

反応	生成物	燃焼温度(K)	太陽での時間スケール(年)	太陽の20倍の星での時間スケール(年)
水素燃焼	He	$1\text{-}4\times10^{7}$	10^{10}	10^{7}
ヘリウム燃焼	C, O	$1\text{-}2\times10^{8}$	10^{9}	10^{6}
炭素燃焼	Ne, Na, Mg	8×10^{8}	−	300
ネオン燃焼	Mg, Si	1.7×10^{9}	−	<1
酸素燃焼	Si, S	2.1×10^{9}	−	<1
シリコン燃焼	Ti から Zn	4×10^{9}	−	2日

この時点で，星は大変なことになっています。これまでのところ，それぞれの反応段階ではエネルギーが放出され，星を熱して輝かせ続けています。ところが鉄の原子核の**陽子**と**中性子**は，力の許す限り固くまとまっており，それ以上の核エネルギーを取り出すことはできません。その結果として**超新星爆発**が発生します(第4章参照)。そして，鉄を超える元素の合成は，ここまで述べたものとはかなり異なる方法で起こります。

ベーテが述べたように，水素は2つの異なる反応過程で燃焼することが知られています。単純な方の過程では，2つの陽子が一緒になり，1つは中性子になり，それらがくっついて重水素になります。重水素原子核はすぐに別の陽子を取り込み，さらに数回の粒子衝突の後，ヘリウム-4の原子核ができ大量のエネルギーが発生し，星はそのエネルギーを放射します。この**陽子ー陽子連鎖反応**(p-pチェイン)は，過去45億年のあいだ，私たちの太陽のおもなエネルギー源となっており，続く50億年程度もそうあり続けるでしょう。2つの興味深い側面があります。第一に，p-pチェインは陽子を中性子に変えることから始まります。これは非常にゆっくりとした反応で，太陽は静かに水素を燃やしています。水素爆弾では，重水素から始めて，残りの反応はきわめて短時間に起きます。第二に，陽子を中性子に変えると，ニュートリノと呼ばれる小さく電荷を持たない粒子が放出されます。(エネルギーが電磁波として中心から太陽の表面に出るのには何10万年もかかりますが)ニュートリノは太陽の中心から直接流れ出てきて地球上で検出されます[3-21]。これによって，太陽が現在水素を燃焼させていることが分かるのです。

水素はまた，炭素，窒素，酸素の原子が触媒として

3-21｜太陽表面から出たニュートリノはほぼ光速で地球までやってきます。

働く**CNOサイクル**と呼ばれる過程でも燃焼することができます。もちろん，これはC，N，Oの原子がすでに存在している場合にのみ起こります。つまり，宇宙で最初に生まれた初代星[3-22]はp-pチェインから始めなければならなかったのです。しかし，今日の星では質量の約1%のC，N，Oが存在しており，太陽の約2倍以上の質量を持つ星ではCNOサイクルが水素のおもな燃焼過程となっています。副産物として，炭素と酸素からいくらかの窒素ができます。窒素はこの反応以外では話の本筋に登場しませんが，タンパク質やDNAには欠かせないものです。

3-22｜宇宙で最初にできた第一世代の星で，水素とヘリウムだけからなる星です。初代星のほか，第一世代星，種族Ⅲの星，あるいは英語のままファーストスターと呼ばれることもあります。

水素の燃焼は，星の中心部の10%がすべてヘリウムになるまで続きます。これには，太陽のような小質量の星では数10億年かかりますが，大質量の星では数100万年しかかかりません。同時に，核反応によって星の中心部の組成が変化し，星の外側は膨張したり収縮したり，温度が変化したりします。このような変化は計算することができます。年齢や質量の異なる星で観測される明るさや大きさ，色(温度)と計算結果を比較することで，計算が正しいかどうかを確認することができます。大まかにいえば，進化している星は，進化のほとんどの期間，明るくかつ赤くなりますが，逆に暗くなったり青くなったりする可能性も一度あるいはそれ以上あるのです。水素を燃やしている星は**H-R図**で**主系列**上にあるので主系列星といわれ，より進化した星は**赤色巨星**や**超巨星**と呼ばれています(第2章参照)。

主要な燃焼フェーズ——ヘリウム

ここまででヘリウムができました。ビッグバン**元素合成**はヘリウムで止まりました。ビッグバンと星の中とでは何が違うのでしょうか。宇宙は膨張するにつれて温度が下がり，粒子はどんどん離れていき，相互作用が難しくなります。対照的に恒星のコアは，時間が経つにつれてより高温になり，より高密度になります。そして，内部の10%がヘリウムになる頃には，3つのヘリウム原子核が1秒よりもずっと短い時間で融合して炭素を形成することが可能になります。

ヘリウム燃焼は低質量星では爆発的に始まり，星を揺り動かしますが，大質量星では平和的に始まります。同じようなことが後にも出てきますので，ここで少し我慢してその理由を理解しておいた方がいいかもしれません。普通の高温ガスは，圧力で外側に膨張しようとします。温度が高いほど外側に向かう圧力も高くなります。通常の核反応は，エネルギーを放出してガスを加熱します。安定状態よりも核反応が速く進みすぎると，ガスは過熱状態となり膨張し，その結果温度が少し下がって再び安定状態に戻ります。しかし，きわめて高密度の気体では，外に向かう圧力が温度に依存しません。そのようなガスは**縮退**しているといわれます(電子がどのように動いているかに関する言葉で，電子の"モラル"についての表現ではありません)[3-23]。縮退したガスで核反応が起きると，ガスは熱くなりますが膨張はしません。より高温のガスはより速く燃えるので，すぐに危険な爆発が起きます。この爆発的ヘリウム燃焼の閃光[3-24]が起きるのは質量の小さい星です。逆ではないかと思うかもしれませんが，大質量の星より小質量の星の方が密度が高いからです。

ヘリウム燃焼には2つの部分があります。3つのヘリウム原子核(^{4}He)が融合して1つの^{12}C(炭素-12)になり，^{12}Cと^{4}Heが^{16}O(酸素-16)を作ります。この二つ目の燃

3-23｜「縮退した」を表す英語「degenerate」には「堕落した，退廃した」という意味もあるのでこんなコメントがついています。

3-24｜急激なヘリウム燃焼を閃光にたとえてヘリウムフラッシュと呼んでいます。太陽質量の2倍程度以下の星の中心にあるヘリウムのコアで起きます。このヘリウム燃焼の暴走は温度が上がって電子縮退が緩むまで続き，その後は安定なヘリウム燃焼の段階(H-R図上で水平分枝星と呼ばれる)に移行します。

焼速度は非常に重要です(まだあまり正確には知られていません)。というのは，ヘリウム燃焼で生成される炭素と酸素の相対量が，その後の核融合反応で使える材料の組成を決めるからです。炭素と酸素は，炭素をベースとする食物と酸素を豊富に含んだ空気の両方を必要としている私たちが地球上で存在できるためには，とっても重要な元素です。

星のコアでヘリウムが燃焼して私たちのための炭素や酸素を作るのと同時に，水素の核融合がコアの外縁でさらに進んでいます。この時点までに，星は非常に明るくなっており(赤色巨星)，**星風**(吹いている様子を見ることができます)が大量のガスを表面から吹き飛ばしています(太陽でも弱い星風が吹いています)。核反応と星風による質量の減少はともに，次の2つのいずれかの出来事が起こるまで続きます。炭素と酸素からなるC-Oコアがさらに高温になって次の核反応を起こすか(これについては後で詳しく説明します)，星風によってガスがすべてはぎ取られて星のコアがむき出しとなり，そのコアが冷えて水素とヘリウムの燃焼が停止するかのどちらかです。太陽の約8倍以上の質量を持っていた星では引き続き核反応が起きますが，それ以下の質量の星はコアがむき出しになって寿命を終えることになります。

図4.1(第4章)は，ガスのはぎ取りの結果を示しています。残骸となった高温のコアが，星風で吹き飛ばされた周囲の物質を照らしています。このガス雲は「**惑星状星雲**」と呼ばれていますが，これは歴史的な理由からで，誤解を招く恐れがあります(この星に惑星があったかどうかは関係ありません)[3-25]。コアは冷えて**白色矮星**と呼ばれる星になり，一般的には，その後宇宙の歴史にとって面白いことは何もしません。

3-25｜性能の良くない昔の小さな望遠鏡を使って肉眼で見ると，(ガス星雲にしては)大きさが小さく表面が明るくて惑星のように見えたので，この名前がつきました。

元素合成の観点から見ると低質量星の多くはどちらかといえば期待外れです。低質量星は，自分たちが作った炭素と酸素の大部分を白色矮星の中に保持したまま一生を終えるからです。しかし，いくらかの炭素や窒素，おそらく酸素も，そしてまた副次的な反応の産物（以下を参照）は星風によって星から運び出され，**星間物質**に混じりそこから新しい星が形成されるのです（第5章を参照）。

星風は星の進化の終末期にもっとも勢いがあり，もっとも多くの炭素（など）を放出します。この時期には，C-Oコアの外縁の薄い球殻状領域の中でヘリウムを炭素と酸素に，またその外側で水素をヘリウムに融合させる二つの燃焼反応が起きています（図3.11）。このことを「殻燃焼」あるいは「二重殻燃焼」と呼んでいます。わかりやすくはありませんが，「漸近巨星分枝星」という呼び方が天文学者にはより広く用いられています。

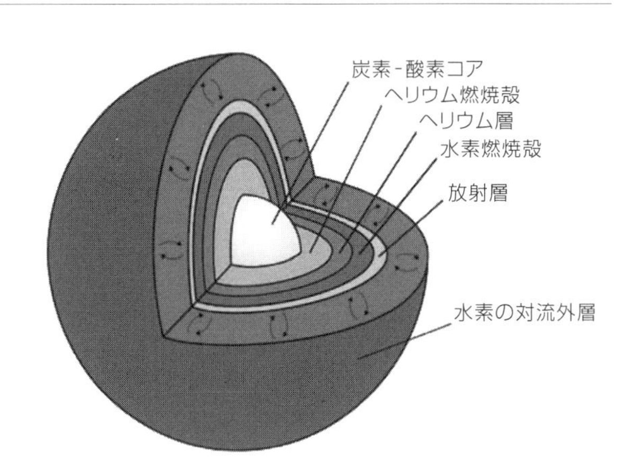

図3.11｜寿命の終わりに外層を放出して惑星状星雲と白色矮星（裸のC-Oコア）を作る直前の星の断面図（太陽と同じ質量を持つ星）。出典：アメリカ国立光学天文台

ごくまれに，低質量星の死によって残された白色矮星（またはそのペア）がトラブルに巻き込まれることがあります。白色矮星は太陽の1.4倍の質量を超えることはできません。それ以上になると，崩壊するか核燃焼を起こして爆発するかのどちらかになります（というのは，後にまた出てくるといいましたが，白色矮星は**縮退**しているからです）。白色矮星に他の星から物質が流れ込んだり，2つの白色矮星が合体したりすると，それまで安定していた白色矮星の質量が限界を超えてしまうことがあります。どちらの場合でも，結果はある種類の**超新星**になります（Ia型超新星；第4章を参照）。爆発的な燃焼により，白色矮星の大部分は鉄とそれに関連する元素に変わります。この超新星爆発は，宇宙のある時期やある場所では鉄（それにクロム，コバルトなど）のおもな供給源となっています。宇宙の遠方までの距離を測るために使われ，宇宙の膨張が加速していることを明らかにしたのはこのIa型超新星です（第4章で詳しく説明します）。

主要な燃焼フェーズ——重元素

質量のとても大きい星では，**星風**によるはぎ取りはまだ起きています。しかし，それはコアでの炭素燃焼の開始を妨げるものではありません。これ以降，星は急速に燃料を使い切ってしまうので，内部で何が起こっているのかを外層が知ることはありません。星は，赤色超巨星であれ青色超巨星であれ，炭素の燃焼が始まった時点での姿を保ち続けています。温度が高くなるにつれて，炭素の燃焼に続いてネオン，酸素，シリコンがより短い時間スケールで燃焼していきます。これらの反応の期間はとても短いものです。その理由は，これらの燃焼では水素やヘリウムの燃焼に比べてエネルギーの放出が少ないことと，非常に高温のコアが膨大な数の**ニュートリノ**を放射し，星の光に寄与せずにエネルギーを消耗してしまうからです。

重元素を燃焼させる反応に共通するもう一つの要因は，すべてが単純な連鎖やサイクルではなく，複雑なネットワークであるということです。いくつかの異なる元素と，**陽子**，**中性子**，ヘリウム原子核が同時にすべて存在し，さまざまな方法で相互作用することができます。したがって，各燃焼段階では多くの異なる元素や**同位体**が生成されますが，その中でももっとも一般的なものだけを表3.1に示しました。新しい燃焼反応が星の中心で起きると，他の反応は外側の少し低温の領

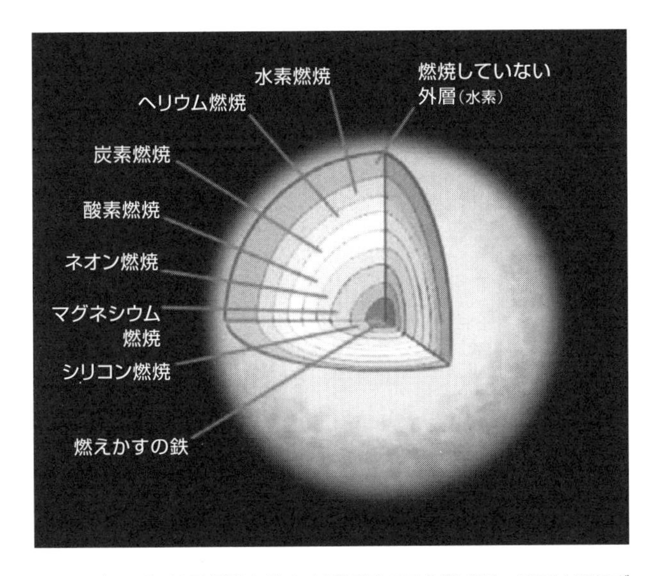

図3.12｜Ⅱ型超新星爆発直前の大質量星コアの模式図。コアは玉ねぎのような入れ子になった一連の球殻で，それぞれの殻が，水素からヘリウム，ヘリウムから炭素，さらに周期表にある順に鉄までの異なる元素を燃焼させています。元素を燃焼させている殻のあいだには，燃焼が起きていない領域があることに注意してください。ペンシルベニア州立大学の天文学天体物理学科の資料からの転載。

域に移動して，星が薄い皮が何層にもなった玉ねぎのようになるまで活動を続けます(図3.12参照)。

何層にもなった玉ねぎの皮は，中心の鉄(など)のコアの質量が太陽質量より少し大きくなるまで，星の外側に向かって進行します(もとの星の質量は太陽質量の10倍か20倍か30倍であったことを思い出してください)。破局はもう目前に迫っています。縮退した**白色矮星**と同じように，縮退した鉄のコアにも質量の限界があります。不思議なことに[3-26]，その限界質量はチャンドラセカール(Subrahmanyan Chandrasekhar)によって発見されたものなので[5][6]，**チャンドラセカール質量**と呼ばれています(呼び名はあまり当てになりません。たとえば，第1章で述べたハッブルの法則は，ルントマーク(Knut Lundmark)によって発見されました)[3-27]。いずれにしても，チャンドラセカールはこの章の責任の一端を担っています。というのは，彼は私(著者トリンブル)の学位論文の指導教員を教えた先生だからです。チャンドラセカールがノーベル賞を受賞したのは，彼の画期的な論文が発表されてから53年後のことでした。

大質量星と小質量星には決定的な違いがあります。小質量星が残す白色矮星は**親星**が作った炭素と酸素の大部分を保持しているのに対し，大質量星の**超新星**爆発は，自分たちが作った**重元素**の大部分を吹き飛ばしてしまいます。吹き飛ばされる直前の玉ねぎの中の各元素や同位体の正確な量は，星の質量などによって異なります。さらに，それらの量は，爆発の**衝撃波**が各層を通過した後に変化し，あまり有名ではない同位体が少量作られます。しかし，この超新星爆発の一般的な元素組成のパターンははっきりしており，太陽や星で観測される組成と一致しています。

3-26 |「科学的発見に第一発見者の名前がつけられることはない」というスティグラーの法則と呼ばれているものがあります。このような背景から，「チャンドラセカール質量」には(他と違って)第一発見者の名前がついていることを，以下の括弧内の文章とともに，著者特有のユーモアで指摘したのです。

3-27 | ルントマークが銀河を含むさまざまな天体(当時は銀河の正体が分かっていなかった)の距離と視線速度の関係を調べた論文を発表したのはハッブルより早い1924年でした。著者はこれをもってルントマークを「ハッブルの法則」の第一発見者と考えていると受け取れる書き方をしていますが，それは学界の多くの研究者の共通認識にはなっていないと思います。用語集の「**ハッブル-ルメートルの法則**」を参照してください。

平均的には，多くの元素は爆発の最初に合成されます。奇数個よりも偶数個の**陽子**を持つ元素の方が一般的で，ネオンはフッ素やナトリウムよりも多く，シリコンはアルミニウム（Al）やリンよりも多くなります。陽子と中性子の両方が偶数個の同位体（ヘリウム原子核が集まってできたと考えられるもの）は特に多く，^{16}O，^{20}Ne，^{24}Mg，^{28}Siなどがあります。そして^{56}Feもたくさんあります。このようなパターンは理にかなっています。核力（**強い力**）の理解によれば，**陽子**と**中性子**がもっとも強く結合している核種がもっとも多く作られるのです。同様のパターンは，次の節で説明する鉄より重い元素の中にも見られます。

元素合成にとって，大質量星は，太陽のような小質量星に比べてはるかに重要です。それには三つの理由があります。第一は，大質量星では核反応の種類が豊富で，生成物の種類も豊富であることです。第二は，大質量星は作った重元素の大部分を寿命の最後に超新星爆発で吹き飛ばしてしまうのに対し，太陽質量の8倍以下の星は作ったほとんどの重元素をC-Oを主成分とする白色矮星の中に留めていることです。第三は，星の寿命が非常に短いことです。太陽質量の30倍の星は，太陽系が誕生する前にすでに何世代にもわたって誕生し，死んでいきました。

鉄より先の元素へ

ある意味であと少しで話は終わりです。これまでに説明した元素は太陽や他の星の物質の99.99997％を占めています。一方で，ここまでに私たちが作った元素は周期表の最初の30種類だけで，ウラン（U）まではあと62種類あります。もちろん，すべての元素が安定ではありませんので，それらすべてが太陽や地球，隕石などに現在でも存在しているわけではありません。ウランの先には，地球上で作られた18種類以上の短寿命元素[3-28]があります。これらのうち，少なくともプルトニウム(Pu)は地球が誕生したときにすでに存在していたので，自然界で作られたに違いありません。

数は少ないが多様性に富んだこれらの元素はどこから来たのでしょうか。通常の核融合反応はもはや関係ありません。2つの鉄の原子核(それぞれが26個の**陽子**を持っている)を衝突させても，互いに跳ね返るか分裂してしまい，融合して52個の陽子を持つテルル(Te)を作ることはできません。B^2FH論文が示したように，原子番号30以上のすべての元素を作るには，さらに3つのプロセスが必要です。第1と第2のプロセス(中性子捕獲)では，おもに種となる鉄の原子核が，**中性子**を1つずつ苦し紛れに捕獲していきます。そのあいだに時折，原子核を安定に保つために中性子が陽子に崩壊します。第3のプロセスは，これらの中性子捕獲でできた原子核(ゲルマニウム(Ge)から鉛まで)に陽子を加える，あるいは中性子を除去します。これら3つのプロセスが作る元素が珍しいのは不思議ではありません！もっとも希少なのは，第3のプロセスで作られたタンタル(Ta)-180までの元素で，その中には水素原子10^{16}個に対して1個！しか存在しないという同位体元素が存在しています。

別々の2つの中性子捕獲プロセスが必要であることを認識することがまさに成功の秘訣でした。これにはキャメロン(Alastair Cameron)も気がついていましたが，その論文はB^2FH論文より後になるまで出版されませんでした[4]。ガモフは中性子からすべてのものを作ろ

3-28｜超ウラン元素と呼ばれます。加速器などで作られるものは，確かにできたことを示す証拠が確認されると国際純正・応用化学連合(IUPAC)により命名され元素として登録されます。日本の理化学研究所における実験で作られた原子番号113番の元素は，2016年(平成28年)11月30日に「ニホニウム」と命名されました。これは2021年現在では，周期表に追加されたもっとも新しい元素です。この元素の平均寿命は約0.002秒しかありません。

うとしていたことを覚えていますか。彼がその証拠だと考えたことは，元素や**同位体**の存在量と，元素が中性子を捕獲する意欲とのあいだの相関関係でした。捕獲意欲のない元素はそのまま溜まっていって量が増え，意欲のあるものはすぐにほかの核種に変わり，もとの元素は少ない量にとどまっているのです。

もっとも強く結合した原子核は中性子の捕獲意欲が弱く溜まっていきます。このことはガモフの中性子ばかりの宇宙の場合でも，今私たちが知っている星の中で起こる捕獲についても同じです。だからこそ彼は何年ものあいだ，自分が物事を正しく捉えていると信じていたのです。

しかし，原子番号30（亜鉛Zn）から92（ウランU）までの元素の存在量を注意深く調べてみると，2つのパターンがあることがわかります。いくつかの比較的多く存在する同位体は，現在の状態では中性子を取り込みたくないのです。それらの同位体は現在50，82，126個の中性子を持っているものです（これらの数は「魔法数」と呼ばれ，8個または18個の電子の閉殻と同じように中性子の閉殻なのです）。バリウム（Ba）-138と鉛-208がその例です[3-29]。これら以外の比較的存在量の多い同位体は，機会があれば今でも喜んで中性子を捕獲するでしょう。しかし，それらははるか昔に，目の前にあるすべての中性子を捕獲することで50個，82個，126個の中性子を持ったのです。そしてそれらの中性子の一部が後に陽子に崩壊して，より安定性の高い原子核となったのです。これはスズ（Sn），テルル（Te），レニウム（Re），オスミウム（Os），白金（Pt）が現在比較的大量にあることの説明になるでしょう[3-30]。私が「比較的」という言葉を強調しているのは，これらの元素の中でもっと

3-29｜原子の中の電子と同様に，原子核内の陽子や中性子もエネルギーがとびとびの量子軌道（殻）にしか入れません。軌道内に入ることができる陽子，中性子の数は軌道ごとに異なっています。陽子または中性子がある決まった数になるとその軌道は閉殻構造となり安定化します。3-14と同じ表記をすると，バリウム-138（^{138}Ba：56，82，138），鉛-208（^{208}Pb：82，126，208）となっています。

3-30｜3-14と同じ表記で，スズ（Sn：50，69，119），テルル（Te：52，76，128），レニウム（Re：75，111，186），オスミウム（Os：76，114，190），白金（Pt：78，117，195）となっています。

も多いものでも水素原子の10億分の1以下しかないからです。

B^2FH論文では，必要な2つの過程をs過程(遅い-slow-中性子捕獲)とr過程(速い-rapid-中性子捕獲)と呼びました。遅いか速いかは，不安定な原子核中で中性子が陽子に変わって安定な原子核に変わる時間との比較で決められています。この時間は「分」から「年」のあいだであり，原子核によってかなり異なります。以上の2つに加えてもう一つ3番目の微調整過程があります。これは陽子(proton)にちなんで一般にp過程と呼ばれています。これら3つの過程は，いつどこでどのように起きるのでしょうか。

r過程とp過程の起きる一つの場所はさまざまな種類の**超新星爆発**です。そこではたくさんの鉄とたくさんの中性子の両方が少なくとも短時間のあいだだけは同時に利用できるのです。合成された重元素をどのようにして損傷させずに爆発から取り出すかは現在も議論のテーマです。ウランとトリウムがなければ原子爆弾が開発されることはなかったでしょうが，この二つの元素はr過程でしか作れない元素です(爆弾のことはもういうまいと思ったのに，ごめんなさい!)。

実はもう一つの場所の方が面白いでしょう。**中性子星**の中には，他の中性子星，あるいは**ブラックホール**との密接なペア(連星系)になっているものがあります。中性子星連星はすでに数10年前から知られていました(第4章参照)。二重ブラックホール連星[3-31]の存在は，連星が合体する最後の段階で出る**重力波**が検出されたことで，最近になって証明されました。このような合体による重力波の検出は，アメリカ，ヨーロッパ，およびその他の国々が，**レーザー干渉計重力波天文台**(LIGO)

3-31｜「二重ブラックホール連星」はブラックホール同士の連星系です。より広い用語である「ブラックホール連星」はブラックホールを含む連星系一般を指します。同様に，中性子星を含む連星系を「中性子星連星」(あるいは「連星中性子星」)と呼び，その中でも両方の星が中性子星の場合を「二重中性子星連星」と呼んで区別しています。

3-32｜LIGOは1994年から建設が開始され，2002年から観測を開始しましたが，2010年まで重力波の検出はできませんでした。そのの建設と運用[3-32]に多大な労力と資源を費やしたからこそ可能になったのです(第4章参照)。連星系をなす二つのブラックホールはらせん軌道を描いて徐々に接近し(これもまた観測されています)[3-33], 最終的には二つが合体して, 計算するのが難しい厄介な混乱状態を起こします。二重ブラックホール連星が合体すると, 新しいより大きな質量のブラックホールになります。一方2つの中性子星が合体するとかなりの量の物質が噴出し, その噴出物には中性子が非常に豊富に含まれ, さらに中性子星の表面から出た鉄も含まれています。繰り返しになりますが, これらはr過程に(そしておそらくp過程にも)適した混合物となり, 鉄より重い元素合成のより有望な場所となるでしょう。2017年のLIGOによる2つの中性子星の合体からの重力波の検出[3-34]においては, **ガンマ線バースト**も発生しているので特に重要です。このような中性子星同士の合体は, 他の超新星爆発に比べて非常にまれであるにもかかわらず, 私たちが観測しているすべてのr過程元素のかなりの部分, そしておそらく鉛よりも重い元素の大部分を生成していると現在では考えられています。

もう一つのs過程も興味深いものです。これは太陽質量の1-8倍程度の**赤色巨星**や赤色**超巨星**でヘリウム燃焼が終わる頃に起こります。太陽も約50億年後にはこの状態になります。この過程の鍵となるのは, 水素が燃焼している領域にあるいくらかの窒素-14が, ヘリウムが燃焼している領域に混じることです。この領域で窒素-14はネオン-22に変換されます。もう一つのヘリウム原子核がネオン-22を強打し, 中性子を1個はぎ落とします。炭素-13(これも水素燃焼で作られる)も同じようにふるまいます。はぎ落とされた中性子は

後5年間, 多額の費用をかけて感度向上のための大改修を行い, 2015年の初検出となりました。これまでの建設・運転経費の総額は1000億円を超えると推定されます。LIGOの研究計画とデータ解析にかかわる「LIGO科学コラボレーション」には世界の100以上の研究機関から1000人以上の研究者が参加しています。

3-33 | 二つのブラックホールがらせん軌道を描いて徐々に接近し合体する様子は, 重力波の周波数が次第に増加して振幅も増大するチャープ波によって示されます(第4章の図4.19を参照してください)。

3-34 | 2017年8月17日に観測された5例目の重力波(GW170817)です。銀河系から1.3億光年という近距離にある銀河NGC4993で, 二つの中性子星が合体して重力波が発生し, キロノバという大爆発が起きたことがすべての波長の電磁波で観測されました。この観測から, キロノバでr過程により実際に鉄より重い元素が合成されたことがほぼ確実と考えられるようになりました。

動き回ってそのうちに(ほら，だからs過程です!)かなり重い原子核に捕獲されます。もちろんこの過程は，(CNOサイクルと同様に)星が生まれたときにすでに重い元素を持っていた場合にのみ働きます。対照的にr過程は，同じ(大質量の)星の中で少し前に作られた鉄に作用するので，初代星でも作用し始める可能性があります。

このように低質量星も，星風や**惑星状星雲**として，炭素，窒素，酸素(白色矮星が爆発した場合は鉄も)ばかりでなくs過程の生成物も噴き出すことで元素合成に貢献しています。その一つであるテクネチウムは，安定同位体を持たず，寿命も100万年と短いものです。メリル[13]が進化の末期にある数個の星からテクネチウムを発見したときに，s過程という複雑な核反応が目の前(望遠鏡の前)で起こっていることが決定的に示されました。

完結にむけたいくつかの補足

ここまでは順調です。ビッグバンは水素とヘリウムを作ります。炭素から亜鉛までの元素はほとんどが大質量星の中での平和的な核反応で生成されます。もっとも重い元素は，鉄，コバルト，ニッケルなどに作用するs過程，r過程，p過程から作られます。

これでもう完璧なのでしょうか。図3.1の中のもっとも軽いいくつかの元素を除けば，ほとんど完璧です。ビッグバンではリチウム-7が少しできました(現在若い星に見られる量の1%程度です)。しかし，これまでの段落のどこにも，ベリリウムやホウ素(B)，あるいは残りの99%のリチウムを作る過程はまだ見当たりません。これにはそれなりの理由があります。この3つはすべて非常に壊れやすい元素です。星の中では，すぐに燃焼してヘリウムや他の壊れにくい元素に変わります。これら3つは(おそらく，不思議なことにごく少数の**赤色巨星**で見られるリチウムを除いては)重水素と同様，星の中では破壊され，作られることはありません。

B^{2}FHは，リチウム，ベリリウム，ホウ素を未知のx過程に起因するとしていますが，これらが星間空間の交通事故の副産物であることは，今ではかなり確かと考えられています。星と星のあいだの星間空間は空っぽではなく，拡散した低密度の星間ガスで満たされているのです(第5章参照)。さらに，**宇宙線**が銀河を満たしています。宇宙線はほとんどが**陽子**ですが，他の元素の原子核も含まれています。それらの粒子は光速に近い速度で運動しているため，大量のエネルギーを持っています(1つの粒子の中に，勢いよく投げられた野球のボールが持つのと同じくらいのエネルギーが含まれることがあります)。宇宙線は最終的には**超新星**からエネルギーを得ていますが，詳細はよくわかっていない部分もあります(第4章参照)。

宇宙線が星間空間にある原子にぶつかって，それを破壊することがあります。交通事故ともいえるこの過程を破砕と呼びますが，その犠牲者が炭素や酸素の原子核の場合は，リチウム，ベリリウム，ホウ素などが生成物に含まれています。破砕が起きていることは，地球に届く宇宙線がリチウム，ベリリウム，ホウ素を過剰に含んでいることから分かります。この場合は，宇宙線に含まれる炭素や酸素の原子核が星間空間の陽子と衝突してその一部を失ってこれらの元素が生成されたのです。フッ素やナトリウムなどの他の種類の原子核も宇宙線には他の場所よりも多く含まれており，一部は破砕によって作られているに違いありません。

これらの軽元素について皆さんはあまり考えたことがないかもしれませんが，リチウムは多くの電池に使われていますし，病気の治療にも使われています。ベリリウムは航空機に採用されている軽金属ですし，ホウ素化合物の一つであるホウ砂は伝統的な洗浄剤です。

私たちは今やすべての元素と同位体を少なくとも簡単に調べて，核反応が起こるはずの場所のほとんどを調べました。ほぼすべての場所が出てきているようですが，もう一つの場所を述べなければなりません。軽

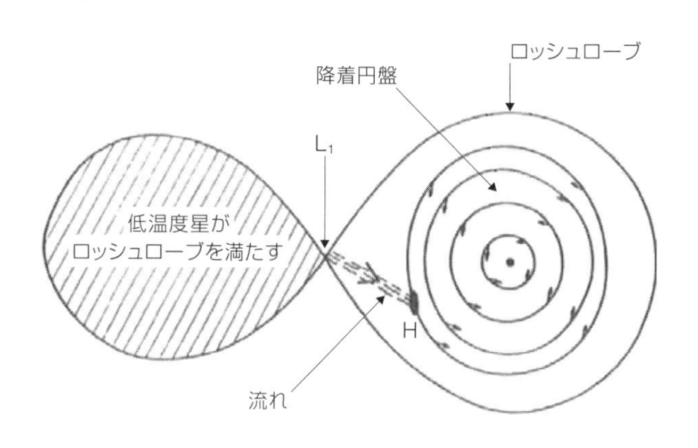

図3.13｜新星の構造(降着円盤を正面から見た模式図)。低温度の主星(左)からの物質は，白色矮星(右のほぼ円形のパターンの中心にある小さな黒い点)の周りをまわる降着円盤にHの位置でぶつかります。ガスは円盤から白色矮星の表面に流れ込み，そのうちに水素が豊富な降着層の底部が縮退します。縮退した物質は爆発的に燃え，白色矮星から宇宙空間に吹き飛ばされます。新星とそれに関連する連星系を総称する「激変星(cataclysmic variable)」という名前は，セシリアとセルゲイ・ガポシュキンが作り出した造語です。ガスは，主星が“ロッシュローブ”と呼ばれるある臨界体積よりも大きい場合には，つねに伴星に流れ込んでいきます。ガスはもっとも流れやすい一番目のラグランジュ点(L_1)を通って流れ込みます[3-35]。ロッシュ(Édouard Roche)はフランスの天文学者，ラグランジュ(Joseph-Louis Lagrange)はフランスの天才的数学者で天文学者でもあります。

3-35｜**ラグランジュ点**
L_1は主星と伴星を結ぶ線上で，両者のあいだにあります。

度の爆発，つまり星を破壊しない爆発です。これは，連星系において，主星である普通の(主系列の)星が，大気中の水素を伴星である白色矮星に少しずつ滴下するときに起こります。水素は10万年程度のあいだに蓄積され，限界を超えると数時間のうちに(水素は縮退しているので)爆発します。この現象は**新星**と呼ばれ，高温で高速なCNOサイクルが支配的な反応です(図3.13参照)。新星爆発では，通常の水素燃焼に比べて，炭素-13，窒素-15，酸素-17，ネオン-21などの同位体が多く作られます。

新星で作られる可能性のあるもう一つの元素はアルミニウム－26です。ドラッグストアでは^{26}Alでできた箱を買うことはできません。なぜなら，アルミニウム-26は72万年でマグネシウム-26に**放射性崩壊**しますので，太陽系ではとっくになくなっていて供給できないからです。しかし，私たちはそれが**星間物質**に存在していることを知っています(^{26}Alの放射性崩壊で放射される放射線を見ることができ，これも元素が日常的に作られていることの証拠です)[3-36]。さらに，小惑星や隕石が形成されたときにアルミニウム-26が存在していたことが分かっています。マグネシウム-26がそれらの天体で見つかっているからです。そのため，アルミニウム-26の放射性崩壊は若い太陽系天体の熱源であり，後に小惑星を溶かして分裂させて隕石を作る原因になったと一般的にいわれています。そのため，天文学者はアルミニウム-26がどこで作られたのかに興味を持っています。新星爆発，超新星爆発，およびs過程元素を作る星はすべてその可能性があって，それぞれの考えに，強力な支持派と活発な反対派がいます。

3-36｜アルミニウム-26の放射性崩壊で出るエネルギー180万電子ボルト(1.8 MeV)の核ガンマ線が観測されています。

銀河の化学進化

これまでの節で，個々の元素と同位体の起源をかなり詳しく説明しました。しかし，明らかにこれだけでは十分ではありません！その知見を，46億年前に太陽系が形成されたまさにこの現在という時点で，私たちが見ている銀河，星，惑星がどのような元素組成を持っているかということに結びつけなければいけないからです。そうしなければ，これまでの努力は無駄になってしまいます。

水素やヘリウムより重い元素が徐々に増えていき，星やガスとのあいだで共有されていく様子は，もっと大きな枠組みの中で描かれなければいけません。それは銀河の**化学進化**ということです。しかしそのイメージがあまり明瞭でないのには三つの問題があります。一つはかなりはっきりとした問題で，ほぼ満足のいく解決策があります。あとの二つはどちらもあまり明らかでなく，満足のいく解決策を持っていません。それにもかかわらず，私たちは二つの問題の両方に挑戦しています。というのは，天文学者（とほかの科学者）はもともとすべてのことに関してすべてを知りたいと思うことに加えて，地球のような十分な**重元素**を含む惑星をもつ恒星の数は，銀河の化学進化の進み具合に依存しているからです。

第一の問題は，銀河系には約2,000億個の星があるということです。ご想像のとおり，世界最大のコンピュータでも，どんなものであれ2000億個もの天体の詳細を記録し続けることはできません。現在の最高記録は10億個程度でしかも，それらは星ではなく，原始銀河の形成に関わるダークマターの粒子なのです(第2章)。何10年ものあいだ,「星が多すぎる」ことが銀河の進化を本格的に研究する上での障害になっていると考えられていました。この問題を解決したのはベアトリス・ティンズレーで,彼女が1967年にテキサス大学オースチン校に提出した博士の学位論文でした(セシリア・ペインの話をしたときに,もう一つ素晴らしい博士論文があるといったことを覚えていますね!)。彼女の用いた仮定と近似については,「歴史的な概観」の節ですでに触れています。

驚くべきことに,彼女が計算したモデル[19][20]は,ほとんど本物の銀河のように見えます。悲しいことに,彼女は1981年に悪性黒色腫で40歳の若さで亡くなったので,次の第二の問題を知ることはありませんでした。しかし,第三の問題に対する彼女の解決策は現代を先取りしています。

第二の問題は,その一生に必要なすべての物質を含むガス(と初代星が作り出した**重元素**)の塊(ガス雲)から銀河が始まったことは決して(あるいはほとんど)ないということです。それは第2章に述べられています。銀河の始まりでは,ダークマターの塊が徐々に集まってきます。その後,周囲のダークマターとガスが流れ込み,(重元素を含まない)種族Ⅲの星(**星の種族**を参照)を作り始めます。塊同士の合体が起こり,さらにガスが流れ込み,一部のガスはおそらく吹き出され,新たに合成された重元素を持ち出します。それが続いて現在に至るのです(第2章参照)。

この重要な初期段階は,見る者が誰もいない過去に起きただけでなく,現在ではもはや存在しない過去の銀河の中で起きたのです。でもそうだからといって完全に絶望的ということではありません。というのは，私たちの**銀河系**の中でももっとも古い星は，おそらく初代星が合成した元素を保存しているからです[8][9]。これまでに発見された最古の星は，実際に太陽の100万分の1以下の鉄しか持っていませんが，炭素と酸素は"鉄ほど少ないわけではありません"。このことは初代星についての情報をもたらしてくれます。つまり，初代星は重元素を放出したが，今日合成されている元素組成とは異なるということです。「夏の名残のバラ」3-37のように見える矮小銀河があります。銀河系を作るもとになった塊の遺物ともいえるもので，現在も銀河系の周りを周回しています。この矮小銀河はごくわずかの星しか含んでおらず，それらの星が含む重元素は，おそらくたった一つの超新星から作られたものと思われます。この矮小銀河は，それを発見した探査プロジェクト3-38の名前にちなんで「セグエ1(SEGUE 1)」と呼ばれています。この二番目の問題における大きな不確実性は，初代星の典型的な質量がはっきりわかっていないことです[8][17]。

3-37｜アイルランドの詩人トーマス・ムーアの書いた詩。アイルランド民謡の曲がつけられ，日本で広く親しまれた小学唱歌「庭の千草」のもとになりました。

3-38｜SEGUEはSloan Extension for Galactic Understanding and Exploration(銀河系の探査と理解のためのスローン探査の拡張)の頭文字を取った略号です。スローン・ディジタル・スカイサーベイ(第2章の2-32を参照)の完了後に，同じ望遠鏡を使って行われたいくつかのサーベイ観測プロジェクトの一つです。銀河系の構造と形成過程などの研究のために，2004年から2009年にわたって銀河系のハローにある約36万個の星のスペクトルを撮影しました。

第三の問題は，ガス雲のもつガスの量です。それはほんのわずかの個数の星の分だけか，あるいは私たちの知る最大の星団を作るほど大量か，つまり，ガス雲が何をしたいのかを私たちがガス雲自身ほどよくわかっていないことです。銀河の進化の基本的なプロセスは簡単に列挙することができます。星間ガスと**ダスト**が星になります(第5章を参照)。星の内部の核反応で**重元素**が生成され，その一部は吹き飛ばされて**星間物質**と混ざり合います。新鮮なガスが銀河に流れ込むこともあれば，重元素に富むガスが**銀河風**によって銀河の外に吹き出されることもあります。また銀河の中では，元素組成の異なるガスが，ある場所から別の場所へと流れていくこともあります。それぞれのプロセスはどれも通常の物理学の法則に支配されており，結果は決まっています。すなわち，たとえばある特定のガス雲は，ある時期に特定の質量の星を一定の数だけ作ることになります。しかし，あなたが理論宇宙物理学者にそのガス雲の密度，温度，磁場の分布などすべての情報を教えても，その学者は，ガス雲がいつ星を作るのか，各質量の星の数は何個なのか，あるいはそのうちの何％が連星系になるのか，ということをあなたに教えることはできません。そのプロセスは計算するにはあまりにも面倒なのです。似たような状況は他の科学でも起こります。天気予報を考えてみましょう。未知の物理学はそこには含まれていません。しかし，今どこに雲があるのか，どこでどのような風が吹いているのか，海流はどのように流れているのか，などの完璧な情報を持っていても，2週間後の野外パーティーを天気予報に基づいて計画することはありません。「20％の確率で雨が降る」，「時々晴れ」，「雨がみぞれに変わる可能性がある」など，天気予報に必ず伴う不確実性は予報そのものに反映されています。

銀河の化学進化の予測に必要だが正確に計算できない項目は以下のとおりです。(a) 時間，銀河内の場所，およびその場所でのガスの元素組成の関数としての星生成率（1年あたり，太陽質量単位），(b) **初期質量関数**（生成された各質量の星の相対的な数。これも時間，場所，元素組成によって変化する），(c) 考えている領域に出入りするガスの流入と流出の量とそのガスの元素組成，(d) どのくらいの時間で重元素に富む物質が周囲の物質と混ざり合うのか，です。

標準的なごまかし方として，**調整可能なパラメータ**を導入する方法があります。星の生成率を考えてみましょう。たとえば，私たちの銀河系での現在の値(年に太陽質量の数倍程度)を選んでください。それをモデルに使って，答えが気に入るかどうかを見てみてください。気に入らない場合は，答えが気に入るまで「**星生成率**」(SFR)をパラメータとして変化させてください。そして最終的に気に入った値があまりにも不合理でなければ，おそらく何かを学んだことになるでしょう。ガスの流入と流出，星の質量分布，その他のパラメータも一つずつ同じように扱うのです。

簡単なモデルとG型矮星問題

魔法のように，仮に遠くの銀河に住む科学者に一つだけ質問をして，答えを得るチャンスがあったとします。それはどんな質問でしょうか。(あなたが政治的なことに関心があるなら)おそらく，「戦争はありますか？」。医学的なことを考えれば，「永遠に生きられますか？」。神学的に考えれば「あなたは何か超越した力を認めますか？」。天文学者のトリンブルならこう尋ねるでしょう。「あなたの銀河でもG型矮星問題は存在しますか？」。G型矮星問題とは何か，そしてなぜそれがここ40年ほどのあいだ，化学進化の精巧なモデルの多くの動機付けとなってきたのかを説明しましょう。

巨大な箱の中でガスから星が生まれ，ガスの組成はつねに一様で瞬間リサイクリングが起きる状態を想定します。水素とヘリウムが徐々に(太陽の元素組成と同じ割合で)**重元素**に変化する以外はこの箱の中に何も加えたり引いたりはしません[3-39]。どのような星生成率(SFR)

3-39｜用語集の「**閉じた箱モデル**」を参照してください。

を選択しても，それ以前の星生成によって作られた重元素量をもつ長寿命の星が何個くらい現在まで生き延びているかを簡単に計算することができます。G型矮星(スペクトル型がG型の太陽のような主系列星)は，100億年ほど寿命があり，100万立方パーセク程度の空間で数えられるほど明るいので，観測するのに良い対象です。そして，誰が計算しても数えても，この単純なモデルは，重元素量の少ない星は現在観測されているよりもたくさんあるはずだという予測をします。156ページの図3.14にこの問題が示されています。破線はモデル計算の結果で，さまざまな文字は異なる天文学者のデータサンプルを示しています。重元素量の低い側(左)では観測結果がすべてモデルの予測値を大きく下回っています。

この問題は解決できるでしょうか。はい，もちろんできます。いくつかやり方があります。遠い過去には低質量で長寿命の星がほとんど生まれないように，**初期質量関数**を時間とともに変えていきましょう。そうすればもちろん，**重元素**の少ない長寿命星は非常に少なくなるでしょう。一様性をあきらめて，**超新星**で吹き飛ばされた重元素が広く一様に拡散せずに，重元素が豊富な領域とそうでない領域ができ，重元素が多い場所で星がたくさんできるようにすることもできます。また，さまざまな組成のガスが，箱の中に出入りできるようにすることもできます。そして，これらのいずれかまたはすべてに理論的な正当性があります。なぜなら，重元素が多いほどガスが冷やされやすくなり，**星生成**が活発になるからです。

データが何らかのことを示しているときに，それが理論で正しく説明できるかどうかを気にするのは正し

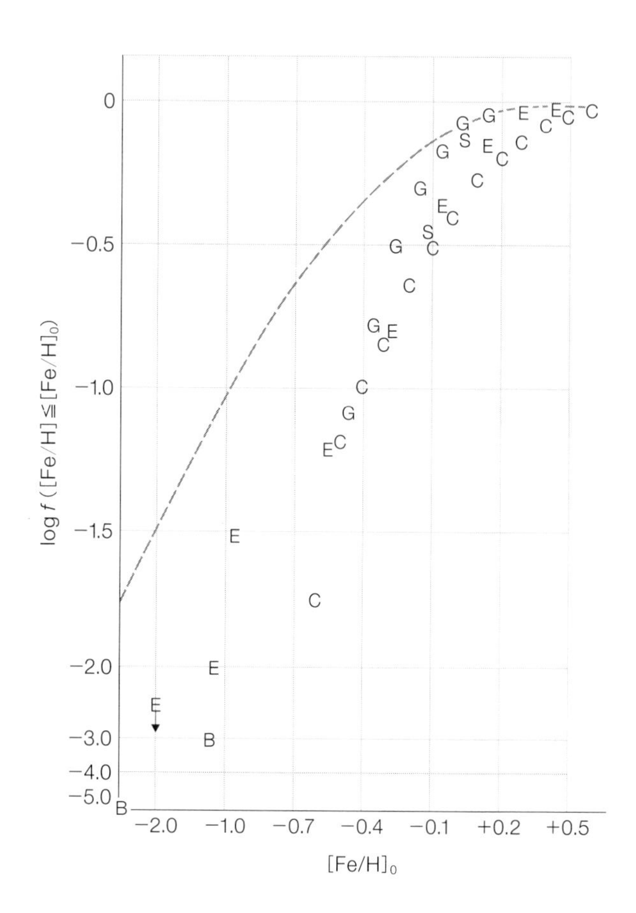

図3.14｜星の相対個数を重元素量の関数として表した図[21]。どちらの軸も対数スケールとなっています。横軸は鉄原子の水素原子に対する個数比3-40, 縦軸は重元素量が少ない星の個数割合です。モデルによる予測(破線)では, 太陽(横軸で0.0)よりも鉄がずっと少ない星はかなりの割合になると予測されています。たとえば, 太陽の10分の1(横軸で−1.0)より少ない重元素を持つ星のモデル予測(縦軸)はほぼ−1.0なので, その割合はサンプル全体の10分の1となります。しかし実際の観測データ(記号はサンプルの識別のため)は破線よりずっと下にあり, 重元素の少ない星の数がモデル予測よりはるかに少ないことを示しています。このグラフに「G型矮星問題」が要約されています。

3-40｜$[Fe/H]_0$の記号は, 鉄原子の数N_{Fe}と水素原子の数N_Hの比の対数です。数式で書くと, $[Fe/H]_0=\log(N_{Fe}/N_H)/(N_{Fe}/N_H)_0$となります。ここで添え字の0は基準になる星の値ですが, 一般には太陽が基準に取られます。したがって, $[Fe/H]_0=0$は鉄原子の水素原子に対する比が太陽と同じ値, $[Fe/H]_0=-1$はその比が太陽の10分の1ということです。

い態度でしょうか。はい，実際にはそうなのです。アーサー・エディントン卿(Sir Arthur Eddington)は1920年代に，星は今日いう**核融合反応**で生きているに違いないと気付いた最初の人物の一人です。彼は，観測結果であっても理論で確認されるまでは信じないといっていました。自分が理解するまでは観測結果を受け入れたくはないという信念を持っていたのです。彼は，イギリスのケンブリッジからアメリカのケンブリッジ(マサチューセッツ州，ハーバード大学)に行くようにセシリア・ペインを説得しました。このおかげで彼女は博士号を取得できたのです(注3-20を参照)。彼は，20世紀の天文学の殿堂の中で立派な人物として称えられています。

現代の化学進化モデル[14]は，上で述べたような柔軟な選択肢をすべて利用しており，それによって，**銀河系**のさまざまな部分，他の銀河，**クエーサー**の近くの銀河間ガス，さらにその他の場所などさまざまな場所で見られる化学進化を説明することができるようになっています。モデルの入力となるもっとも重要なプロセスは，ビッグバンの**元素合成**，漸近巨星分枝星や**新星**からの**星風**，核燃焼型と重力崩壊型のさまざまな**超新星**からつくられる異なる混合割合の**重元素**です。しかし，星間ガスの場所による化学的性質の違い，連星(著者自身のこだわりのテーマ)，および高速回転する星の超新星爆発などはまだ十分な取り扱いができていません。

ハビタブル惑星と将来

太陽のような通常の恒星に惑星があることが初めて発見されてから25年が経ちました[3-41]。その後続々と発見された**太陽系外惑星**[3-42]は，太陽系の姿とはまっ

3-41｜1992年にパルサー(中性子星)の周りをまわる地球程度の質量の天体が2つ発見されましたが，通常の恒星の周りをまわる惑星(51Peg b)がはじめて発見されたのは1995年です。これが一般に太陽系外惑星の最初の発見と見なされています。

3-42｜天文学分野で「系外惑星」と呼ばれることが多いのは，「太陽系外惑星」は「太陽系」の「外惑星」と紛らわしいためです。一方，系外惑星は一般の人には意味が取りにくいので，本書では太陽系外惑星を用います。

3-43 |「51Peg b」の51Pegは主星の名前で，bは最初に発見された惑星であることを示す記号です（主星をaと考えて発見の順にアルファベットのbからc, d,…とつけます）。同時に複数の惑星が発見された場合には，主星に近い内側の惑星から順にb, c, d,…とします。

3-44 |「熱い木星」を意味するこの名前がついたのは，木星に似ているが中心星からの放射で惑星の表面が高温になっているからです。この種類の太陽系外惑星はたくさん見つかったので，ホットジュピターはそれらの総称として使われています。

たく異なっていて，多くの驚きがありました。最初に発見されたペガスス座51番星の惑星（51 Peg b）[3-43]は木星程度の質量を持っていましたが（当時の技術ではこれくらいの質量でないと検出できませんでした），その巨大惑星が太陽系でいえば水星の軌道よりも内側をまわっていたのです。このような「ホットジュピター（灼熱の木星）」はそれ以来数10個が発見されています[3-44]。また，星ごとの惑星の数（1個から執筆時点の最多は8個），惑星の質量，中心の恒星（主星）からの距離，主星のスペクトル型などの点から見て，多様な太陽系外惑星が発見されています。技術が急速に発展し，地球程度の小質量の惑星や，液体の水が存在できる場所（**ハビタブルゾーン**）にある惑星の発見もできるようになりました（第6章）。

しばらくのあいだ，太陽よりも重元素を多く持つ星だけが惑星を持っている可能性が高いように見えました（そして，これはホットジュピターに対しては今でも当てはまっています）。しかし，地球のような小さな質量の惑星はそうではありません。したがって，**ハビタブル惑星**は，**銀河系**の大部分の場所に存在すると思われます。ただし，おそらくハローの中や銀河系中心の**ブラックホール**の非常に近くには存在できないでしょう。ブラックホールの近くでは，時折起きるX線と**ガンマ線**の爆風が，惑星の大気とそれを呼吸する生命体の両方を破壊する可能性が高いからです。

銀河系やそれに似た銀河の**化学進化**（およびその他の進化）は，もともとのティンズレーモデルのすべての仮定がそのままでは成り立たないようなきわめて複雑なものです。しかし先ほど述べたセグエ1や，ダークマターのフィラメントに沿って低温度のガスが穏やかに流れ込んでいる100億光年の距離にある銀河[7][12]のような，複雑でないケースも時折見られます。

少なくとも二つのことが現在進行中であり，予見しうる未来まで続くでしょう。第一は，水素とヘリウムからなるほぼ均質な初期の宇宙を今日の姿に変えたプロセスです。第二は，そのプロセスとそれによってできたものを天文学者，物理学者，そしてすべての人が，理解しようと努力していることです。100億年後の宇宙は，100億年昔の宇宙がそうであったように，私たちの宇宙とは認識できないほど違った様相を見せていることでしょう。

第4章
星の爆発と中性子星およびブラックホール

アレクセイ・フィリペンコ

Chapter 4
Stellar Explosions, Neutron Stars, and Black Holes

Alexei V. Filippenko

はじめに

私たちの太陽系は，約46億年前に宇宙の中の巨大なガスとダストの**星雲**(原始太陽系星雲)から誕生しました(星の誕生については第5章参照)。一つの典型的な恒星である太陽は，その誕生以来，水素をヘリウムに変える**核融合反応**によってエネルギーを生み出してきました(第3章参照)。ヘリウムの原子核では，中性子2個と陽子2個が強く結合し，その質量はもとの陽子(水素原子核)4個分よりもわずかに少なくなっています。この質量の差(m)[4-1]が，アルバート・アインシュタイン(Albert Einstein)の有名な方程式$E=mc^2$(cは真空中の光速)によってエネルギー(E)に変換されています。私たちの太陽の場合，1秒間に約7億トンの水素が**絶対温度**約1500万**ケルビン**(K)で核融合しヘリウムになっていますが，燃料の供給量は膨大で，このプロセスはあと50億年ほど続きます。最終段階の短い期間を除けば，50億年間太陽の明るさはほぼ変わらず，内部の組成が徐々に変化していくためにわずかに明るさが増加するだけです。この**主系列**の段階は，星の中心部のコアに水素がある限り続きます。

4-1｜質量欠損と呼ばれています。原子核を構成する核子(陽子と中性子)が単独で自由な状態にあったときに観測される個々の粒子の質量の総和と，結合状態にある原子核の質量の差のことです。

しかし，最終的には，コア(星の全質量の約10%)はほとんどがヘリウムになります。ヘリウムが核融合でさらに重い元素になるには，より高い温度が必要となります。核融合できないヘリウムのコアが熱を失うと重力によって収縮し，その結果(落下するボールの速度が速まるように)重力エネルギーが解放されます。そのエネルギーの半分は星から逃げてしまいますが，残りの半分はコアとそれを取り囲む水素の層を加熱します。コアを取り囲む水素の層の内側の薄い殻では水素がヘリウムに融合し続けていますが，その速度は速まっており，ヘリウムコアの質量は増加します。ヘリウムコアの収縮と激しくなる核融合から生じた余剰な放射によって，星の外周が大きく膨張し，表面温度が比較的低く明るい**赤色巨星**へと進化します。今から50－60億年後に太陽がこの段階になると，太陽は水星軌道の約半分の大きさに膨らみます。地球の表面が文字通り「焼けて」しまうほど太陽は明るくなり，地球の生命は確実に滅びるでしょう。

星の質量が太陽の質量の半分(0.5太陽質量)以上であればコアの温度は上昇し，1億K程度にまでなると，ヘリウムの原子核が炭素と酸素に融合し始めます(第3章参照)。しかし，この核融合反応で放出されるエネルギー量は水素からヘリウムへの核融合よりもはるかに少なく，星の明るさは格段に増加しているので，この段階の継続時間は短いのです。約10億年後には，コアの内部は炭素と酸素になりますが，この温度ではさらに重い元素への核融合はできません。一つ前の段階のヘリウムコアと同じように，炭素と酸素のコアは重力によって収縮し，高温になってエネルギーを放出します。コアの周りの殻の中では，ヘリウムと水素の核融合がより活発に進み，星はさらに大きな赤色巨星へと膨らみます。

この時点で星の外層は不安定になります。**星風**と一連の「宇宙げっぷ」により比較的穏やかに外層が星から噴き出され，高温ガスの風船のような**惑星状星雲**を形成します。みずがめ座の「らせん星雲」が有名な例です(図4.1参照)。ここでは噴き出されたガスが，中心に見える非常に高温の星の表面から放射される紫外線によって**電離**されています。中心星が現在高温であるのは，それが赤色巨星の高温のコアだったからです。電離によってできた自由**電子**が正イオンと衝突し再結合するときにガスは発光して輝き，空に投影されたその形は，しばしばリングや円盤のように見えます（それゆえに「惑星状星雲」という名前なのですが，それは実際の惑星とは何の関係もありません；第3章の注3-25参照）。星雲には，（高温で水素を燃焼させた結果として合成された）ヘリウム，炭素，および窒素に加えて，いくらかの酸素，そして中性子捕獲（第3章参照）によって生成された微量の**重元素**（金属）が含まれています。これらの重元素はその後，星間空間のガスや**ダスト**（塵）からなる**星間物質**の一部となります。

惑星状星雲のほかに，もとの星の名残をとどめるも

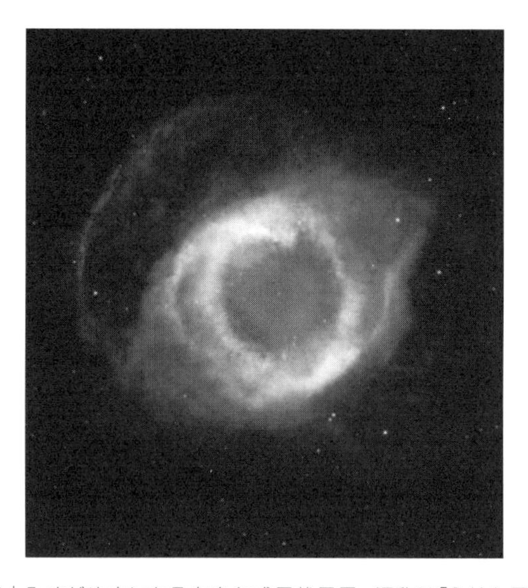

図4.1｜みずがめ座にある有名な惑星状星雲。通称は「らせん星雲」。死にかけている赤色巨星の外層にあったガスの殻が膨張し，高温の白色矮星（星雲の環の中心に見える白い小さな点）から発せられる高エネルギーの光子（紫外線）によって熱せられ，色鮮やかに光っています。出典：NASA／ハッブル宇宙望遠鏡

のは，星雲の中心にある比較的小さなかつてのコアだけです。このコアは徐々に収縮し，密度の高い白色矮星となります。**白色矮星**は，炭素−酸素のコアとその周りのヘリウムの殻で構成されていますが，これは数10億年のあいだ，星が放射するエネルギーを支えてきた核燃焼の産物です。私たちの太陽も，あと60億年から70億年で白色矮星になるでしょう。現在の太陽の質量の半分以上が，地球とほぼ同じ大きさの球体に圧縮され，大さじ1杯の物質が数トンの重さになるほどの"密度"(質量÷体積)になります。白色矮星では，潰れようとする巨大な重力を，電子の**縮退圧**と呼ばれる純粋に**量子力学的**な圧力が支えています。「縮退電子」は，道徳的にはまったく非難されるべきものではなく(第3章の注3-23参照)，木材やレンガのような古典的な低密度物質とは異なるきわめて異常なふるまいをするだけです(第3章参照)。

新たなエネルギー源を持たない白色矮星は，電子の縮退圧に支えられながら徐々に冷えていきます。白色矮星はゆっくりと明るさを減じ，宇宙空間を疾走する「暗い岩」[4-2]となって，実質上永遠に宇宙に存在します。老年期に赤色巨星や惑星状星雲としての輝きはありますが，太陽の死はこのように比較的穏やかです。これは大質量を持つもの以外のほとんどの恒星にいえることです。最初に8太陽質量程度以下であった単一の星はすべて炭素−酸素からなる白色矮星として生涯を終え，8−10太陽質量の恒星の少なくとも一部は酸素−ネオン−マグネシウムからなる白色矮星になるでしょう。連星系をなす星の場合でも，一方の星から他方の星への大量のガスの移動ができないほど両者が離れていれば，単一の星と同じ経過をたどります。

4-2｜光を出さないので暗く，また密度がとても高いため「暗い岩」にたとえられています。どんな天体同士も相対速度を持つので，別の天体から見ると「疾走」しているのです。

星の爆発——天空の花火

時によっては，星が**ビッグバン**(第1章参照)以降，宇宙でもっとも激しい爆発を起こすこともあります。通常の**新星**は，**白色矮星**の表面だけで起きる爆発的核融合によるもので，普段の10^2-10^6倍程度まで増光します。これに対して**超新星**の中には，10^{12}-10^{13}倍も明るくなるものがあります。超新星を眺めることは刺激的で楽しいものです(破壊を目的としない爆発はどれもそうで，花火ショーはみんな楽しみますね)。1-2週間のあいだ，超新星の明るさは100億個の星を含む小さな**銀河**全体の明るさに匹敵することがあります。ガスの外層は数10万Kの温度に加熱され，光速度の10分の1($0.1c$)で放出されます。最近よく研究された例として，1987年の最初に発見された超新星SN1987Aがあります[4-3]。この天体(図4.2参照)は，わずか16万**光年**の距離にある**大マゼラン雲**(LMC)の中にあり，1604年のケプラーの超新星以来，私たちの夜空を彩ったもっとも明るい超新星でした[4-4]。

超新星は非常に重要で興味深い天体です。超新星の中には，地球の約50万個分に相当する質量(1.4太陽質量)を，ロサンゼルスのような大都市の直径以下ほどの球に押し込んだ**中性子星**と呼ばれるコンパクトな残骸を作るものがあります。このように高度に圧縮された形態の物質は地球の研究室で作ることはできません。しかし，自然が代わりにそれを作ってくれて，極限まで圧縮された物質の性質を研究する機会を私たちに与えてくれているのです。超新星の中には**ブラックホール**を形成するものもあります。ブラックホールは，物質が圧縮されすぎて，局所的に非常に強い重力場によって光さえも逃げられない領域です。

4-3｜超新星は当該年初から発見された順に「年号+記号」で名前がつけられます。記号はアルファベットの大文字(A, B, C, …, Y, Z)，続いて小文字のaから始まる組み合わせ(aa, ab, …, az)，次にbから始まる組み合わせ(ba, bb, …, bz)のように続きます。1987Aは，1987年で最初に発見されたものであることを意味します。

4-4｜大マゼラン雲の距離は原著では17万光年となっていますが，(16±1)万光年が広く採用されているので，本訳書では著者の了解を得て16万光年としました。1604年10月に発見された超新星は，プラハでケプラーにより詳しく観測されたので「ケプラーの超新星」と呼ばれています。1572年に出現しチコ・ブラーエがデンマークで詳しく観測した「チコの超新星」のわずか32年後ですが，ケプラーの超新星以来，銀河系内で起きた超新星は現在まで観測されていません。

超新星は，**衝撃波**(超音速運動によって生じる圧力の不連続面)を**星間物質**に送り込み，希薄な星間物質を数100万Kまで加熱し，銀河の構造に影響を与えます。また，衝撃波は星間物質を圧縮することで，密度が高いガス雲の中で新しい星が生まれるのを助けることもあります。このように一つの星の死は，別の星の誕生の引き金となるのです。

この章で後述しますが，超新星は宇宙の全体的な構造や進化を研究する**宇宙論**に役立ちます。超新星は驚異的なエネルギーを放射し遠くからでも見ることができるため，銀河間の距離を測定するための魅力的な道具となっています。その手法は，対向車のヘッドライトの見かけの明るさを推定し，きわめて近くにある場

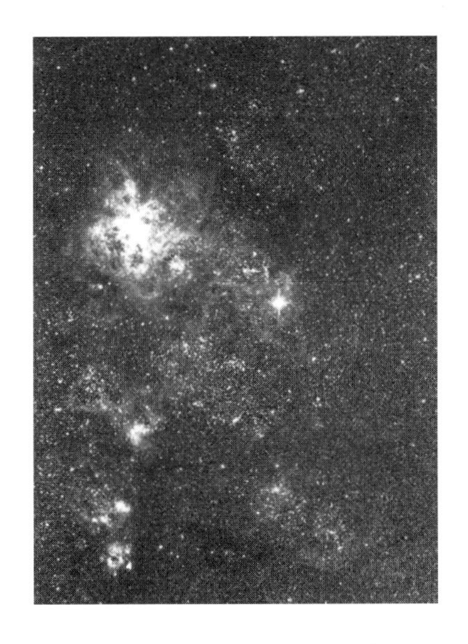

図4.2｜銀河系の衛星銀河である矮小銀河大マゼラン雲の一部。左上に明るく見えるのは，若い高温度星が電離した水素ガスの光で，タランチュラ星雲と呼ばれています。その右方向のわずか下に写っているもっとも明るい星は，爆発後の超新星1987Aです。出典:欧州南天天文台

合の明るさと比較して，人間の脳が対向車の距離を判断するやり方に似ています。

しかし，人類から見た超新星のもっとも重要な役割は，超新星が**重元素**の大部分を合成し，星間空間に分散させて，地球のような惑星や生命に必要な元素を供給していることでしょう。これまでの研究によると，宇宙は最初は水素とヘリウムとごく微量のリチウムとベリリウムだけで構成されていましたが（第3章参照），星の中心部で**核融合**反応によって重い元素が合成され，その副産物として**電磁波**（光）が発生しました。これらの元素が星の中に永遠に閉じ込められていたら，何の役にも立ちません。あなたが呼吸するほとんどの酸素，DNAに含まれるリン，骨に含まれるカルシウム，岩石に含まれるシリコン（ケイ素）のように，これらの元素を星の外部に放出するには，星が爆発することが必要です。さらに，赤血球に含まれる鉄，宝石類に含まれる金，歯科医のレントゲン装置で体を遮蔽する鉛，原子炉で使用されるウランなど，もっとも重い元素の大部分は（さまざまな種類の）爆発そのものから直接または間接的に合成されます（異なる元素の起源についての詳細な議論は第3章を参照してください）。

重元素を多く含むガスは，おもに**超新星残骸**（図4.3参照）となって宇宙に放出され，図4.4に示すように徐々に広がっていきます。これらのガスは，時間の経過とともに，原始銀河系星雲にあった水素やヘリウム，他の超新星の残骸，さらにはそれほど頻繁ではないが，（後述する中性子星の合体によって生成される）**キロノバ**，**新星**，**惑星状星雲**，**星風**などすでに重元素を含む残骸と衝突し混ざり合います。十分な量のガスが一つの雲の塊として集まると，ガス雲は重力によって収縮し始め，内部

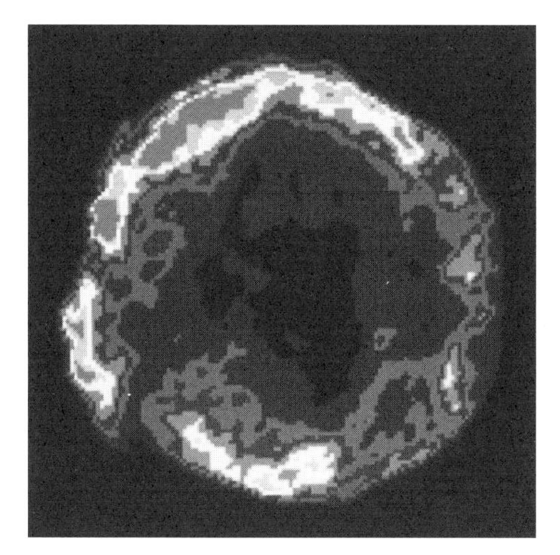

図4.3｜1572年に爆発したチコの超新星によって膨張する超新星残骸。高エネルギー電子からの電波放射の強度分布を代表色カラー画像で表したものです（この図はそれを白黒に変換しています）。出典:ヨーロッパ南天天文台,アメリカ国立電波天文台

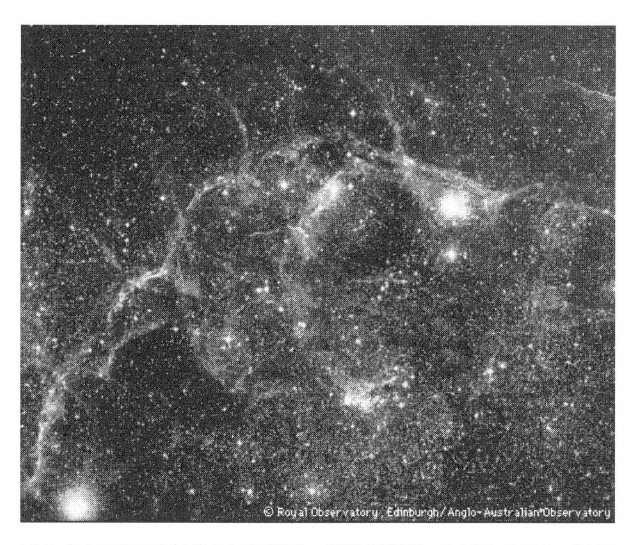

図4.4｜ほ座にある超新星残骸の一部の詳細図。右下（この画像の外）に1万1000年前に爆発した星があります。その爆発でこの画像に見られる膨張する爆風の波ができました。出典:エジンバラ王立天文台

で星が誕生します(第5章参照)。たとえば，オリオン大星雲の中では最近星ができたことがわかっています(図4.5および第5章参照)。重元素を多く含む星の中には，地球のような岩石惑星を持つものがあり，そこに生命が誕生する可能性があります(第6章参照)。私たちの太陽系も46億年前に，それ以前の何世代もの星々が作った重元素を含むガスから誕生しました。カール・セーガン(Carl Sagan)がいったように，「私たちは星の材料でできている」のです[8]。つまり星と超新星のおかげで私たちが存在しているのです。

超新星の見つけ方

天文学者たちは，**超新星**の物理的な特徴や爆発のメカニズム，その結果などを知るために，超新星の研究に積極的に取り組んでいます。しかし，超新星爆発が近くで起きることはほとんどありません。壮大な渦巻き銀河M83(図4.6)のような大きな銀河でも，超新星は平均して1世紀に2–3回しか発生せず，中には**星間物質のダスト**(ガスと混ざっている)に隠されて見えないものもあります。したがって年に数個の超新星を発見するには，多くの銀河を見なければなりません。近くにある銀河は数が少ないため，遠くを見ないといけません(双頭の蛇を探すようなもので，存在はするがめったにいないので，自分の家の裏庭で見かけることはほとんどないのです)。

小型の望遠鏡を使って超新星を探せば，アマチュア天文家でも天文学に重要な貢献することができます。図4.6のような銀河を，できるだけ頻繁に観測して，その姿に変化がないかどうかを探すだけでよいのです。図4.6に見える個々の星は，前景にある私たちの**銀河**

図4.5｜オリオン大星雲の電離水素ガスの可視光画像。肉眼では，この星雲はオリオンの剣の真ん中に「星」のように見えます。ガスの電離源は，この画像の明るい中央部に埋もれている最近できた4つの高温の大質量星（トラペジウム；歪んだ十文字のように並んでいる）です。出典：NASA／ハッブル宇宙望遠鏡

図4.6｜近くの明るい棒渦巻銀河メシエ83（M83）。円盤をほぼ真正面から見ています。M83は現在，年に数個の新しい星を誕生させており，その中には非常に大質量の星もいくつか含まれています。しかし，この銀河で大質量星の一つが超新星として爆発するのを観測するには，通常100年は待たなければなりません。銀河の外側に点在するかすかな光の点は，前景にある私たちの銀河系の星です。出典：アングロ・オーストラリア天文台

系の星ですが，遠くの銀河で爆発している超新星も見かけは似たような姿をしています。そこで，銀河を見るたびに，銀河の中に星が増えていないかどうかを判断するのです。たとえば，1993年3月28日の夜，フランシスコ・ガルシア（Francisco Garcia）はスペインのマドリッド近郊にある口径25 cm（10インチ）の反射望遠鏡で，このようにしてSN1993J（1993年の10番目「J」の超新星）を発見しました。わずか1200万光年の距離にある渦巻銀河M81の中で起きた超新星で，これは非常に興味深い天体でした。

望遠鏡を用いた眼視観測による超新星ハンターの第一人者は，オーストラリアのアマチュア天文家ロバート・エバンス（Robert Evans）牧師です。彼は，1981-2008年のあいだに42個の超新星を発見しました。彼は何百もの銀河の周りにある星のパターンを記憶していて，1つの銀河につきほぼ1分という短時間で，望遠鏡で多くの銀河を調査することができました。時折疑わしいものを見たときには，印刷した銀河の画像をチェックしてより詳細にくらべました。そして数時間後に新しい天体が同じ場所にまだ見えていれば（小惑星の可能性が低くなるので），それが超新星の有力候補です。

カメラ付きの小型望遠鏡を持っているアマチュア天文家も，同じ手順が使えます。銀河の新しい画像を古い画像と比較して，超新星の候補を見つけることができます。これは，従来の写真ではなく，**電荷結合素子（CCD）**を使って行うと簡単です。CCDは写真より格段に感度が高く暗い星の良質な画像を得ることができます。さらに，データをデジタル処理できるのです。たとえば1994年4月1日の夜，いくつかの独立なアマチュア天文家グループがCCDカメラを使って，美しい渦巻き銀河M51(子持ち銀河)でSN1994Iを発見しました。

また，コンピュータによって望遠鏡とCCDカメラを制御して半自動的(ロボット的)に探索を行うことができます。この場合，観測者は観測中に望遠鏡の場所にいる必要がありません。データを多くの異なる参加者に提供して，新しい画像と古い画像を比較してもらうことができます。過去数10年のあいだに，アマチュア天文家たちはこの方法で何100個もの超新星を発見してきました。もっとも有名なプログラムは，ジョージア州エリジェイのティム・パケット(Tim Puckett)が率いるパケット天文台の「世界超新星探査」です。

また人間ではなくコンピュータが，一つの銀河の新しい画像と古い画像を比較して，超新星を探すこともできるようになりました。たとえば，カリフォルニア大学バークレー校の私の研究グループは，1990年代の初めに，大学の近くにあるロイシュナー天文台の口径76 cm(30インチ)の望遠鏡を使ってこの方法を実行したのです。2年の運用期間のあいだに，約5000万光年先のおとめ座銀河団にある銀河NGC4526(図4.7参照)のSN1994Dを含む7つの超新星を発見しました。

ロイシュナー天文台のやり方が成功したので，私のグループは，カリフォルニア大学リック天文台(カリフォルニア州ハミルトン山)にある新しい口径76 cmのカッツマン自動撮像望遠鏡(KAIT)を使って，リック天文台超新星探査プロジェクトを開始しました。1998年から2008年の10年間，私たちは比較的近くにある超新星(通常2–3億光年以内)の発見で世界をリードし，そのあいだに他のすべての超新星ハンターを合わせた数よりも多くの超新星を発見しました。現在までに1,000個以上の超新星を発見(あるいは共同発見[4-5])しています。た

4-5｜新しく発見された超新星は，超新星ハンターなどから発見の報告を受けて天文電報中央局(Central Bureau for Astronomical Telegram：CBATと略称)が情報を世界に発信し，分光観測などで超新星と確認されると識別番号がつけられます。第一発見の情報が周知される前に独立に複数の観測者が発見した場合には独立した発見(共同発見)と見なされます。

だし，現在の発見率は，以下のような時代の変化があったため，以前に比べてかなり低くなっています。

1990年代から2000年代にかけてのCCDを用いた超新星探査の多くは，望遠鏡の視野が限られていることと，検出器のサイズが比較的小さいことから，個々の明るい銀河を対象としていました。しかし，この10年間で広視野カメラと大型CCDにより突発天体[4-6]の探査に革命が起きました。対象を限定しない(近くにある銀河だけを対象としない)全天を対象とした探査が可能になったのです。たとえば，ASAS-SN[4-7]では，多くの広視野望遠鏡(実際はカメラ用の望遠レンズ)を使って全天を調査しており，2019年初頭の時点で，約1,000個の超新星やその他の過渡的(トランジェント)現象(銀河の中心にある超大質量ブラックホールの近くを通過する際の潮汐力による星の分裂破壊など[4-8])を発見しています。また，

図4.7｜ハッブル宇宙望遠鏡によるほぼ横向きの渦巻銀河NGC4526の画像。左下の明るい星は，ロイシュナー天文台の30インチ望遠鏡で発見された超新星 SN1994D。提供：NASA／ハッブル宇宙望遠鏡

4-6｜明るさ(電磁波の強度)が急激に変動(おもに増加)する天体の総称。トランジェント天体ともいいます。超新星のほか，激変星，新星，X線新星やガンマ線バーストなどが含まれます。

4-7｜全天探査を意味する「The All Sky Automated Survey (ASAS)」プロジェクトは，全天の14等級より明るい約1000万個の星の明るさの変化を監視するプロジェクトです。プリンストン大学の故パチンスキー教授のアイデアに基づいて，彼の故国であるポーランドの財団の資金援助で運営されています。チリのラスカンパナス天文台とハワイのマウイ島ハレアカラに観測ステーションがあります。

4-8｜潮汐力により破壊された星の一部がブラックホールに落ち込む際に明るいフレアとなって輝くことは1988年にリースによって予想されました。この潮汐分裂事象は，X線天文衛星ROSATによる全天サーベイ観測で1996年に見つかりました。その後可視光や紫外線でもこの現象が見つかり，2020年現在数

Pan-STARRS[4-9]はもともと地球接近小惑星を探査するために設計されましたが，超新星の探査にも使われ，非常に成功しています。パロマー天文台の口径1.2 m(48インチ)のオシン・シュミット望遠鏡を用いて行われている大規模探査は驚異的なものです。最初のパロマー突発天体探査(Palomar Transient Factory：PTF)のカメラは視野が7.3平方度でしたが，後継カメラ(視野サイズは同じ)を経て，現在稼働中のツビッキー突発天体探査カメラ(Zwicky Transient Facility: ZTF)は47平方度という広い視野を持っています。このプロジェクトではこれまで，何千個もの超新星が発見されています[4-10]。

超新星の分類

超新星が発見され確認作業が終わると，天文学者はその**光度曲線**(時間の関数としての明るさの変化，図4.8参照)や**スペクトル**(波長の関数としての明るさの変化，図4.9参照)をCCDを使って測定します。どちらも星の性質や爆発のメカニズムを知る手がかりになります。図4.8に示すように，超新星の明るさの時間的な変化の様子は波長に依存するため，光度曲線は多くの場合，青，黄，赤の光を透過させるフィルターを使って異なるバンドで測定されます[4-11]。スペクトルは，プリズムや**回折格子**(表面に平行な溝がたくさん刻まれているガラス)を使って，**電磁波**を紫から赤までの波長に広げることで得られます。これは雨粒が太陽光を虹に変えるのと同じ原理です。このスペクトルから，星の膨張速度，放出されたガスの化学組成や温度，その他の重要なパラメータを決定することができます。

超新星には，さまざまなタイプとサブタイプがありま

10個の銀河で観測例が報告されています。

4-9｜「Panoramic Survey Telescope And Rapid Response System(パノラマ探査望遠鏡と高速対応システム)」の頭文字を取って名付けられた広域探査プロジェクトです。ハワイ大学天文学研究所，マサチューセッツ工科大学リンカーン研究所などが運用しており，最終的にはマウイ島ハレアカラ山頂の4台の望遠鏡を使って継続的に全天をサーベイ観測し，突発天体を探査する計画です。2021年現在2台の望遠鏡が稼働中で，発見した突発天体のカタログも公開されています。

4-10｜大型のシュミット望遠鏡につけた広視野カメラには，ZTF以外にも東京大学木曽観測所の105 cmシュミット望遠鏡の「トモエゴゼン」カメラがあります。このカメラの視野は20平方度とZTFより狭いのですが，露光時間1秒以下の連続コマ取りが可能で，広い空を動画で撮影できることが特長です(ZTFの1コマには最短でも約10秒かかります)。

(175ページ)4-11｜検出器の前に置かれるフィルターおよび地球大気の透過率と検出器の波長感度特性によって，透過する光の波長範囲と波長ごとの相対透過率が決まります。これをバンドといいます。広く使われる標準的なバンドには，U，B，Vなどのように名前がついています。

す。もっとも基本的なタイプ分類は可視光域のスペクトルに基づいており，光度曲線を二次的な情報として使っています。スペクトルに水素の**吸収線**(暗い谷)や**輝線**(明るいピーク)が見られない場合はI型と呼ばれます。水素のスペクトル線が存在する場合はII型と呼ばれます。しかし，II型と分類する前に，スペクトル線が，オリオン大星雲(図4.5参照)のような星の周囲にあるガスからのものではなく，爆発した星そのものに由来することを確認しなければなりません。そのためには，水素

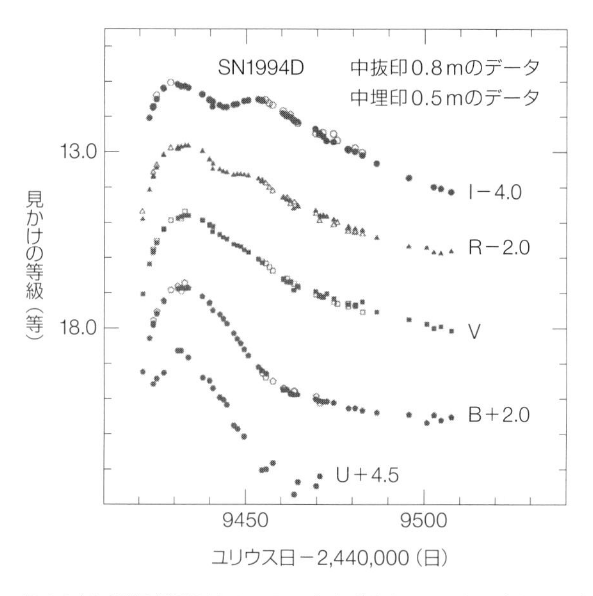

図4.8｜Ia型超新星SN1994Dのさまざまなフィルターを通した光度曲線。著者と共同研究者によって，ロイシュナー天文台の口径0.5 mと0.8 mのロボット望遠鏡で得られたものです。Uは近紫外，Bは青，Vは可視，Rは赤，Iは近赤外のバンドを示します。横軸は時間で単位は「日」です。縦軸は見かけの等級(明るさを対数で表したもの)で，5等級の差は明るさの比で100倍に相当します。目盛りの数値は「逆」になっていて，明るいほど等級が小さく(上に行くほど明るく)なります。Vバンド以外の曲線は，見やすくするために，表示されている等級の数値だけ上下にずらして表示しています。

のスペクトル線の幅が広いかどうかを調べる必要があります。もし，線の幅が広ければ**ドップラー偏移**が広い速度範囲に対応しているので，水素ガスが爆発によって高速で運動していることを示します。

図4.9は，最大光度から約1週間後の超新星の典型的なスペクトルを示しています。I型（水素が少ない）超新星にはいくつかの種類があり，微妙な違いがあります。Ia型（「古典的な」I型）の超新星のスペクトルには6200Å[4-12]付近にシリコンの1回電離イオンによる強い

4-12｜1Å（オングストローム）は10^{-8}cm＝10^{-10}m＝0.1nm（ナノメートル）です。可視光波長域の天体分光の分野では波長の単位にMKS系のnmとともにÅも伝統的に広く使われています。

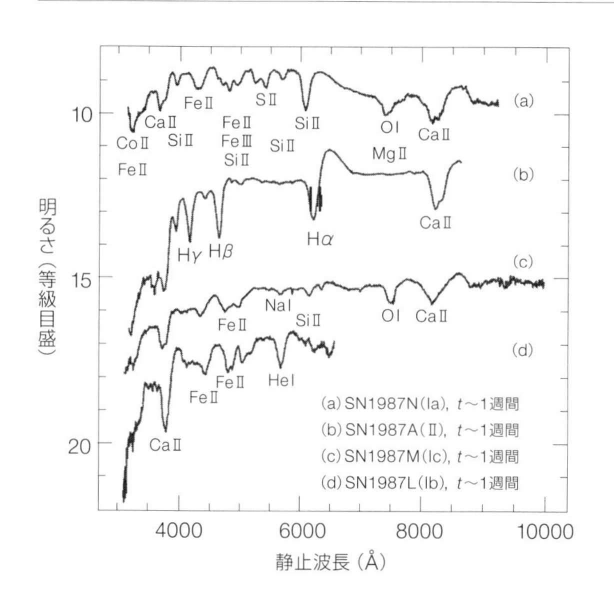

図4.9｜超新星の可視光域のスペクトルを対数スケールで示したもので，Ia型，Ib型，Ic型，およびII型を示しています。SN1987NとSN1987Mのスペクトルは，著者がリック天文台の口径3mのシェーン反射望遠鏡を用いて取得したものです。これらのスペクトルはすべて，超新星の最大光度から約1週間後に得られたものです。II型超新星（b）のスペクトルに見られるHα線は，吸収線（「Hα」の文字の位置）と輝線（その右隣の山）が隣り合うはくちょう座P星型輪郭（P Cygプロファイル）を持っています[4-13]。

4-13｜P Cygプロファイルとは，実験室で観測される波長（静止波長）を中心とする強い輝線とその短波長側にドップラー偏移した吸収線が隣り合うスペクトル線形状のことをいいます。恒星から高温ガスの流出（星風）があるときに観測され，典型例である「はくちょう座P星（P Cyg）」に由来します。

吸収線があります。Ib型には，強いシリコンの吸収線はありませんが，ヘリウムの吸収線があります。Ic型では，シリコンもヘリウムも強い吸収線は見られません。これらの吸収線のドップラー幅が広いことは，超新星からの噴出物が高速度で広がっていることに対応し，ガスが5000 km/sを超える速度，時には3万km/sに達する速度で外に向かって運動していることがわかります。

「水素のスペクトル線の有無」を見るのは簡単なテストです。水素原子のHα輝線(電子の二番目と三番目のエネルギー準位間の遷移から生じる)は一般的に強く，ほとんどのCCDの感度の高い赤色波長域(約6500Å)に位置しています(図4.9参照)。水素は宇宙でもっとも豊富に存在する元素ですので，このテストはその意味からも合理的です。I型超新星のスペクトルを詳細に分析した結果，爆発する直前の**親星**では水素が何らかの理由で見えなくなっているのではなく，実際にまったく(もしくはほとんど)存在していないことがわかります。このように，I型超新星とII型超新星になる親星の種類は異なっており，その爆発メカニズムも異なると考えるのが妥当でしょう。しかし後述するように，これは一部しか当たっていません。Ia型超新星とII型超新星の親星は大きく異なりますが，Ib型とIc型の親星とII型の親星とは密接な関係があります。

タイプ「I/II」(現在の「Ia/II」)の分類法は，1941年にウイルソン山およびパロマー山天文台のミンコフスキー(Rudolph Minkowski)によって提案されました。彼の同僚である熱心な超新星捜索家のツビッキー(Fritz Zwicky)は，122個の超新星を発見しました。

爆発メカニズム――Ia型超新星

Ia型超新星は，かなり均質な集団を構成しています。早い時期(爆発後1か月以内)には，スペクトルではシリコン，硫黄，カルシウム，酸素，マグネシウムの吸収線が目立っています。スペクトルの詳細は時間とともに徐々に変化していきますが，どの段階(爆発後の経過時間)においても，Ia型超新星のスペクトルはどれもおどろくほどよく似ています。実際，注意深くスペクトルを調べることで，爆発からどのくらい時間が経ったかをかなり正確に知ることができます。

Ia型超新星は楕円銀河を含むあらゆる種類の**銀河**で見られます。楕円銀河はほとんど古い星からできているように見えます(第2章参照)。渦巻銀河では，Ia型超新星の発生率は比較的最近の**星生成**率と相関する傾向があります。しかしもっとも大質量の星があり，それらが頻繁に死んでゆく活発な星生成領域でIa型超新星がよく出現するというわけではありません。このことは，水素が存在しないことと合わせて，Ia型超新星は数億年から数10億年の年齢の**白色矮星**の爆発であることを示唆しています。さらに，光度曲線やスペクトルが均質であることから，白色矮星は爆発する前にはどれも明確に定まった一定の状況にあることが分かります。

もっとも有力な仮説としては，Ia型超新星は炭素-酸素白色矮星において起きる，制御不能な一連の核反応によるというものです。この核反応の暴走は，白色矮星の質量が**チャンドラセカール質量**と呼ばれる1.4太陽質量に近づいたときに引き起こされます。この名称は，この限界質量をはじめて計算したインドの天体物理学者の名前からつけられたもの(第3章を参照)です。チャンドラセカール質量以下の白色矮星でも，場合によってはIa型超新星として爆発する可能性があります。Ia型超新星では軽元素の核融合によって十分なエネルギーが放出され，星全体が吹き飛ばされてしまい，高密度の残骸は残りません。また，**元素合成**によって大量の**放射性原子核**，特にニッケルが生成されます。放射性ニッケルはその後，放射性コバルトを経て安定な鉄へと崩壊します。これが放射される光のエネルギー源です（放射性原子核は**ガンマ線**を出していますが，そのほとんどが高密度のガスに閉じ込められていて可視光や赤外線に変換されて放射されます）。図4.3に残骸が示されている1572年のチコの超新星（注4-4参照）は，その歴史的データから作られた光度曲線にもとづきIa型と見なされています。

爆発する白色矮星は，連星系の伴星からの物質の**降着**によってチャンドラセカール限界に向かって質量を増加させていると考えられています（図4.10参照）。これは一つの白色矮星が爆発するので「単一白色矮星（Single-Degenerate：SD）」仮説と呼ばれますが，その

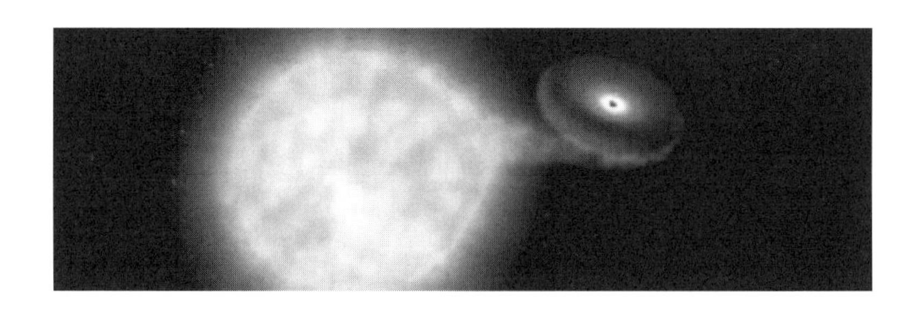

図4.10｜赤色巨星（左）が白色矮星（右の黒い点）との近接連星系を構成している想像図。膨張する赤色巨星の大気のガスの流れが白色矮星の重力に捕らえられ，白色矮星の周りを降着円盤となって周回しています。この円盤の中のガスは，白色矮星の表面に徐々に吐き出されていきます。こうして白色矮星の質量が増加して，やがてチャンドラセカール質量を超えたときに，Ia型超新星爆発が起きるのです。出典：国立電波天文台

過程の詳細はまだ謎に包まれています。通常の星である伴星が水素を提供するのなら，超新星のスペクトルに水素が見えないのはなぜでしょうか。さらに，白色矮星の表面で爆発が起きると超新星爆発ではなく通常の**新星**爆発となり，一般的には質量が減少します。そうならずに超新星爆発が起きるために必要な条件を満たすには，白色矮星への水素降着率はかなり狭い範囲の値でなければなりません。別の考え方として，水素の外層を失った伴星からヘリウムが白色矮星に降着している可能性もありますが，そのような連星系は非常に稀なようです。これに対していわゆる「二重白色矮星(Double-Degenerate：DD)」仮説では，白色矮星が別の白色矮星と合体して**チャンドラセカール質量**に達すると考えられています。しかし，**銀河系**では，距離間隔が十分に小さい白色矮星の連星系はほとんど発見されていません。さらにDD仮説のもう一つの可能性として，三重連星系の中で2つの白色矮星が直接衝突することも考えられています。

爆発メカニズム――II型，Ib型，Ic型超新星

II型超新星は，かならず渦巻銀河や不規則銀河の中で出現します。そして多くの場合，渦巻腕の中やガス**星雲**の近く，つまり活発な**星生成**が行われている場所で起きます。そのため，II型超新星は，爆発するまでに生まれた場所から遠く離れた場所にゆく時間がない寿命の短い大質量星だと思われます(大質量星は**核融合反応**のための燃料を多く持っていますが，その融合速度は驚異的で，低質量星よりもはるかに早く燃料を使い切ってしまいます。たとえば，20太陽質量の星の主系列段階の寿命は約1000万年です。

ちなみに太陽の寿命は100億年です)。この推測は，観測されているII型超新星のスペクトルや**光度関数**の多様さと合致しています。大質量星は，初期の質量や化学組成の違いによって，爆発時の星の大きさに相当な違いがあり，(**星風**によって放出された)ガスの中に埋まっていることもあります。そしてそのガスの密度もさまざまです。

一般的に，II型超新星の親星の質量は10太陽質量を超えると考えられています。大質量星のコアでは，水素がヘリウムに，ヘリウムが炭素や酸素に，そしてさらに重い元素へと，鉄に至るまで融合していきます(第3章参照)。一連の核反応の灰が次の核反応の燃料となり，玉ねぎのような構造を形成します(第3章の図3.12参照)。

核融合の反応系列は，もっとも強固に結合した原子核である鉄で止まります。鉄からさらに重い元素への融合は，エネルギーを解放するのではなく，エネルギーを必要とします。したがって，鉄はコアに溜まっていき，星は太陽の約1000倍の大きさの赤色**超巨星**になります(もし太陽がそうなったら，火星の軌道は簡単にその中に入ってしまいます)。しかし，鉄のコアはいつまでも成長し続けることはできません。鉄のコアが**白色矮星**の**チャンドラセカール質量**に達すると，コアはもはや自分自身を支えることができなくなって崩壊し始め，**電子**と**陽子**が結合して**中性子**と**ニュートリノ**を形成します。その過程でコアは途方もない量のエネルギーを放出しますが，これは新しく形成される**中性子星**の重力**結合エネルギー**と事実上同じ量です。中性子星は質量が1-2太陽質量で直径は20-30 kmしかありません(物質は非常に小さな体積中に圧縮されているので，広がっている場合に比べて重力質量は0.1太陽質量ほど小さくなります。これは，核子が原子核中で密に結合している場合の質量欠損に似ています)。反応性が非常に小さい粒子であるニュートリノのほとんどは，すぐに外部に逃げてしまいます。

コアの密度が原子核の密度を超えると，中心領域はバスケットボールを床に落としたように跳ね返ります。それが周囲の物質にぶつかると，外に向かう**衝撃波**が発生し，崩壊を反転させて激しい膨張に転じさせます。バスケットボールの上にテニスボールを置き，両方を同時に落下させた場合にも同様の跳ね返り効果が見られます。超高温(1000億K)の**中性子星**から放出された大量のニュートリノと反ニュートリノ(ニュートリノの**反粒子**)は，コアを取り囲むガス層を外向きに押し返すのにおそらく役立っていると考えられます。そのためには，それら粒子のエネルギーの1%程度をガスに注入するだけで良いのです。爆発の際には，ニッケル，亜鉛，白金などの**重元素**が核反応によって合成されますが，これらの元素の割合はIa型超新星とは異なります。

大質量の親星のコア崩壊とそれに続く跳ね返りという基本的な考え方は，1930年代にツビッキーと彼の同僚であったカリフォルニア工科大学のバーデ(Walter Baade)によって定式化されました。チャドウィック(James Chadwick)によって中性子が発見されたそのわずか1年後に，ツビッキーとバーデは，ほぼすべてが中性子でできている星がこのメカニズムによって作られると大胆に予測しました。中性子星の物質の密度は原子核の密度に近く，大さじ1杯で約10億トンにもなります。

場合によっては大質量の親星が，爆発する以前に水素の外層を失ったり，その下のヘリウムの層を失ったりすることがあります。これは，きわめて大質量の星から出る**星風**や，連星系の相手である伴星への質量移動によって起こる可能性があります。水素の層が失われた場合，スペクトルには水素の兆候が見られず，超新星はIb 型に分類されます。ヘリウム層まで失われた場合は，水素もヘリウムもスペクトルに現れず，超新星はIc型に分類されます。爆発時に少量の水素が存在している場合は，分光学的には早い時期はII型とされ，後にIb 型に移行することがあります。これらのタイプを総称して「水素欠乏超新星」と呼んでいます[4-14]。

4-14｜英語では「stripped-envelope supernovae」で，直訳すれば「外層をはぎ取られた超新星」ですが，日本語では「水素欠乏超新星」と呼んでいます。

超新星1987A——天からの贈り物

1980年代前半から半ばにかけて，**超新星**の詳細な理論研究が，大型コンピュータ上の複雑な数値計算コード[4-15]を用いて行われるようになりました。Ia型超新星とII型超新星の**親星**の性質，爆発のメカニズム，爆発による元素合成についての洞察結果が得られました。予測された**光度曲線**や**スペクトル**は，少なくとも広い意味では観測結果とおおむね一致しましたが，未解決の問題も残りました。たとえば，II型超新星や水素欠乏型超新星のコア崩壊後の跳ね返りメカニズムは確実には理解できませんでした。また，**白色矮星**がどのようにしてIa型超新星爆発を引き起こす構造に到達するのかについてもコンセンサスが得られませんでした。

4-15｜コンピュータに計算をさせるプログラムを記述した一連のプログラミング言語のセットをコードまたはソースコードといいますが，ここでは単に数値計算をするプログラムと考えて問題ありません。

理論をテストし洗練させるには，近くにある明るい超新星が必要でした。異なる波長の**電磁波**は現象解明のための異なる手がかりを提供するので，電磁波スペクトル全体にわたって観測することが重要です。**銀河系**内で距離2-3千光年以内の超新星が見つかると理想的です。銀河系内では1世紀に少なくとも2個の超新星が発生するはずです。しかし，これらの超新星の多くは遠くにあり，さらに太陽が銀河系の赤道面にあるため，ガスやダストの雲(銀河スモッグ)で隠されています(図4.11参照)。最近の超新星の中で，肉眼で簡単に見えたのは，ケプラー(Johannes Kepler)によって1604年に観測されたものです。1572年には，彼の師匠であるチコ・ブラーエ(Tycho Brahe)が超新星を観測しています(図4.3参照)。さらに最近では，1680年頃に超新星(カシオペアA)が発生しましたが，肉眼でははっきり見えませんでした(かろうじて見える程度でした)(図3.8および本書のカバー参照)。

銀河系内で近くに超新星が出現することを期待するのは無理だとしたら，次の選択肢は大マゼラン雲(Large Magellanic Cloud : LMC)と小マゼラン雲(Small Magellanic Cloud : SMC)(図4.11参照)です。特にLMCにはタランチュラ星雲(30 Doradus : かじき座30)と呼ばれる巨大な**星雲**があります(図4.2参照)。この領域では，過去1億年のあいだに多くの大質量星が生成されており，

図4.11｜チリのアンデスにある欧州南天天文台パラナル天文台の南の夜空の広角写真。右側の4つの円柱状のドームには口径8.2 mの超大型望遠鏡(Very Large Telescope : VLT)があり，そのうちの1つは我々の方向に向いています。空を横切るように弧を描く明るい帯は天の川で，銀河系の円盤の中の星々が見えています。写真のほぼ中央，天の川の真下には，銀河系の衛星銀河である矮小銀河の大マゼラン雲(LMC)が輝いています。さらにその左下の地平線に近いところには，もう一つの矮小銀河である小マゼラン星雲(SMC)が見えます。出典 : ヨーロッパ南天天文台

超新星が誕生する可能性の高い場所となっています。

とうとう1987年に私たちの夢が実現しました。チリのラス・カンパナス天文台(ワシントンのカーネギー研究所が運営)のシェルトン(Ian Shelton)によってタランチュラ星雲の近くで超新星(SN1987A)が発見され，その数時間後にはニュージーランドとオーストラリアで他の数人の観測者によっても独立に(注4-5参照)発見されました。シェルトンはトロント大学の口径60 cm望遠鏡のオペレーターでしたが，予備の口径25 cm屈折望遠鏡でLMCの**変光星**を探し始めたところでした。彼は1987年2月23日に初めてLMCの良い写真を撮影できたのです。2月24日夜に(比較に使う)2枚目の写真を露光し終わったところで，強風にあおられて望遠鏡小屋の屋根が閉まってしまいました。そこで撮影した写真を夜が明

図4.12｜大マゼラン雲中の超新星1987Aの出現前(左)と出現後(右)のクローズアップ写真。白矢印で示したのが超新星の親星である超巨星です。膨張する超新星爆発は明るくて，爆発後の数週間は肉眼でもよく見えました。出典：アングロ・オーストラリア天文台

ける前に現像することにしました。彼は2枚の写真を見比べて，2月24日の画像に明るい星が写っていることに気づき，すぐに外に出て実際にLMCを見てその存在を確認しました。

図4.12は，SN1987Aの「前」と「後」の写真です。ほぼ400年間待ち続けてきたのですから，天文学者の興奮は想像に難くありません。SN1987Aの話は，タイム誌（1987年3月23日号）や主要新聞，またスカイ&テレスコープ誌（1987年5月号）などのアマチュア天文雑誌の表紙を飾り，このドラマは一般の人々にも伝えられました。

この発見は瞬くまに広まり，すぐに（LMCをもっとも観測しやすい）南半球のほとんどの光学（可視光）天文台および電波天文台がSN1987Aの観測に多くの時間を割くようになりました。地球の大気にほとんど吸収されるX線や**ガンマ線**の**光子**を観測するために，適切な検出器を搭載したロケットや気球が高い高度に打ち上げられました。また，オゾン層に遮られる紫外線はNASAの国際紫外線探査衛星（International Ultraviolet Explorer：IUE）で観測しました。赤外線の良好なデータは，NASAのカイパー飛行機搭載天文台で得られました。この装置は12000 m以上の上空から観測するので，赤外線を吸収する大気中の水蒸気の影響を避けることができました。

理論の検証

SN1987Aの可視光スペクトルから水素の存在が明らかになり，これがII型超新星であることがわかりました。そのため，**親星**が大質量の進化した星であるかどうかを確かめることが理論的モデルを検証するための重要な課題となりました。爆発前に撮影されたLMCの写真を慎重に調べた結果，親星であるSanduleak −69° 202[4-16]は，初期質量18−20太陽質量，年齢約1100万年の**超巨星**であったことが確認されました。

しかし意外な展開がありました。この親星は赤色超巨星よりも高温で小さい“青色”超巨星だったのです。これは矮小銀河であるLMCの**重元素**の含有量が（はるかに大質量の）**銀河系**に比べて少ないことが原因であると現在では考えられています。星の大気の構造は，重元素量と関係する**不透明度**[4-17]に依存します。青色超巨星の深い内部の条件は赤色超巨星のそれと似ていますので，爆発のメカニズムは本質的に同じだったはずです。親星の大きさが比較的小さいことは，SN1987Aの特異な**光度曲線**と矛盾しません。この超新星は爆発した星の表面積が小さかったので，当初は予想外に暗かったのです。また，膨張するには相当のエネルギーが必要でした。このように，SN1987Aは，Ⅱ型超新星が大質量星から発生することを確認しただけでなく，光度曲線や親星の性質についても貴重な新しい情報を提供してくれました。

理論のもう一つの重要な予測は，爆発の中で核反応によって新たな元素が合成されるということです。その中でも特に重要なのが，ニッケルの放射性**同位体**です。これは**半減期**1週間で放射性コバルトに崩壊し，その後（半減期2.5か月で）安定な鉄に崩壊します。放射性原子核は励起状態にあり，低いエネルギーレベルに下がるときに**ガンマ線**を放出します。これは，原子の中の励起された電子が低いエネルギーレベルに遷移するとき可視光や赤外光を発するのと似ています。さらに，原子の場合と同じように，原子核もそれぞれ独自のス

4-16｜ルーマニア生まれのアメリカ人天文学者のサンデュリークが1970年に出版した大マゼラン雲の明るい星のカタログにある掲載番号。赤緯−69度帯の202番目の星を意味します。

4-17｜光（光子）の透過しにくさの度合。一般に重元素が多いほど不透明度は高くなります。

ペクトルを持つガンマ線光子を放出します。そこで，重元素の合成を確認する一つの方法は，放射性ニッケルやコバルトから出るガンマ線がスペクトルに見られるかどうかを確認することです。

それは，NASAのソーラーマキシマム・ミッション衛星に搭載されたガンマ線望遠鏡や，オーストラリアや南極上空に打ち上げられた大型気球のゴンドラに搭載されたガンマ線望遠鏡を使って行われました。SN1987Aが発見されてから約6-12か月のあいだに，(地上の実験室で測定されている)放射性コバルトと正確に一致するエネルギーを持つ**ガンマ線**光子が検出され，確認されました(爆発後すぐに観測されなかった原因は，超新星のガンマ線光子に対する不透明性のためです。ガンマ線光子が星から脱出して16万光年先の地球に向かって邪魔されずに光速度で移動できるようになるには，爆発で放出されたガスが膨張して密度が低くなる必要がありました。それまでに時間がかかったのです)。ガンマ線は，爆発のあいだに合成されたコバルトの原子核から放出されたものに間違いありません。コバルトがもっとずっと早く(たとえば星になる前のガスの中で)生成されていたら，ずっと昔に**放射性崩壊**して安定な鉄になっていたはずです。

この結果は他の観測からも裏付けられました。赤外線スペクトルはニッケルとコバルトが過剰に含まれていることを示していました。また，爆発から4-16か月のあいだの光と赤外線の**光度曲線**から，その減光の割合がコバルトの放射性崩壊速度と一致していました(この間，ほとんどのガンマ線は爆発で放出されたガス内に捕捉されたままで，そのエネルギーを可視光と赤外線の光子に変換します。そしてこれらの光子はすぐにガスの外に脱出します。したがって，可視光と赤外線の明るさは，ガンマ線の明るさに比例し，それは残存するコバルトの量に依存します)。測定の結果，約0.07太陽質量の放射性ニッケルが爆発によって合成されたことがわかりました。このように爆発に伴う**元素合成**が明確に確認されたことは，重元素が実際に超新星によって合成され星間空間にまき散らされていることを，疑いの余地なく証明する大きな突破口となりました。

地獄からのニュートリノ

SN1987Aによってもたらされたもっとも素晴らしい結果は，**中性子星**が形成されたことを直接的に証明したことでしょう。日本ではカミオカンデ検出器，アメリカではアーバイン・ミシガン・ブルックヘブン共同研究施設(IMB)の検出器という別々の実験装置によって観測が行われたのですが，実はこれは幸運な結果でした。これらの装置はもともと，陽子崩壊を観測するために建設されたものです。物理学の**大統一理論**は，陽子は完全に安定な粒子ではなく，半減期は10^{30}年を超えるほど長いが崩壊することを予言しています。実験装置は，数1000トンの超純水とそれを取り巻くように可視光に敏感な検出器が設置された地下タンクです。水中での光の速度は，真空中での速度(30万km/s)の70%程度しかありません。したがって，粒子は既知の物理学の法則に違反することなく，水中での光の速度を超えることができます。荷電粒子が入射して水中での光速度よりも速い速度で進むと，コーン状に青い**チェレンコフ光**が放射されます。この放射は，その到達時間とともに検出器で記録され分析されます。

これがSN1987Aとどのような関係があるのでしょうか。若い中性子星は1,000億K程度と非常に高温になると予想されています。そのような高温度では，エネルギーはおもに**ニュートリノ**やその反粒子である反ニュートリノによって星の内部から持ち出されます。これらの粒子は物質と相互作用をほとんどしないのですが，ごく一部のものは相互作用します。この相互作用がカミオカンデとIMBの水槽で起こったのです。反ニュートリノは水分子の中にある**陽子**と衝突して**中性子**と高エネルギーの**陽電子**(反電子)を形成し，陽電子は水中の光速よりも速く水の中を進み，それによってチェレンコフ光を発生させ，それが検出されたのです。

カミオカンデ実験チームとIMB実験チームはそれぞれ約10個の陽電子からのチェレンコフ光を検出しましたがそれは予想どおりでした[4-18]。ニュートリノの「閃光」が地球に届いたときには，1平方センチあたり約300億個のニュートリノと反ニュートリノが通過したのですが，反応確率は極端に低いのです(実際，体内でニュートリノが1つでも反応した人は2-3000人に1人しかいません)。10個の陽電子は取るに足らない数に見えるかもしれませんが，それらが大きく離れた2つの観測装置によって検出されたという事実は，SN1987Aによって**中性子星**が作られたことを明確に示していました。反ニュートリノは(**光度曲線**の外挿法に基づいて推定した爆発の瞬間から計算して)正しい時刻に，そして期待されたエネルギーで到着したのです。この記念碑的な発見によって，“太陽系外ニュートリノ天体物理学”が誕生しました[4-19]。それまで宇宙からのニュートリノは太陽のコアから来るものしか観測されていませんでした。

SN1987Aのコア崩壊によって放出されたエネルギーは10^{53}エルグを超えています。約0.1太陽質量に相当する質量が，$E=mc^2$によって純粋なエネルギーに変換されたのです。これは，宇宙の観測可能な部分にある

4-18｜検出されたニュートリノ事象(陽電子)は約12秒間で，カミオカンデが11個，IMBが8個，後に観測が報告されたロシアのBaksanが5個の計24個でした。

4-19｜この発見によって東京大学の故小柴昌俊名誉教授が2002年のノーベル物理学賞を受賞しました。

すべての普通の星が1秒間に生み出すエネルギーに近いものです! SN1987Aのエネルギーの大部分(99%)は，コアが崩壊してから数秒以内にニュートリノと反ニュートリノによって中性子星から持ち去られました。約1%はこれらの粒子との相互作用によってガスの運動エネルギーになり，可視光や赤外線の放射として出てきたのは0.01%以下でしかありません。II型超新星は視覚的には壮観な天体であるにもかかわらず，基本的にはニュートリノと反ニュートリノの巨大な発生源で，その光は余興なのです。

SN1987Aは電子ニュートリノの**静止質量**に興味深い上限を与えました(3種類あるニュートリノの他の2つはミューニュートリノとタウニュートリノです。粒子と反粒子は同じ静止質量を持っています)。もしニュートリノの質量がゼロならば，ニュートリノは光速で運動せざるを得ません。その場合，同時に放射されたとするとすべてのニュートリノが同時に地球に到着します。一方で，もしニュートリノに質量があれば，エネルギーの高いニュートリノは低エネルギーのニュートリノよりも速度が速いので早く到着します。実際，反ニュートリノは約10秒の時間のあいだに到着しました。それから反ニュートリノの静止質量の上限値が約15**電子ボルト**(eV)と求まりました(比較のために，この単位で測った電子の質量は，511,000 eVです)。しかし，反ニュートリノはおそらくすべて同時に瞬時に放出されたわけではないでしょう。新たに誕生した高温の**中性子星**はニュートリノに対して不透明で，そこからニュートリノが漏れ出すまでには時間がかかるでしょう。正確な計算は難しいですが，約10秒という観測された到達時間の幅のほとんどがこの効果に起因している可能性があります。この15 eVという質量は，長年にわたって使われてきた電子ニュートリノの質量に対するもっとも厳しい上限値となりました。10年後，スーパーカミオカンデでのニュートリノの測定により，ニュートリノは確かに質量を持つことが示されました[4-20]。その値はSN1987Aの与えた上限値の10分の1以下でした。

SN1987Aのおかげで我々は現在，II型超新星（およびほかの水素欠乏超新星）の爆発メカニズムをある程度理解しています。二次元計算により，ニュートリノとの相互作用で加熱された物質がどのようにして**対流**によって外部に移動するかが示され，爆発を成功させる**コンピュータ・シミュレーション**がとても簡単にできるようになりました[4-21]。爆発のあいだに合成された元素の組成や噴出したガス中の元素の分布も観測や理論的な研究によって決定されています。一方，Ia型超新星については，核反応の暴走を起こす**白色矮星**の詳細な計算は進んでいますが，コア崩壊型超新星のように広く理論を検証するには至っていません。このためにはさまざまな望遠鏡で観測できる身近な例が必要なのです。

4-20｜スーパーカミオカンデはカミオカンデの後継装置です。これで大気ニュートリノを観測して得られた結果です。この業績により東京大学の梶田隆章教授が2015年のノーベル物理学賞を受賞しました。

4-21｜球対称な爆発を仮定すれば，コンピュータシミュレーションにおける位置変数は星の中心からの距離（半径）だけで良いので，このような1変数の計算は一次元計算と呼ばれます。球対称からのずれを表現する第一段階は軸対称を仮定することです。軸対称とは，中心軸から見たときに，物理量が中心軸方向と中心軸からの距離のみに依存して円周方向には変化しない状態です。このような場合には，物理量の分布は，軸方向の位置と軸からの距離の2変数，すなわち二次元で表現することができます。一次元のコンピュータシュレーションでは，長いあいだコア崩壊によって超新星爆発を起こさせることができなかったのです。

ガンマ線バースト

毎秒，空のどこかで短い**ガンマ線**の閃光が見られます。この現象は，宇宙空間での核実験を探査する米軍のスパイ衛星ベラで1960年代に発見されました。その後この種のバーストは，NASAのコンプトンガンマ線衛星，スウィフト（Swift）衛星，フェルミガンマ線宇宙望遠鏡，および他のガンマ線望遠鏡によって多数のものが確認されました。これらのいわゆる「**ガンマ線バースト**」には，おもに2つのタイプがあります。「ロング・ガンマ線バースト」では少なくとも2秒(ときには数百秒まで)ガンマ線の放射が続きますが,「ショート・ガンマ線バースト」では継続時間は2秒以下です[4-22]。ガンマ線バーストの物理的性質は数10年にわたって議論され,その発生源は太陽系内説,銀河系内説,遠方の銀河説など多岐にわたっていました。

4-22|バースト(burst)は,爆発,破裂,突発などを意味しますが,この現象は英語をそのまま用いて「ガンマ線バースト」と呼ばれています。Gamma-Ray Burstの頭文字をとった略称GRBも広く用いられます。突発天体に付けられるこのような名称は,現象を指す場合もあり,その現象を引き起こす天体を指す場合もあります。

これまでの研究により,多くのガンマ線バースト,特にロング・ガンマ線バーストの対応天体[4-23]が,他の波長の**電磁波**でも検出されています。現在ではガンマ線バーストは一般に非常に遠方の(**赤方偏移**が大きい)**銀河**から出ていることが明らかになっています。それにもかかわらずガンマ線バーストが明るく見えるのは,ガンマ線を放射する高速粒子のビームが,逆方向に向かう二つのごく狭い円錐形のコーン状に絞られて放出されており,その一つが我々の視線方向に向いているからです。

4-23|特定の波長で検出された天体に対応する他の波長の天体を「対応天体(counterpart)」といいます。もっとも観測の歴史が長い可視光で対応天体を探すことが広く行われます。この場合は「光学対応天体(optical counterpart)」と呼ばれます。

ロング・ガンマ線バーストは,ある種の大質量の高速回転星のコアが崩壊して**ブラックホール**(場合によっては**中性子星**の可能性もありますが)を形成し,残りが特殊な**超新星**爆発を起こすときに発生します(このタイプは専門用語で広線幅Ic型超新星と呼ばれ,スペクトルには水素もヘリウムも現れず,スペクトル線の幅が広いことから分かるように膨張速度が非常に大きいものです)。ブラックホールの近くにある荷電粒子は,とてつもなく高エネルギーになって脱出しようとしますが,回転する星の赤道面にある密度の高い物質のトーラス(ドーナツ状の円環)に遮られています。一方,赤道面に垂直な自転軸方向はガスの密度が低く,抵抗もあまりありません。このため,光速に近い速度で運動する“相対論的”粒子は,回転軸に沿ったジェットとして噴き出し,その内部での衝撃によってガンマ線を放出します。その後,ジェットが星の周辺にある星周物質と衝突すると，X線や可視光やその他の波長の電磁波が発生し，これらはずっと長く続く残光として見られます。

一方，ショート・ガンマ線バーストは，連星系をなす二つの中性子星（二重中性子星連星）がお互いの間隔を縮めてゆき，**重力波**を放出して最終的には合体してブラックホールを形成するときに放射されると考えられています。ここでも，高エネルギー荷電粒子はジェットとなって，軸方向，この場合は連星の軌道面に垂直な方向に，互いに反対向きに脱出します。ジェットが私たちの視線に向かってくる場合，他のランダムな方向から見たときよりもはるかに明るく見えます。一部の物質は軸方向以外にも爆発して広がり，合成されたばかりの放射性原子核の崩壊で光り，**キロノバ**を生成します。この爆発は超新星ほどではありませんが，**新星**（ノバ）よりも明るいためにキロノバと名付けられました。ショート・ガンマ線バーストの形成に関するこの仮説は，2017年8月17日に検出された二重中性子星連星の合体による重力波の検出後にさまざまな電磁波が検出され（第3章注3-34参照），特にフェルミガンマ線宇宙望遠鏡がこれに伴うショート・ガンマ線バーストを観測したことで，強く支持されるようになりました。この章の後の議論を参照してください。

宇宙膨張の歴史を描き出す

1990年代に2つの天文学者チームが，Ia型超新星は十分均質なので，その最大光度（真の値；一般に**絶対等級**で表す）を観測的に決定し，宇宙の距離を決定するための「標準光源」[4-24]として使う可能性を調べていました。同時ではありませんが，両方のチームに所属したのは私だけでした。研究チームはまず，近くの**銀河**で過去に見られたIa型超新星の**光度曲線**を調べることから始めました。これらの銀河は距離が近いので，確立された方法で距離を正確に測定できます。そしてこれらの**超新星**までの距離を知ることで，超新星の最大光度を計算しました。その結果，最大光度はすべて同じではないこと，またそれは光度曲線の形と相関があることがわかったのです（最大光度が明るい超新星は暗い超新星よりも暗くなり方がゆっくりです[4-25]）。この効果を補正すると，補正後の最大光度は驚くほど均一なので，Ia型超新星はよい「標準化可能光源」（周期－光度関係を示す変光星**セファイド**のようなもの）となったのです。

この技術の威力は，遠方のIa型超新星に対して，見かけの明るさと光度曲線の形を簡単に測定するだけで，その超新星が存在する銀河の距離がわかることです。その後天文学者たちは，超新星の観測をかなり遠方にまで広げました。今日の宇宙ではなく，50億年昔（太陽系が誕生する前）の宇宙を観測していったのです。

遠方の銀河に対して**赤方偏移**と距離をともに測定することで，宇宙の膨張率が宇宙時間の中でどのように変化したかを測定することができるのです[4-26]。もちろん距離は，Ia型超新星の最大光度に補正を施して正確に求めます。図4.13に示すような観測から，遠方のIa型超新星は予想よりも暗く見えることがわかりました。予想より遠くにあったということです。さまざまな宇宙モデルで銀河の赤方偏移とこれらIa型超新星の距離の関係を調べたところ，膨張が減速するどんな宇宙モデルでも，さらには物質がまったくなく膨張が減速しない空っぽの宇宙モデルでさえも，モデルが予言

4-24｜真の明るさが何らかの方法で精度良く推定できる天体のことです。標準光源の見かけの明るさを観測して求めれば，これと真の明るさを比較してその距離を決めることができます。この基礎となるのは，天体から来る光の強度は距離の2乗に反比例して弱くなるという逆2乗則です。（用語集の「**絶対等級**」を参照）

4-25｜この暗くなり方を定量的に表すために，最大光度に達した後15日間で明るさが最大光度から何等級減光するかというパラメータ（減光幅）が広く用いられました。このパラメータが小さい（ゆっくり減光する）ほど最大光度が大きいことがわかり，その補正方法も見つかりました。

4-26｜赤方偏移からは，その時点の宇宙は現在に比べてどれくらい小さかったのかがわかり，距離からは，超新星から光が発せられた「その時点」は今から何年前かが分かります。さまざまな距離にある超新星を観測してこの二つを組み合わせれば，現在の宇宙の大きさを基準として，過去の宇宙の大きさを時間の関数

として描き出すことができます。

する距離は観測された実際の**超新星**の距離より近いのです。ビッグバンからの経過時間(138億年)の中で，Ia型超新星はどうしてこのような大きな距離に到達できたのでしょうか。

驚くべきことに，40–50億年前の宇宙は現在よりも膨張速度[4-27]が“小さかった”のです。事実上独立の2つの天文学者のチームが，ほぼ同時に同じ結果を得たために，このことは天文学界にとってより信憑性の高いものとなりました。重力に支配された宇宙で起きることとは逆に，謎の「反重力」のようなものが宇宙の膨張を現在“加速させている” ことをこの発見は示しています。第1章で述べられているように，超新星の距離測定は，銀河間の空間をかつてない急激な割合で膨張させる驚くべき**ダークエネルギー**の証拠を提供しているのです——宇宙は“暴走している” のです！

1917年にアインシュタインは「**宇宙定数**」を考え出し

4-27｜宇宙の膨張は，空間そのものが膨張するので「宇宙膨張の速度」を定義することはできません。ただし，一つの点(銀河)から見てある距離だけ離れたもう一つの点(銀河)が，見かけ上遠ざかってゆくように見える速度は定義できます。宇宙膨張の激しさは正確には膨張率で表されます。正確な表現をすれば，「現在の宇宙は過去よりも大きな膨張率で膨張している(膨張が加速している)」となります。

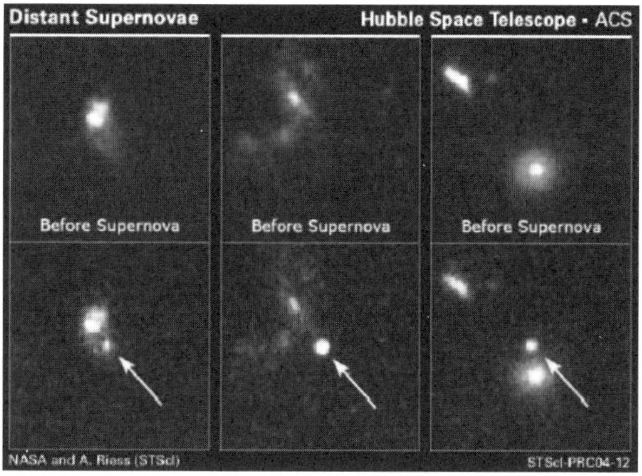

図4.13｜遠くの銀河にある3つのIa型超新星(白い矢印)の出現前(上)と出現後(下)の画像。このような超新星の明るさから，宇宙の膨張の加速の度合を推定することができます。出典：NASA／ハッブル宇宙望遠鏡

ました。物理的な起源は不明ですが，この定数は重力（引力）とは逆の斥力に相当する性質を持つもので，宇宙が時間とともに膨張も収縮もしないで静止していることを可能にするものでした。真空がこの定数に対応する性質を持つという実験的証拠はありませんでした。さらに，宇宙定数の値は，まったく動かない完全な静止宇宙を実現するためには非常に精密に調整する必要がありました。しかも，静止宇宙の解は数学的には不安定だったのです。宇宙が実際に膨張していることをハッブルが発見した後には，宇宙定数に対する物理的，哲学的な基礎が失われました。アインシュタインは（宇宙物理学者ガモフによると），宇宙定数は自分の人生の「最大の過ち」と呼んでそれを放棄したそうです。振り返ってみれば，彼はそれを放棄せずにダイナミックな（膨張する）宇宙を予測しようとすればできたのでした！

約70年後，私たちはアインシュタインの考えを生まれ変わらせました。宇宙を静止させるためにではなく，その膨張を加速させるためです。約5000万光年よりも大きなスケールでは，過去40億年から50億年のあいだ，この加速が銀河の運動を支配してきました（後述するように，その後の測定で，ビッグバンから約90億年のあいだは，膨張が減速していたことがわかりました）。

しかしビッグバン以降，初期の重力による減速の後，加速を引き起こしたのはアインシュタインの宇宙定数以外の可能性もあります。そこで，より一般的な用語として「**ダークエネルギー**」と呼ぶことにしました。宇宙定数はダークエネルギーの一つの可能性です。ダークエネルギーは何もない空間の特性ではなく，空間に浸透する新しいエネルギーの形かもしれません。超新星の測定結果は，他のものと合わせて，宇宙全体のエネルギー収支のうち，ダークエネルギーが約70％を占めていることを示しています。ダークマター(25％)と合わせると，宇宙の95％はまだ謎に包まれています(第1章の「標準宇宙モデル」の節を参照)。このように私たちはダークエネルギーが存在していることは知っています。しかし，その性質や物理的起源を解明できていません。Ia型超新星とは別の観測からも，宇宙の中身がこのようになっている証拠が蓄積されていきました。2011年までにはその証拠は圧倒的なものとなり，2つのチームを率いたソール・パールムッター(Saul Perlmutter)，ブライアン・シュミット(Brian Schmidt)，アダム・リース(Adam Riess)の三氏に2011年のノーベル物理学賞が授与されました。

もしアインシュタインの宇宙定数のような，エネルギー密度が一定のものによって現在の宇宙膨張が加速されているとすれば，非常に明確な予測ができます。宇宙の初期には膨張は減速していたはずで，ある時期に加速に移行したのです。銀河ができて初めの頃は銀河同士は近くにあり，(銀河同士のあいだにはそれほど空間がなかったため)相互の引力が反発効果よりも強かったのです。しかし，銀河同士が離れていくにつれて，引力は減少し，反発力は増加していきました。最終的には(40-50億年前に)反発力が引力を凌駕し始め，宇宙は減速から加速に移行したはずです(数学的には，この移行は「ジャーク(躍度あるいは加加速度[4-28])」として知られています)。そこで，以前に私のポスドク[4-29]だったアダム・リース(1997年に加速の証拠に最初に気づいた人)が率いる私たちのグループは，ハッブル宇宙望遠鏡を使って100億光年先にある非常に遠い超新星を発見しました。データを分析した結果，この減速から加速への転換は40億年前か50

4-28｜加速度の時間変化です。数学的にいえば，加速度が位置を時間で2回微分した量なので，ジャークは位置を時間で3回微分したものです。

4-29｜学位を取得後に研究リーダーの下で任期付きのポストで研究する博士研究員の通称です。

4-30｜プランク衛星による宇宙マイクロ波背景放射の観測の最終解析結果も含めた最新の宇宙論パラメータの値に基づくと，減速から加速への転換はビッグバン後70-80億年のあいだ(現在から約60億年昔)に起きたことになります。

4-31｜測定の不確かさ(誤差)に比べてその何倍違うのかで，不一致の程度を表します。前者は測定値のばらつき(標準偏差：記号σ，シグマ)で表されるので，たとえば「2σの違い」などと表現します。2σ, 3σ, 4σ, …の違いがたまたま偶然に発生する確率は，それぞれ，5%，0.3%，0.006%，…です。4.4σでは0.001%です。

億年前に実際に起こったことがわかりました[4-30]。

私たちは，宇宙の膨張の歴史をより正確に測定し，ダークエネルギーの物理的性質を解明するための努力を続けています。最近発見された驚べきことは，測定されている宇宙の現在の膨張率(**ハッブル定数**の値)が，**宇宙マイクロ波背景放射**の測定値に基づく当時の値を現在まで外挿した理論値よりも5-9%も大きいということです。この不一致は，測定の不確かさの4.4倍のレベル(4.4σ[4-31])で有意であるため，宇宙論者のあいだでは深刻な問題と受け止められています。もしかしたら，ダークエネルギーは時間とともに大きくなっているのかもしれません。その場合は最終的には，宇宙にあるすべてのものだけでなく空間そのものまでを引き裂いてしまうかもしれません。しかしそうではなくて私は，初期宇宙に存在した新しいタイプの相対論的粒子が当時の膨張率に影響を与えたか，あるいは我々がまだ知らない何らかの効果がある可能性の方が高いと思います。この不一致は本当なのかどうか，そしてそれが素粒子物理学や宇宙にどのような影響を与えるのかは，時間が解決してくれるでしょう!

中性子星

前節(「爆発メカニズム——Ⅱ型，Ib型，Ic型超新星」の項)で述べたように，ツビッキーとバーデは1930年代に**超新星**が**中性子星**を生み出すことを予測しました(いくつかの中性子星は，伴星から物質が降着してくる白色矮星の重力崩壊によっても生まれる可能性があります。これらの白色矮星は，初期の質量と降着率の値の微妙なバランスによってIa型超新星としての死を免れるのです)。中性子星は，**白色矮星**の電子縮退圧と同じように，中性子の**縮退圧**によって自分自身を支えています。オッペンハイマー(J.R.Oppenheimer)やボルコフ(G. Volkoff)など2-3人の物理学者がこのような星の性質を理論的に研究しましたが，当時理論と比較できるような観測はありませんでした。中性子星は直径が20-30 km程度しかないので，少なくとも表面から一様に出てくる放射を直接見ることが難しかったのです。非常に若い(高温の)中性子星や，連星系の伴星から物質が**降着**してくる中性子星はX線を放射します。しかし，X線望遠鏡が使われるようになったのは1960年代から1970年代以降のことです。中性子星が実際に検出されるまでには予言から40年以上の時間がかかりました。SN1987Aからのニュートリノの発見と同様に，その発見は偶然のものでした。

1967年，ジョスリン・ベル(Jocelyn Bell，現在はJocelyn Bell Burnell)と彼女の博士論文の指導教員アントニー・ヒューイッシュ(Antony Hewish)は，イギリスのケンブリッジにある電波望遠鏡を使って，天体から来る電波強度の短時間変動を研究していました。このような変動は一般的に，電波が通過する惑星間の電離ガスの密度の不均一性によって生じます。驚いたことにベルは，空のある方向から非常に規則的な間隔で電波のパルスが届くことを発見しました。電波の強度はかなり大きく変化しますが，パルス間の時間間隔はつねに1.3373011秒でした。

これほど規則的で高速なパルス状の放射を発生させる天体は知られていませんでした。地球上の物体からその信号が来ている可能性を排除した後で，天文学者たちは一時，地球外生命からの通信信号である可能性を考えました(実際，この天体は「リトル・グリーン・メン

《Little Green Men》」を意味する「LGM」と冗談半分で呼ばれることもありました)。しかし，ベルとヒューイッシュ，そして彼らの共同研究者たちは，すぐに，同じ性質の天体を3つ発見しました。それらのパルス周期は0.253065秒，1.187911秒，1.2737635秒でした。その後，(周期は異なるが)同じような天体が発見され，それらは**パルサー**と呼ばれるようになりました。そのようなパルサーの例を図4.14に示します。**銀河系**のなかで遠く離れた領域にある複数の異なる知的文明が，通信を行うのにまったく同じ方法を使うとは考えられません。さらに，もしパルサーからの信号が惑星に住む文明から来ていたとしたら，惑星の公転運動の結果，パルスの到達時間にわずかな周期的なずれがあると予想されますが，それは検出されませんでした。それとは別の説明が必要だったのです。

パルスが，**セファイド**のような通常サイズの星の振動から発生していることはあり得ません。というのは，星の振動の自然な周期(固有振動の周期)は1秒よりもずっと長いのです(たとえば，太陽は5分程度の周期で振幅の小

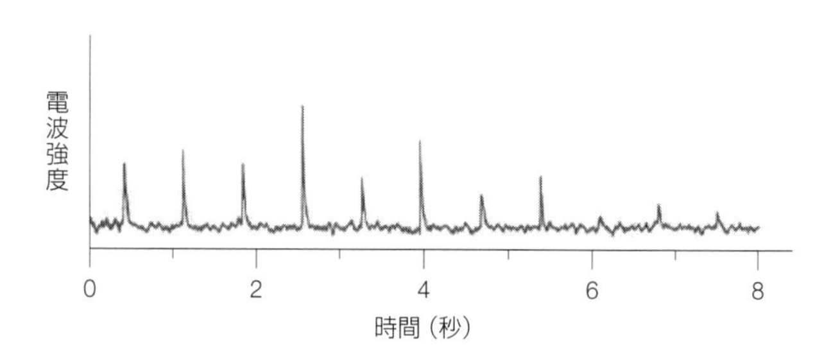

図4.14｜最初に発見されたパルサーの一つであるPSR 0329+54[4-32]からのパルスのチャートレコーダーによる記録。パルス周期は0.7145秒。提供：ジョセフ・H・テイラー

4-32｜この名称「PSR 0329+54」は，パルサーを表す記号PSRのあとに天球上のパルサーの位置(赤経03時29分，赤緯+54度)を示す数値をつけたものです。

さい振動をしています）。さらに，星の（目に見える）端からの光は，一番手前の表面からの光よりも長い距離を移動することになり（太陽の場合は約2秒の遅延が起きる），その効果でパルスがならされて広がってしまいます。しかしパルサーからのパルス幅は非常に狭く，周期の5%程度の幅しかないことが観測されました。通常の星よりも密度の高い**白色矮星**の自然な振動周期は1-10秒です。これでも大多数のパルサー（$P=0.03-0.1$ 秒）に比べて遅すぎます。逆に中性子星の振動周期は0.001秒程度で，これは速すぎます。したがって，恒星の振動であるとは考えにくいと思われました。

おそらく，2つの星が1秒程度の周期で公転しているのではないでしょうか。その場合には，それらは明らかに普通の星ではあり得ません（惑星運動に関する**ケプラーの第三法則**では，公転周期の2乗は楕円軌道の長半径の3乗に比例します。1秒程度の公転周期になるには，軌道長半径はとても短く，2つの星はお互いの星の中に入らないといけないのです）。白色矮星どうしなら接近できるので最短の公転周期は約2秒になりますが，これでも十分に短くはありません。2つの中性子星や白色矮星と中性子星のペアでは周期はもっと短くなりうるのでこの問題は生じません。しかし，アインシュタインの**一般相対性理論**によれば，この場合，2つの星の間隔は非常に小さく，互いに軌道を周回する際に**重力波**（**時空**の曲率のさざ波）を発することになります。そうすると，この連星系はエネルギーを失い，2つの星はさらに接近し，公転周期が短くなることがわかります（このらせん軌道を描いて落ち込んでゆくインスパイラル効果は，以下で述べるように連星パルサー PSR B1913+16で実際に観測されています）。

パルサーはほぼ完璧な「時計」であり，その周期は安定しているように見えました。その後，より精密な測定によって，一般的なパルサーの周期は減少するのではなく，ほんのわずかずつですが“増大している”ことがわかりました。

パルサーの正体として星の振動や連星系の軌道運動の可能性を排除した結果，天文学者に残されたのは星の自転の可能性でした。しかし通常の星では話になりません。普通の星が1秒に1回自転しているのであれば，その表面での回転速度は光の速さを超えなければなりません。高密度（で小さい）**白色矮星**は，1秒間に2-3回転以下なら安定していますが，それより回転が速いと**遠心力**で引き裂かれてしまいます。一方，回転している**中性子星**ならこの問題がありません。中性子星は非常に高密度なので，1秒間に1000回の自転による速度にも耐えうるのです。

このようにして，パルサーはおそらく回転している中性子星ではないかと天文学者たちは結論づけました。もし，中性子星から放射される電波が，自転軸と一致しない方向で両側に2本ビーム状に発せられたとすると，ビームが自転周期ごとに1回私たちの視線と交差したときに「パルス」を観測することになります（自転軸にほぼ垂直な方向に2本のビームが向いている場合はおそらく2回）。この効果は灯台と似ています。灯台の明かりはつねに「点灯」していますが，そのビームが視線を横切ったときにだけ私たちには明かりが見えるのです。

ビームはどのようにして発生するのでしょうか。中性子星が非常に強い磁場を持っていて，その磁場が地球と同じような**双極子場**のパターン（多数の細い弾力のあるワイヤの両端をボールの対極に差し込んだときに見られる。図4.15参照）を持っている場合，激しい自転によって，電磁気学の方程式に従い電場が誘導されます。電場は**電子**や**陽電子**などの荷電粒子を磁気軸に沿って加速します。これは荷電粒子が磁力線を容易に横切ることができないためです。荷電粒子はその運動方向にエネルギーを放出します。これが電波のビームとなります(図4.15)。放射された**光子**の一部は磁場と相互作用して電子と陽電子の対に変換され，プロセスをエスカレートさせます。この放射メカニズムは複雑で，詳細についてはまだ議論が続いていますが，多くの天文学者は，パルサーが「輝く」のはこのメカニズムあるいはそれを少し変えたメカニズムによると考えています。

中性子星の高速な自転は容易に理解できます。もし**親星**が(よく観測されている星のほとんどがそうであるように)

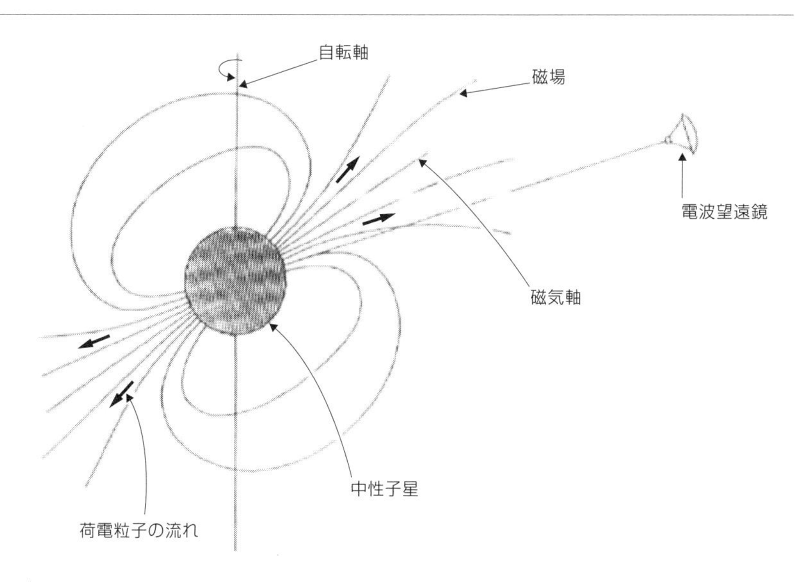

図4.15｜中性子星の自転軸と磁気軸の関係を示すパルサーの模式図。電波放射のコーンの中心軸は磁気軸と一致していて，自転軸からは傾いています。1回転に1回，ビームが地球(電波望遠鏡で表現されている)を横切るときに電波のパルスを観測します。これは灯台の仕組みに似ています(図はデービッド・ヘルファンド《David J. Helfand》によるもの。太平洋天文学会の許可を得て転載)。

それなりに回転していれば，超新星爆発時のコア崩壊の結果として中性子星は当然のことながら高速回転するようになります。物体は全**角運動量**を保存する傾向があります[4-33]。角運動量とは，回転速度，質量，および質量分布の積で決まる回転量の指標です。自転する大きな星の場合，収縮して小さくなると自転周期はずっと短くなります。これは，アイススケートのダンサーがスピンをするときに広げていた腕を体に近づけると回転が速くなるのと同じ原理です。また，コアが崩壊して中性子星ができると，崩壊前に星を透過していた磁場が圧縮されて強くなることがあります。磁場強度は星の断面積に逆比例します。

4-33｜物体(あるいは複数の物体からなる系)に外部から力が働かない場合，角運動量の値が一定に保たれます。これは角運動量保存則という基本的な物理法則の一つです。力が働いていても，それがつねに原点を通る向きで，大きさが原点と物体の距離のみによって決まるような力(中心力)ならば，角運動量保存則が成り立ちます。重力(万有引力)は中心力です。

観測的証拠

「質量とエネルギーの保存」は物理学の基本法則の一つなので，**パルサー**から放出されるエネルギーはどこかから来ているはずです。実際，そのエネルギーは**中性子星**の回転エネルギーから生み出されています。このためパルサーの自転は徐々にゆっくりとなり，自転周期は長くなっていきます。やがて，回転が遅くなり，誘導電場が弱くなってビーム発生機構を支えられなくなり，中性子星は輝かなくなります(また，磁場も時間の経過とともに非常にゆっくりと減衰していき，パルサーの終焉に貢献します)。この過程は，典型的なパルサーの場合には約1000万年かかるでしょう。これは，ほとんどの**超新星残骸**の寿命よりもはるかに長いのです。超新星残骸のガスは爆発後約10万年で**星間物質**に完全に溶け込みます。したがって，ほとんどのパルサーに超新星残骸が伴っていないのは不思議なことではありません。

　いくつかの鍵となるような例を挙げてみると，このシナリオがより強固なものになります。具体的には，約2万年前の超新星の残骸である「ほ(ベラ)座」の星雲(図4.4参照)の中に，高速に回転するパルサー(周期＝0.089秒)があります。さらに注目すべきは，かに星雲の中心付近にあるパルサー(図4.16参照)です。かに星雲は，西暦1054年7月4日に初めて観測された超新星の残骸が膨張しているものです(アジアの天文学者たちはこの超新星を観測しましたが，ヨーロッパや北米のほとんどの地域では注目されていませんでした!)[4-34]。これはパルサーの中ではもっとも若く，おそらくそのために通常のパルサーの中

4-34｜鎌倉時代の公家である藤原定家が書いた『明月記』(1180年から1235年までの日記)に，過去に出現した客星(空の何もないようなところで突然明るく見える星)の記録の一つとして，この超新星が記録されています。中国にも記録が残っています(第3章の注3-10も参照してください)。

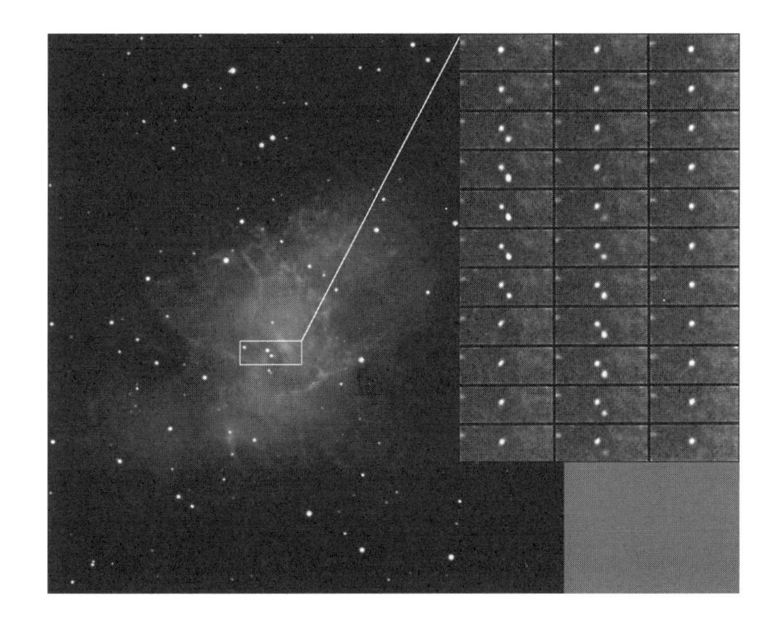

図4.16｜かに星雲と呼ばれる超新星残骸の可視光画像。この超新星は紀元1054年に，中国と日本の天文学者によって観測されました。右側の画像は，「かにパルサー」を含む中心領域(画像の横長の白い枠)を短時間(1ミリ秒)露光した時系列画像で，1周期(33ミリ秒)間の変化が記録されています(観測日は1989年10月20日で周期は33.36702ミリ秒でした)。中心にある前景の星(明るさ不変)の右下で，かにパルサーの明るさが明るくなったり(1列目の上から3-7枚目と2列目の6-10枚目)暗くなったりしています(1列目が明るい主パルスで2列目が少し経過時間の長い中間パルスです)。出典：国立光学天文台

ではもっとも自転が速い(1秒間に約30回)ものです。ほとんどのパルサーはほぼ電波しか出していませんが,「かにパルサー」は非常に若いので,可視光でも容易に見ることができます(図4.16参照)。「ベラパルサー」と「かにパルサー」は,周期が短く,明らかに超新星残骸と結びついていることから,パルサーの理解を深める上で重要な役割を果たしました。

SN1987Aから反ニュートリノを検出したことは,この**超新星**爆発によって少なくとも一時的に**中性子星**が生成されたという,間接的ではあるが説得力のある証拠になりました。約0.1太陽質量に相当する重力エネルギーをニュートリノと反ニュートリノの形で放射したので,その星の表面は極めて高温であったはずです。この間接証拠があるにもにもかかわらず,やはり直接に中性子星を検出することができればとても刺激的で重要なことです。

SN1987Aから光のパルスが出ているかどうかの探索がなされました。1つか2つの誤報がありましたが,決定的なものはありませんでした。SN1987Aからは現在,ほとんど電波が出ていません。さらに,ハッブル宇宙望遠鏡による最近の可視光の写真では,SN1987Aの中心部に何の異常も見られませんでした(しかし,おそらく爆発前に**星風**で噴き出された2つの大きなリングと1つの小さなリングのようなガスが見えています(図4.17参照)。これらはこの星の進化の歴史を知る手がかりとなります)。一つ複雑なことは,SN1987Aの噴出物が光や電波の波長ではかなり不透明で,中心部の様子がよく見えないことです。それにしても,もし強力なパルサーが内部に存在しているなら,周囲の物質を熱して,現状よりもはるかに明るく光っているでしょう。SN1987Aの中心部に，かにパルサーの1％程度以上の明るさを賄うだけのエネルギー源が存在している可能性は現状ですでに排除できます。さらに，SN1987Aはかにパルサーよりもはるかに若いので，それがかにパルサーと同じ磁場強度と同じ回転速度で誕生したのなら，今よりずっと明るくなっていなければなりません。また，中性子星は周囲からの物質の降着によっても，かなりのエネルギーを放出する可能性があります。おそらく，SN1987Aの中性子星の自転周期が予想外に長いか，降着してくるガスがあまりないかのどちらかかもしれません。これらは十分考えうる可能性ですが，別の可能性もあります。結局のところ，できた中性子星にその後

図4.17｜超新星1987Aの爆発から8年後にハッブル宇宙望遠鏡で撮影された画像。中心の星に対して対称的なペアになっている2つのリングは，爆発の数1000年前に赤色巨星が放出したガスが膨張しているものです。超新星のエネルギーが到達した今，それによって光っているのです。出典：NASA／ハッブル宇宙望遠鏡

十分な量の物質が降着し，不安定になってブラックホールに崩壊したのかもしれません。

中性子星の地殻内で物質の再配置（地球の地震にたとえられるような「星震」）が起こると，膨大な量の磁気エネルギーが短時間に放出され，高速粒子や電磁波（おもに**ガンマ線**）に変換されます。中性子星の中には，例外的に強い磁場（パルサーに典型的な10^{12}ガウスではなく，10^{15}ガウス）を持っているものがあります。「**マグネター**」と呼ばれるこれらの天体の性質はまだよくわかっていませんが，これまでに約30個の天体が発見されています。

マグネターと関連する可能性のある天体に「高速電波バースト」があります。電波望遠鏡で時折，約1ミリ秒というごく短時間の電波信号（バースト）が検出されることがあります。その特性を詳細に見ると，**銀河系**のはるか彼方の非常に遠方から届いたものであることが推測されます（少なくとも1つの高速電波バーストの正確な位置は分かっていて，それは約30億光年離れた小さな銀河の中にあります）。このような天体のいくつかは，バーストを繰り返すものの，周期的ではありません。

ミリ秒パルサーと連星パルサー

パルサーにはいくつかの風変わりなものがあります。まず，ミリ秒パルサーです。これらは，通常のパルサーのように1秒間に0.1-10回ではなく，50-1000回も回転しています。もしその回転の周波数を音に変換すると，ミリ秒パルサーの音は，音階で馴染み深い中音部の「ド」（周波数523 Hz）あたりの音です。たとえば，PSR 1937+21の周波数は642 Hzで，高音部の「変ミ」（周波数622Hz）に近く，PSR 1953+29の周波数は163Hzで，ほぼ低音部の「ミ」（周波数165Hz）の音です。

現在, 数10個のミリ秒パルサーが知られています。これらの天体は, 1億年以上前に生まれた古い**中性子星**で, 連星系のもう一方の星からの物質の降着によって回転が速まったものと考えられています。通常のパルサーの100倍から1万倍も磁場が弱いにもかかわらず, 非常に高速に自転することで, その発光メカニズムが活性化されているのです。

ミリ秒パルサーは信じられないほど安定した時計で, その周期はほとんど変化せず, 1秒間に何度もパルスを打っているので, 規則性からわずかでもずれがあると比較的短い時間で検出できます。このことから, ある1つのミリ秒パルサーのパルス周期に微小な周期的変動があることが発見されました。この特定のパルサーは, 少なくとももう一つの天体の周りを軌道運動していることは明らかでした。データの定量的分析をすることでこの仮説は裏付けられ, 惑星程度の質量をもつ3つの伴星があることがわかりました。しかし, これらは, 中心の親星と同時期に同じガスから形成された「従来型」の惑星ではありません(第3章注3-41参照)。**超新星**爆発によって中性子星ができる前からあった惑星なら, この爆発で飛び去ってしまっているはずです。それらは爆発後に中性子星の近くに残っていた破片から形成されたのかもしれません。また, それらはばらばらになった伴星の残骸である可能性もあります。地球や最近発見された**太陽系外惑星**(第5章参照)のような普通の惑星ではないものの, それらは非常に重要な天体です。太陽系以外の他の場所で, 惑星がとてもできそうにない場所でさえ, 惑星サイズの天体が形成される可能性があることが初めて証明されたのです。

いくつかのパルサーは, 他の中性子星と連星系をなしていることが知られています。最初に発見されもっともよく知られている**連星パルサー** PSR B1913+16は，大学院生のラッセル・ハルス(Russell Hulse)と彼の博士論文の指導教員であるジョセフ・H・テイラー(Joseph H. Taylor)によって発見されたもので，公転周期は8時間弱です。二つの中性子星はその軌道が太陽の中にすっぽり収まるくらいに近接しています！ 数10年間にわたりパルス到達時間を注意深く分析した結果，公転周期は減少しており，2つの星は徐々にお互いに向かってインスパイラル(らせん軌道を描いた落ち込み)をしていることがわかりました。観測された接近率は，アインシュタインの一般相対性理論で予測されたものと完全に同じです。この連星系は**重力波**を放射してエネルギーを失っているのです。最近まで，これは強い重力場における一般相対性理論の最高の実例となっていました。この発見の重要性は，1993年にハルスとテイラーにノーベル物理学賞が授与されたことで公式にも認められました(アントニー・ヒューイッシュはパルサーの発見で1974年にノーベル物理学賞を受賞しましたが，《最初に発見した大学院生の》ジョスリン・ベルが受賞しなかったのはとても不公平なことでした。ヒューイッシュとともに受賞したのは，電波天文学の先駆者の一人マーティン・ライル卿《Sir Martin Ryle》です)。

ブラックホール

連星系にあるほとんどの**中性子星**の質量はほぼ1.4太陽質量です。ある質量を超えると，中性子の**縮退圧**は，**重力崩壊**に対して中性子星を支えることができなくなります。この限界の正確な値はよく知られていませんが，2-3太陽質量の範囲にあると考えられています

(後述する中性子星合体の観測結果から，おそらく2太陽質量に近いと思われます)。非常に高速に自転(たとえば1000回/秒)していれば，限界質量は4太陽質量程度まで増加する可能性がありますが，この限界値は正確には知られていません。

計算によると，初期質量の大きい星(10-100太陽質量)の中には，寿命の終わりにこの限界を超えるコアを残すものがあることが分かっています。これらの星は，**星風**や**超新星**爆発や連星系での物質移動で物質を十分に失うことができないため，安定な中性子星にはなれません。また，連星系にある中性子星には，安定限界を超えるほどの物質が伴星から降着する可能性があります。どちらの場合でも，こうなったらその重力崩壊を止めることができる既知の力は宇宙にはありません。このような重力崩壊の結果がブラックホールなのです。

ブラックホールとはよくつけられた名前です。その重力場は非常に強いため，"なにもの"も——光でさえも——そこから逃れることができません。このことを定性的に理解するために，ニュートンの万有引力の法則($F = GM_1M_2/r^2$，Gは重力定数)を，質量M_1の地球の表面上にある質量M_2のボール(地球の中心から半径rの距離にあります)に適用することを考えてみましょう。ボールは重力に引かれて地表に固定されているので，ボールが地球から完全に離れてゆくためには，**脱出速度**(空気抵抗を無視すれば約11 km/s)[4-35]以上の初速度で投げ出さなければなりません。さて，地球が質量をそのまま保って半径が現在の半分の球に圧縮されたとします。すると，表面の球にかかる重力は4倍になり，脱出速度は2の平方根を11にかけて約16 km/sになります(脱出

4-35｜脱出速度とは，物体が，大きな質量を持つ別の物体の重力を振り切って無限の遠方まで行くのに必要な最低の速度です。脱出速度より小さな初速度で放たれた物体は，再びその物体に落ちてきます。

速度の式は，$v = (2GM_1/r)^{1/2}$ です）。地球をさらに圧縮して，全質量を保ったまま半径1/4の球にすると，表面にある球にかかる重力は16倍になり，脱出速度は22 km/sになります。

このように地球をどんどん縮小して行くと，脱出速度が光の速度と等しくなるところまで来ると想像できます。そのときには，球も他のなにものも（光でさえ）逃れることができず，地球は黒く見えます。実際，1783年にジョン・ミッチェル（John Mitchell）が，また1795年にはピエール・サイモン・ラプラス（Pierre Simon Laplace）が，（光について）このような議論をしています。重力場が非常に大きくなるとニュートン力学（万有引力の法則を含む）が通用せず，代わりにアインシュタインの一般相対性理論を用いなければなりません。しかし，質量Mの回転しない物体がブラックホールになる最小半径を与える式はどちらの理論でも同じで，$R = 2GM/c^2$ です。たとえば，地球ならばその半径は0.89 cm，太陽なら約3 kmで，これ以下になるとどちらもブラックホールとなるのです。

上の式で定義される回転していないブラックホールの半径は，カール・シュバルツシルト（Karl Schwarzschild）が1916年に，新たに作られた相対性理論を用いて導き出したことから，**シュバルツシルト半径**と呼ばれています。一生の終わりに中性子星の最大質量を超える星ができると，シュバルツシルト半径よりも小さくなるまで重力崩壊を続けるしかなく，ブラックホールを形成することになります。アインシュタインの一般相対性理論では，重力とは，あらゆる質量やエネルギー（$E = mc^2$ なので質量と等価）によって生じる時空の曲がりであり，物体の軌道は，この曲がった幾何学的形状の中での自然な経路なのです。ブラックホールの近くでは，時空は高度に曲がっていて，シュバルツシルト半径の中から外に出る軌道はありません。ある意味では，ブラックホールは宇宙の中で他と「切り離された」部分であり，そこから外界に情報が流れ出ることはありません。ブラックホールを宇宙の他の部分から切り離す仮想的な面は，**事象の地平面**(イベント・ホライズン)とよばれます。この境界面は，ブラックホールが回転していない場合，シュバルツシルト半径に等しい半径を持っていますが，高速に回転しているブラックホールでは，その半分近くにもなることがあります。

重力崩壊する星の半径がシュバルツシルト半径に達した後の運命はどうなるでしょうか。古典的な一般相対性理論の方程式によれば，物質は徐々に小さな半径に向かって落下し続け，専門用語で**特異点**という，体積がゼロで密度が無限大の点になります。しかし，極限まで小さな体積を考えると，古典物理学の法則は破綻します。そこでは量子力学の法則を使わなければなりません。その法則は，水素原子のエネルギーレベルを予測したり測定したりするなど，さまざまな方法で徹底的に検証されてきました。量子力学の世界では，特異点とそれに関連する無限大を避けられるようにみえます。物質の構造は，ゼロでない有限の空間内の確率分布によって記述されます。完全に自己矛盾しない重力の量子論はまだ開発されておらず，検証もされていません(超弦理論とM理論の二つが競合する代表的な理論です[4-36])。ほとんどの研究者は，量子重力理論ができればブラックホールの特異点が実際には無限の密度を持つ点ではないことを示すことができると信じています。そうであったとしても，特異点はおそらく非常に小さく

4-36｜物質の基本単位を点で表される粒子ではなく，1次元の長さを持つ弦であると考える理論が超弦理論で，二次元の膜と考える理論がM理論です。

て密度の高いものであると思われます。物質で構成されるどんな物体でも，その中ではどんな物質かすら認識できないほどに押しつぶされていることでしょう。

ブラックホールについての興味深い事実

ブラックホールには魔法のような性質がたくさんあります。たとえば，あなたがブラックホールに足のほうから落ちると，ブラックホールの**潮汐力**によって，体の長さ方向に引き伸ばされ，体の幅は圧迫されて細くなります。引き伸ばされる理由は，ブラックホールにもっとも近い足にかかる引力（重力）のほうが頭にかかる引力より相当大きいためです。その差（潮汐力）はブラックホールに近づくにつれて急激に大きくなります。あなたの体のすべての点はブラックホールの中心に向かう放射状の線に沿って引っ張られていますので，両肩は次第に近づいてきます。実際には特異点に到達するずっと前に，あなたは両端から引き延ばされた細長いゴムの糸のような状態になるでしょう。

潮汐力の強さはブラックホールの質量の関数です[4-37]。個々の星からできた質量の小さい恒星質量ブラックホールによる潮汐力は，事象の地平面の外側でさえも巨大ですが，銀河の中心核にあるような数10億太陽質量のブラックホール（次節を参照）は，事象の地平面の外側では何も異常を感じないほど穏やかに見えます。最初は何も気づかずにブラックホールの中に落ちてしまうかもしれませんが，落ちたらあなたは必然的に特異点に引き寄せられることになります。ブラックホールの平均密度（ブラックホールの質量を事象の地平面で囲まれた体積で割った値）は，質量の逆二乗に比例します。すなわち，大質量のブラックホールの方が小質量のブラックホー

4-37｜ブラックホールには，恒星質量ブラックホール（5-15太陽質量）から超大質量ブラックホール（100万-数10億太陽質量）までさまざまな質量のものがあります。

ルより平均密度が低いのです。しかし，ブラックホールの中心にある特異点は，どんなブラックホールにおいても非常に高密度であると考えられています。

もう一つの重要な効果は，ブラックホール近くでの**時間の遅れ**です。あなたがブラックホールから遠く離れていて，友人がブラックホールに落ちるのを見ているとします。友人の時計は，彼が事象の地平面に近づくにつれて，次第にゆっくりと進むように見えるでしょう。あなたから見ると，あなたの友人の時間は遅くなっていることになります。実際，彼が事象の地平面に無限に近づくと，時間は止まってしまいます。あなたは彼が事象の地平面に実際に到達するのを見ることはありません。それには無限の時間がかかるからです。しかし，(これは人間の寿命を延ばす方法ではありません!)あなたの友人にとってはそれは有限の(そして短い)時間です。一方，もしあなたの友人が外側から事象の地平面に接近し，そこでロケットをうまく使ってブラックホール付近から脱出できたとしたら，彼はあなたほど歳を取ってはいないでしょう。相対性理論によれば，このようにして，あまり老いることなく未来に飛び込むことができます。これは，光速に近い速度で移動したときに起きる現象と同じです[4-38]。

4-38｜速い(相対)速度による時間の遅れは特殊相対性理論が予言する効果ですが，強い重力場による時間の遅れは一般相対性理論の予言する効果です。

これに関連した現象として，ブラックホールの近く(ただし外側)から出てくる放射の**赤方偏移**(重力赤方偏移)があります。上の例で，あなたの友人がブラックホールに向かって落下しているあいだに，彼の時計で1秒に1回青い光の閃光を発していたとします。すると，あなたが見る閃光の間隔が(時間の遅れの効果で)だんだん長くなるだけでなく，閃光の波長がだんだん伸びて赤くなっていきます。ブラックホールを取り巻く深い重力場を上ることで光子のエネルギーが失われ，波長はエネルギーに反比例するので波長が長くなるのです。**事象の地平面**から脱出しようとする光子は，無限に長い波長(エネルギーがゼロ)に赤方偏移されるので，それを検出することはできません。

「ブラックホールには毛がない」という有名な定理があります[4-39]。要するに，平衡状態にあるブラックホールは非常に単純な物体であり，外部の観測者から見れば，質量，電荷，角運動量の3つの量だけで完全に記述されるということです。言い換えれば，ブラックホールの外部からの観測では，ブラックホールの中に投げ込まれたかもしれない物体の正体を明らかにすることはできないということです。ブラックホールに落下する物体によって生じる事象の地平面の小さなゆらぎはどんなものでもすぐに消去され，残るのは上に述べた3つの大局的な性質だけなのです。

4-39｜無毛定理(No-hair theorem)とも呼ばれます。1971年にルフィーニとホイーラーがPhysics Today誌に書いた解説記事で，“a black hole has no hair.”と述べたことにはじまります。おもにホイーラーによって広められた表現です。

古典物理学の範疇ではブラックホールの質量が減少することはありません。ブラックホールの近くにある物体が飲み込まれると，ブラックホールの質量が大きくなると予想されます。しかし，スティーブン・ホーキング(Stephen Hawking)博士は，非常に小さなブラックホールが，実際には量子力学的なプロセスの結果として，かなりの速度で蒸発することを示しました。ブラックホールの質量が小さいほど蒸発速度は大きくなります。きわめて小質量のブラックホールは，質量がゼロに近づくと高エネルギーの放射を出して実質上爆発します。たとえば，**ビッグバン**のときに地球上の大きな山(エベレスト山など)程度の小質量のブラックホールができたとすると，それらはちょうど今頃爆発していることになります(それより質量の小さいものはもっと早く爆発しました)。当初は，ガンマ線望遠鏡が上空で時折検出する**ガンマ線バースト**が，これらの“原始”ブラックホールの爆発ではないかと考えられていました。しかし，観測された性質が理論的な予測と矛盾していることや，(すでに説明したように)ガンマ線バーストは別の原因として説明されていることから，その可能性はなくなっています。

ブラックホールの発見

ブラックホールのような奇妙な生きものが自然界に本当に存在するという具体的な証拠はあるのでしょうか。実は，さまざまな天体やそれらの観測によって，ブラックホールが確かに存在することが示されています。

最初は，**X線連星系**と分類される天体でした。1960年代から1970年代にかけてX線観測衛星が地球の上空に打ち上げられてから，空のいくつかの方角から強いX線が来ることが分かりました。よく観測されている例(はくちょう座X-1)では，X線は明るい星から来ているように見えました。その星には見えない伴星があり，それが**中性子星**かブラックホールで，その伴星に星からのガスが降着している可能性があります(図4.10参照)。高密度の伴星の深い重力場に落ちると，ガスが加熱されてX線を放出します(高エネルギーの放射線が発生するのは，強い重力によってガスが大きく加速され，摩擦によって数100万度まで加熱されるためです)。この明るい星の運動を分光学的に調べたところ，実際に，7太陽質量以上，おそらく15太陽質量程度の質量を持つ伴星があることがわかりました。もし伴星が普通の星だったら，これだけの質量を持っていれば明るくて簡単に見えるはずなのに，何も見えていません。その質量は**チャンドラセカール質量**と中性子星の限界質量の両方を大きく超えているので，伴星は**白色矮星**でも中性子星でもありません。唯一の合理的な結論は，この伴星がブラックホールであるということです。ブラックホール自体は光では見えていませんが，そのすぐ外側にある超高温度のガス円盤から，私たちが検出している強いX線が放出されているのです。

その後，同様なX線連星系が多数発見されました。多くはブラックホールではなく中性子星(ガスがその表面に衝突して大量のエネルギーが放出される)を含む連星系でしたが，現在までにブラックホール候補を含むX線連星系が20個以上確認されています。その中でも特に確実と思われているのが1989年に増光したX線新星「V404 Cygni」です。見えない伴星の質量は約12太陽質量で，「はくちょう座X-1」に比べてデータ解析に不確実性が少ないのが特長です。私と学生たちとで，GS2000+25と呼ばれる別のX線新星の見えない伴星の質量を測定しました。その質量の下限値は5太陽質量です(おそらく実際は8-9太陽質量でしょう)。この値は，もっとも高密度で高速回転するものを除けば，中性子星の限界質量を超えていますので，多分ブラックホールと思われます。私たちは他のいくつかの例についても質量を測定しています。私の見解では，X線連星系に恒星質量ブラックホール(5-15太陽質量)が存在することは99%以上確実です。これらの観測を説明できるもっともらしい説明は他にないからです。

ブラックホールは，多くの**銀河**の中心部でも発見されています。これらの銀河の中心核付近にあるガスや星は，(おそらく重力に間違いありませんが)強力な力に引っ張られているかのように，非常に高速で運動しています。その引力を及ぼすものに対する唯一のもっともらしい説明は，10^6から10^9太陽質量という巨大質量をもつブラックホールです。そのような「超大質量ブラックホール」にもっとも近い，そして最良の例は，私たちの**銀河系**の中心にあります。地球大気の乱れによる画像のぼやけを補正して非常に鮮明な画像を得ることができる特殊な観測技術（「補償光学」と呼ばれる）により，銀河系中心部にある星々が高速で楕円軌道を描いて運動していることが明らかになりました（図2.6参照[4-40]）。これらの星に働く力を説明するためには，約400万太陽質量のブラックホールが必要です。

超大質量ブラックホールの存在は100個以上の銀河で確認されています。中心核付近にある星々や回転しているガス円盤の速度が非常に高速であることがその証拠とされています。その一例が，2000万光年の距離にあるNGC4258で，電波による精密測定から，超大質量ブラックホール（約3×10^7太陽質量）の周りを高速で回転するガス円盤が観測されました。

1980年頃，天文学者たちは地上からの観測により，5000万光年先にあるおとめ座銀河団の**楕円銀河**M87の中心核には，少なくとも20-30億太陽質量のブラックホールがあるのではないかと主張しました。後にハッブル宇宙望遠鏡によって提供されたデータはこの結論を強く支持しており，ブラックホールの質量は約60億（6×10^9）太陽質量の可能性が高いことを示しました。このことは2019年4月，新しい革命的な「イベントホライズン・テレスコープ（EHT）」[4-41]によって見事に確認されました。それは，このEHTによって作成されたM87の中心核の驚くほど高解像度の電波マップ（波長1.3 mm）のお陰です。EHTは，実際には世界中に展開する8つのミリ波電波望遠鏡のネットワークです。これらの望

4-40｜20年以上にわたる観測からこのことを明らかにした二つのグループを率いたドイツのゲンツェルとアメリカのゲズは，ブラックホールの理論的研究を進めたイギリスのペンローズとともに，2020年のノーベル物理学賞を受賞しました。

4-41｜英語の名称はEvent Horizon Telescopeで，和訳すると「事象の地平面望遠鏡」です。略号のEHTも広く使われています。

遠鏡の信号を組み合わせることで，地球サイズの直径を持つ巨大な電波望遠鏡から得られるのと同じ空間分解能（解像度）を持つ画像を作成できます。EHTは，月の表面にあるリンゴを識別できるほどの解像度を持っています（リンゴが非常に強力な電波を出していれば！）（第2章注2-17／2-42参照）。

図4.18に示したM87の中心部のEHT画像では，黒い穴を取り囲むように光の輪が見えています。電波は，ブラックホールの事象の地平面のわずか外側を運動する高エネルギー粒子から放出されています。真ん中の穴は，ブラックホールの「影」すなわち「シルエット」です[4-42]。ブラックホールから放射は出てきません。測定された穴のサイズ（光路の計算から実際の事象の地平面よりもやや大きいと推測される）から，ブラックホールの質量が65億太陽質量であることがわかり，ハッブル宇宙望遠鏡の観測と一致する結果が得られました。

4-42｜ブラックホールシャドウと一般に呼ばれています。

また，日米共同プロジェクトのX線衛星「あすか」で

図4.18｜イベントホライズン・テレスコープ（EHT）による楕円銀河M87の中心核の画像。中央の暗い部分は，超大質量ブラックホール（65億太陽質量）のシルエットです。明るいリングの直径が約40マイクロ秒で，月面にあるリンゴを見る角度に相当します。提供：EHTチーム

も，超巨大ブラックホールを示す素晴らしい証拠が発見されています。たとえば，銀河MCG－6－30－15の強い鉄輝線の解析から，中心核を取り囲む“**降着円盤**”の内側では，ガスが光速の0.3倍にもなる高速度で動いていることが分かりました。

興味深いことに，銀河中心にある超大質量ブラックホールの質量は，銀河の**バルジ**(中心部にある球状または楕円体状の成分で古い星からなる。図2.6参照)の質量と強い相関があります。バルジの星が小さな体積に圧縮されている度合い[4-43]との相関はさらに強いことがわかりました。これらの相関関係は，**銀河**が時間とともに進化していく中で，超大質量ブラックホールがどのように形成され，どのように成長していくのかを知る手がかりとなります。

4-43｜図2.6右図の横軸の(下の)目盛りで示される速度分散のことを指しています。

上記の銀河(NGC4258, M87, MCG－6－30－15)はいわゆる**活動銀河**であり，その中心核は恒星だけでは説明できない強い放射を出しています。活動銀河のうちいわゆる**クエーサー**と呼ばれるものの中心核は銀河にあるすべての星の10倍から1,000倍のエネルギーを出すことがあります。このことより周囲から物質を飲み込む超大質量ブラックホールが，活動銀河の中心的なエンジンではないかと長年推測されてきました。飲み込まれる前のガスは，ブラックホールに向かって落下する際に，その静止質量の約10%に相当する膨大な量の重力エネルギーを解放することができます。これは，星の中心部で起きる水素からヘリウムへの**核融合反応**に比べて，10倍以上効率が高いのです。

ビッグバン後の10億年以内に高光度のクエーサーが存在したことは，超大質量ブラックホールは非常に急速に形成されることを証明しています。このようなブラックホールはその後，数100万年から数10億年のあいだ，物質の**降着**によってさらに巨大化していきます。銀河中心のブラックホールが，はじめはX線連星系に見られるような小さな恒星質量ブラックホールとして誕生したのか，それとも銀河形成の初期段階で，銀河の中心にあった星団全体が**重力崩壊**してかなりの質量のブラックホールを形成したのかは，まだわかっていません。しかし，次に述べる最近の画期的な発見は，天文学者たちを驚かせ，これまでに説明した5-15太陽質量のブラックホールよりも質量の大きな恒星質量ブラックホールの問題が検討されるきっかけになったのです。

2015年9月14日，超高感度の**レーザー干渉計重力波天文台**(LIGO)(アメリカのワシントン州ハンフォードとルイジアナ州リビングストンにある)は，初めて，2つのブラックホールの合体によって発生した**重力波**(**時空**のさざ波)を検出しました。これらのブラックホールの質量は太陽質量の36倍と29倍で，合体でできたブラックホールの質量は約62太陽質量でした。その差(約3太陽質量)が$E = mc^2$により重力波のエネルギーに変換されたのです。発生源は13億光年の距離にあります。重力波によってLIGOの4 kmの腕の長さは，**陽子**の直径の約1,000分の1しか変化しませんでした。これは太陽にもっとも近い星(4.2光年先)までの距離が，人間の髪の毛1本分変わったのと同じです(図4.19参照)。GW150914と呼ばれるこの驚異的な現象の発見によって，2017年のノーベル物理学賞がレイナー・ワイス(Rainer Weiss)，キップ・ソーン(Kip Thorne)，バリー・バリッシュ(Barry Barish)に授与されましたが，LIGOプロジェクトチームには実際は世界各国から1,000人以上の物理学者とエンジニアが参加しているのです。

GW150914以後の2年間で，LIGOは，多くのブラックホールの合体による重力波を検出しました。2017年8月からは，イタリアの同様の重力波検出器VIRGOも協力して観測するようになりました。これらの検出によって驚くべき発見がありました。合体した各ブラックホ

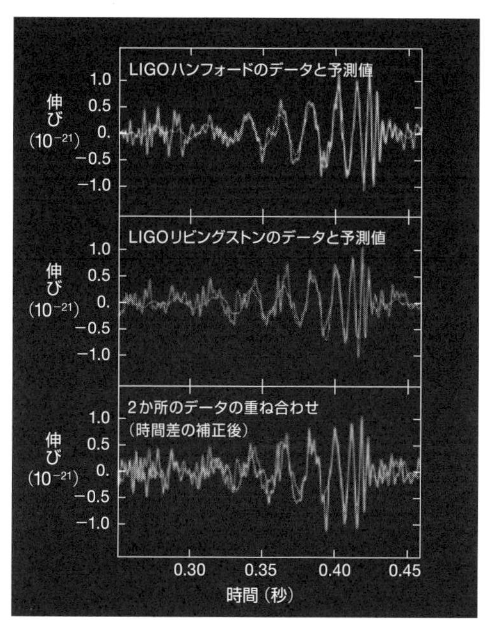

図4.19｜重力波の最初の検出。これらの0.2秒間のデータのグラフから，ハンフォード（上）とリビングストン（中）にあるLIGOの2つの検出器は，両方とも同じ時空の伸縮信号を検出したことが分かります。上の2つのパネルは理論予測と観測データを比較しています。アインシュタインの一般相対性理論からの理論的な予測がなめらかな細い線で，LIGOの実際の観測データがキザギザのある線で示されています。重力波による振動は，重力波を発生させた2つのブラックホールが接近して急速に合体することでスピードアップして（周波数が増加して）いきます[4-44]。2つの独立した検出器が同じ信号を検出したことは，両者の信号を比較した下のパネルに示されています（二つの検出器への到達時間の差の分だけ信号をずらしています）。このように，ブラックホールの合体が理論的に予想されていたものと見事に一致していることから，重力波が発見されたことに疑いの余地はありませんでした。出典：レーザー干渉計重力波天文台

4-44｜図に示されているような周波数が増加しつつ振幅が増大する波はチャープ波と呼ばれますが，これは二つのブラックホールがらせん軌道を描いて互いに落下するインスパイラル効果を実証するものです。

ールの質量が20–40太陽質量もあり，X線連星系のブラックホールよりも相当大きいのです。このように異常な大質量を持つ恒星質量ブラックホールはどのようにして誕生したのでしょうか。これはブラックホールの研究における新たな大きな謎となっています[4-45]。

2017年8月17日にLIGO／VIRGOは，約1億3000万光年離れた銀河の中で，二重中性子星連星が合体しておそらくブラックホールができた現場を目撃しました。先の**中性子星**についての節で述べたように，このGW170817は，重力波に続いて電磁波の全スペクトルにわたって放射が観測されたことでより注目すべきものとなったのです。それは，現在しばしば「マルチメッセンジャー天文学」[4-46]と呼ばれるものの始まりを告げるイベントでした(SN1987Aからのニュートリノと光の検出も「マルチメッセンジャー天文学」を構成するものだったことには注意すべきです)。フェルミガンマ線望遠鏡はGW170817で，時間的にも位置的にも重力波と一致するショート・ガンマ線バーストを観測しました。これによって，ショート・ガンマ線バーストは中性子星同士の合体によって発生する可能性があり，また，重力波は(一般相対性理論で予測されたように)光速で伝播するという二つの仮説が確認されました。さらにGW170817の光学・赤外線の対応天体(注4–23参照)である**キロノバ**が，NGC4993という銀河内にあることも分かりました。このキロノバの**光度曲線**とスペクトルを調べたところ，金，銀，白金，ランタノイド，アクチノイド(図3.1参照)などの**重元素**の存在が明らかになったのです。これらはすべて(通常の**超新星**には存在しない)中性子が豊富な環境で，原子核が中性子を急速に取り込んで生成されたものです。このプロセスについては第3章で詳しく説明されています[4-47]。

4-45｜2019年5月21日にはそれまでの記録を大幅に書き換える事象(GW190521)が観測されました。GW190521は約170億光年離れた銀河で発生し，太陽質量の85倍と66倍のブラックホールが合体して142倍のブラックホールが生成され，太陽質量の約8倍に相当するエネルギーが重力波として放出されました。

4-46｜さまざまな波長の電磁波，宇宙線やニュートリノなどの粒子，および重力波を，宇宙からの情報を運ぶ運搬人(メッセンジャー)に見立てて，さまざまなメッセンジャーがもたらす情報を総合して研究することを象徴する言葉です。

4-47｜第3章「鉄より先の元素へ」の節にあるr過程です。

SN1987Aが深宇宙からのニュートリノ観測の幕を開けたように，LIGOとVIRGOは今，重力波天文学の夜明けを告げました。重力波の観測は，宇宙の空間と時間全体にわたるブラックホールの形成と成長について，より多くのことを教えてくれるに違いありません[4-48]。

4-48｜2021年4月からは日本の重力波望遠鏡KAGRAも観測を開始し，2022年からはLIGO-Virgo-KAGRAコラボレーションとして三者が協力して観測を進めることになっています。

ブラックホールにまつわる神話

ブラックホールに関するよくある「神話」のいくつかは誤りであることを示しておかねばなりません。第一は，ブラックホールは巨大な宇宙の掃除機のように，目の前にあるすべてのものを吸い込んでしまうというものです。これは事実ではありません。ブラックホールの影響範囲は限られていて，ブラックホールのすぐ近くにあるものだけがブラックホールに強く引き寄せられるのです。安全な距離にあれば，ブラックホールの周りでも安定した（あるいはほぼ安定した）軌道を描くことが可能です。たとえば，太陽がもし仮に何らかの方法で（おそらく巨大な万力によって）ブラックホールに押し縮められたとしても，地球の軌道は変わらないでしょう。太陽と地球の質量は一定であり，それらのあいだの距離も一定なので，（ニュートンの万有引力の法則によると）地球に及ぼされる引力は変わらないからです。重力場は現在の太陽半径の外側ではどこでもそれまでと変わりません。現在の太陽の半径の位置よりも内側でのみ引力が今より強くなるのです。

第二は，漫画でときおり描かれるように，ブラックホールはどこにでも，何の理由もなくできるということです。そんなことはありません。ブラックホールは，①非常に巨大な星，②重力で結合した伴星から質量を得た中性子星，③**中性子星**の合体，④**銀河**の高密度の中心部，⑤ビッグバン直後の物質密度の不均一性，によって生成され得るのです。他の状況でブラックホールを作ることは非常に困難です。たとえば，私たちの太陽がブラックホールになることは絶対にありません。

第三は，ブラックホールを通じて他の宇宙へ移動，あるいは宇宙の他の部分への移動ができるということです。これは少なくとも巨視的な物体については，おそらく不可能でしょう。この誤解の一部は図4.20のような図から生じています。1つのブラックホールと別のブラックホールがトンネル，すなわち**ワームホール**（正式にはアインシュタイン－ローゼン橋）で繋がれており，このトンネルを抜けて行くことが可能に見えます。しかし，この図は誤解を招くものです。この図はブラックホール内部の時空の構造を適切に説明しておらず，無限小の時間の瞬間にしか適用できないものです。より詳細に分析すると，回転していないブラックホールを通り抜けるには，その物体は光の速度を超えなければならず，それは不可能であることがわかります。

一方，回転しているブラックホールと電荷を持つブラックホールの幾何学的形状は，回転していないブラッ

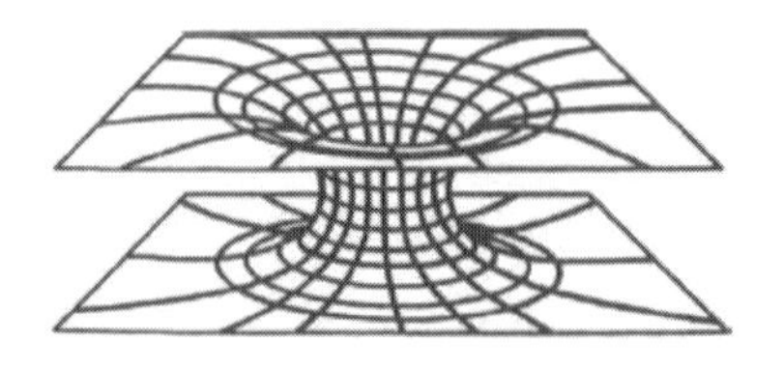

図4.20｜ワームホールによって繋がれた2つの回転していないブラックホールの模式図（アインシュタイン-ローゼン橋）。曲線は，4次元時空の2次元空間の「スライス」におけるブラックホール近傍の空間の曲率を示しています。

クホールとはまったく異なり，光速度以下でブラックホールを通過することが一見は可能であるように見えます。しかし，この有利な形状は，物質が落ち込んでいない理想化されたブラックホールの場合にのみ成り立ちます。物体がワームホールを通過し始めるやいなや，その落下する物質によりひき起こされる時空の余分なゆがみのために喉が閉じてしまうのです。ワームホールの喉を開き続けるには，非常に奇妙な性質を持つ物質が必要であり，そのような物質が少なくとも測定可能な量で存在するという証拠はありません（ワームホールを通過する光のビームを基準とする座標系では，そのような物質は負のエネルギー密度を持っていなければなりません）。したがって，SF作家にとっては魅力的ですが，ブラックホールを介して他の宇宙や我々の宇宙の他の部分へ旅行することはおそらく不可能なのです。

結論

天文学者は超新星，中性子星，そしてブラックホールに魅了されています。過去数10年のあいだに，私たちは多くのことを学びましたが，星の進化の終着点についての理解はまだまだ不十分です。今後にご期待ください！

第5章
恒星と惑星の起源
フレッド・アダムス

Chapter 5
The Origin of Stars and Planets
Fred C. Adams

はじめに

恒星と惑星の誕生は，宇宙物理学の中でもっとも重要な問題の一つです。星は宇宙で生み出されるエネルギーの大部分を提供し，惑星は生命の出現を可能にする舞台を提供しています。近年この分野は非常に進歩しています。特に現在では，**星形成**過程に関する私たちの理解の基礎となるかなり成功したパラダイム[5-1]が確立されています。このパラダイムにおいて，特に低質量星の場合，観測結果と理論は非常に良く一致しています。また，**太陽系外惑星**，すなわち太陽以外の恒星の周りを周回する惑星の発見においても革命が起きています。この分野の発展によって太陽系の形成過程に関する理解が深まってきました。

5-1｜ある学問分野やある時代において多くの人が標準的で当然のことと見なしている考え方をパラダイムと呼びます。天動説から地動説に変わるようにパラダイムが変わることをパラダイムシフトといいます。

本質的に，星と惑星の形成過程は，エントロピーと重力の戦いです。この戦いは恒星の進化全般にも関係しています。本章の文脈では，「エントロピー」は圧力や**乱流**として現れますが，乱流の詳細な性質はまだ研究の途上にあります。ざっくりいうと，重力は物をまとめて引き集める傾向があり，エントロピーは物を分散させる傾向があります。この章で示すように，重力とエントロピーの戦いは，大きさや質量のさまざまなスケールで起こります。この戦いが，星や惑星がどのように形成され進化するかを大きく左右するのです。

この章では，最初の節で現在の星形成理論の概要を説明します。星は**分子雲コア**の中で形成され，**重力崩壊**したコアから，星と円盤からなる系（星／円盤系）ができます。この議論には，**初期質量関数**（IMF）と呼ばれる，誕生時の星の質量分布が登場します。IMFは，**銀河**の進化や銀河の誕生などに星形成がどのような影響を与えるのか理解するために必要不可欠な情報ですが，“先験的に”IMFを決定する理論は未解決の基本問題です(第3章参照)。次の節では，星と惑星の両方の形成に重要な役割を果たしている**星周円盤**[5-2]について述べます。円盤の動的な進化を促進する物理機構として，重力不安定性や粘性のある物質の**降着**などが提案されています。その次の節で星周円盤の中で起きる惑星形成について説明します。最後に，章のまとめと未解決の問題点について議論します。

5-2｜星周円盤にはさまざまなものがあり，以下では文脈に合わせて星周円盤，原始惑星系円盤，降着円盤，円盤などの用語が出てきます。

分子雲中での星形成

過去20–30年のあいだに出現した星形成のパラダイム[85][59]では，星は分子ガスの巨大な集合体である分子雲の中で形成されます。**分子雲**は，典型的には私たちの**銀河系**のような**渦巻銀河**の渦巻き腕に存在しています。実際，現在も太陽系の近くの分子雲の中で星が形成されており，そこは**星形成**過程を研究するのに役立つ実験室となっています(図5.1参照)。分子雲は，周囲の星間ガスよりも低温度ではるかに密度が高く，典型的な数密度はn～約100原子cm^{-3}，温度は**絶対温度**でT～10–50 K(ケルビン)です。比較のために私たちの周りにある常温の空気は，数密度n～10^{19}分子cm^{-3}以上で温度Tは約300 Kです。分子雲は個々の星よりは格段に大きく，質量は太陽質量の10^4から10^6(1万から100万)倍あります(以下この章では，**太陽質量**は1M$_\odot$のように表します)。

星は分子雲中のコア(**分子雲コア**)が**重力崩壊**して誕生します。巨大な分子雲の中の小さなガスの塊である分子雲コアが，実際に星が形成される場所です。分子雲コアは，ガスの熱的な圧力に加えて，磁場と乱流(の圧力)によって支えられています。当初はこれらすべてが一緒に作用して，分子雲コアが重力崩壊しないよう支えているのです。分子雲コアの中心部では次第に乱流が減衰し，静かな状態に向かう傾向があります。さらに加えて，磁場はゆっくりと外側に拡散して行くので，分子雲コアの内側の領域はますます中心に集中するようになります。乱流と磁場の圧力が時間とともに減少し，分子雲コアの自重を支えるのは(少なくとも中心領域では)熱的な圧力だけになります。この時点で，分子雲コアは(平衡に近いが完全な平衡ではない)不安定な状態になり，これを初期条件としてその後の動的な重力崩壊

図5.1｜現在の星形成領域の例。高温の若い星団によって励起されたHII領域(電離水素領域)であるM17の一部分(北が左，西が上)。この画像は，チリ北部のパラナル天文台の口径8.2 m望遠鏡に搭載された近赤外線カメラで撮影した画像から作成した3色合成図を白黒表示したものです。出典：ヨーロッパ南天天文台(ESO)

が起きます。これは理想化された説明であって，実際には崩壊が起こる前に中心領域から乱流や磁場が完全になくなることはありません。したがって，実際にはもう少し動的でカオス的な状態が星形成の初期条件です。いずれにしても，このような分子雲コアの誕生と初期進化が星形成過程の第一段階なのです。

分子雲コアが重力崩壊を始めると，落ち込む流れの中心に圧力で支えられた小さな天体ができます。これが後に星になる天体です(図5.2(a)参照)。分子雲コアは初期状態ではゆっくりと自転しています。ゆっくり自転しているといっても巨大な(直径はほぼ1光年)ため，分子雲はかなりの**角運動量**をもっています。より大きな角運

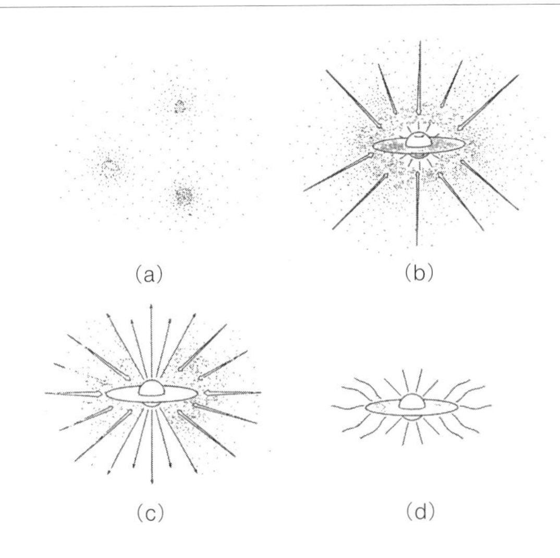

図5.2｜星形成の4つの段階[85]。(a)分子雲中で高密度のコアがゆっくりと収縮する。(b)コア中心部が重力崩壊して星のような天体を形成し，その周囲を円盤と落ち込んでくるガスとダストが取り巻いている(原始星期／質量降着期)。(c)星から強い星風が吹きだす(双極流期)。(d)やがて新たに形成された星と円盤が見えてくる(Tタウリ型星期／前主系列星期)。(b)と(c)では，内向きの太い矢印が流入する物質を，外向きの細い矢印が流出する星風を表しています。(d)では，直線は星から放射された可視光，曲がった線は円盤から放射された赤外線を表しています。

動量をもつ物質が，生まれかかっている星の周りに集まり星周円盤を形成します。この円盤の存在は，角運動量保存の法則の自然な帰結なのです。原始星期(質量降着期ともいう)と呼ばれるこの進化段階は，中心に星と円盤がありその周りを落ち込んでくるガスと**ダスト**が取り巻いているのが特徴です(図5.2(b))。この落下構造によって天体から出る放射の性質が大きく左右されます。その放射を検出することで，私たちは地球のような遠方からでも星形成が起きているのを見ることができるのです。

原始星が進化すると，質量と**光度**(エネルギーの発生率)がともに増加します。原始星は最終的に強い**星風**を発生させ，その星風が星の回転の両極方向で流入物質を突き破って**双極流**(アウトフロー)を生じます。この進化段階を双極流期と呼びます(図5.2(c)，また図5.3にはこの段階にあるHH30[5-3]の画像を示します)。この段階の大部分の期間はアウトフローの流出角度は比較的狭く，中心星の周りの広い範囲(大きな立体角)で物質の流入が起きています。時間が経つにつれ，アウトフローの流出角が徐々に広がり，**歳差**運動を始めます。このためそれに妨げられて流入物質の総量は徐々に減少していきます。その結果，原始星を取り巻く物質は少しずつ晴れ上がって行くのです。

5-3｜この種の天体をはじめて詳しく観測したハービックとハローが作ったカタログの30番目に掲載されている天体なのでHH30と呼ばれています。

このアウトフローは，新しく生まれた原始星と円盤の系を親であった分子雲コアから切り離し，原始星は若い星になります。この進化の後期段階は，**Tタウリ型星**期[5-4]または**前主系列星**期と呼ばれています。この段階では多くの場合，まだ**星周円盤**が残っています(図5.2(d))。また，この進化の時期に円盤の中に惑星が形成されます。新しくできた星自体は可視光で見えますが，水素の

5-4｜この段階にある星の典型例であるおうし座T星(T Tau Tタウリ)にちなんで名付けられました。

核融合反応でエネルギーを生み出すような内部構造にはまだ達していません。星のエネルギーの大部分は**重力収縮**によって発生し，星の収縮が進むにつれ中心温度が上昇します。中心で水素の核融合反応が起きると，完全な星になるのです。このように星形成のパラダイムは，図5.2に示す4つの段階で理解することができます。

分子雲――星の誕生の場

前小節で概説しましたが，**分子雲**は星が誕生する場所です。重要な点の一つは，分子雲が全体として**重力収縮**して"いない"ことです[104]。分子雲は非常に巨大で

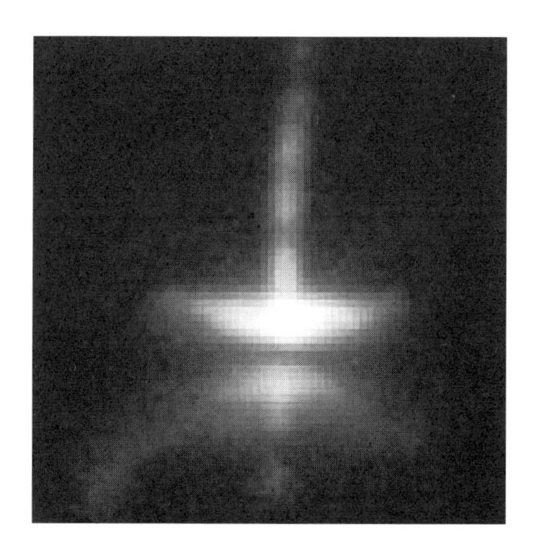

図5.3｜T Tauri星(HH30)の可視光画像。星周円盤をほぼ真横から見ています。このため，円盤の赤道面にあるダスト(画像中央の暗い水平の帯)が，HH30からの光を吸収しています。円盤に反射した光の一部が，円盤の上下に水平な光の帯として輝いて見えます。星と円盤からなる系の北極と南極から出てくる双極流ジェット(高温の電離ガス)が上下に伸びるまっすぐな光として素晴らしい眺めとなっていますが，これは，円盤を真横から見ている私たちの特別な視線の向きのおかげです。出典：NASA／ハッブル宇宙望遠鏡

質量も大きいので，この発見は意外なことです。分子雲の自己重力は一般には熱によるガスの圧力よりはるかに大きいのです[85][86]。したがって，分子雲はガスの圧力以外の何らかの外向きの力によって支えられているはずです。この支える力を提供できるのが磁場と**乱流**なのです。

磁場は分子雲の重力崩壊を防ぐ重要な支持力を提供します。ある大きさと質量の分子雲の崩壊を防ぐには，必要な最小の磁場強度Bが存在します[62]。実際に分子雲の磁場を観測した結果，その強さは重力崩壊に対して分子雲を支えるのに十分な大きさであることが示されています[66][32]。分子雲の磁場の強さは一般的に$B=10-30$マイクロガウスの範囲にあります(これは地球上の磁場の強さの10^5《10万》分の1と非常に小さいものの，磁場の存在する空間は非常に大きな体積を占めています)。さらに，これらの分子雲に含まれる磁場の形状と向きを調べることができます。分子雲を通して見た背景の星の光の偏光方向は，磁力線のパターンを示していると考えられています。観測の結果，偏光方向は同じ向きによく揃っていることが一般的だとわかりました[29]。このことから，磁場自体もよく揃った構造をしていると考えられます。つまり，磁場は極端にもつれているわけではなく，ほぼ一様な成分を保持しており，分子雲の構造に影響を与えるほど強いことが分かるのです。

乱流運動もまた分子雲の重力収縮に対抗するために重要です[103][59]。私たちは，ガス分子の視線方向の速度を，ガス分子が放射する**輝線**の**ドップラー偏移**による幅を測定することで決定します。一般に分子雲では非常に広い幅が観測され，ガスの速度が広い範囲にわたっていることを示しています。実際その速度幅は，分子の無秩序な熱運動によって生じる速度幅よりはるかに大きいことがよくあります。これらのことから，小さなスケールでは，ガスは音速よりも速い速度をもっていることがわかります。これが超音速乱流です。この乱流運動に含まれるエネルギーは非常に大きいので，自己重力とつりあうことができ，分子雲の長期的な進化に影響を与えています。

分子雲内で内部構造[5-5]がどのようにしてできるかは重要な問題です。分子雲は，観測可能なほぼすべてのスケールにわたる非常に複雑な構造をもっており，さまざまな形と大きさの塊(高密度領域)が存在します。この構造は**フラクタル**であると表現されることもあります[33]。これらの高密度領域の密度も，ある特徴的な値をもっているわけではなくとても広範囲に渡っています。高密度領域の幾何学的形状も非常に複雑で，「シート」，「フィラメント」，ほぼ球状の「クランプ(塊)」といった言葉で表現されてきました(ブリッツの論文[17]に始まる名称)。さらに，ザッカーマンとエバンスの論文[103]で予想された一般的な分子雲の内部構造は，現在では高分解能のCOマップ[5-6]で観測されています(たとえば文献[74]およびその中の参照文献)。

5-5｜巨大な分子雲中にさまざまな密度と形やサイズをもつ領域があることを，ここでは内部構造があると表現しています。

5-6｜一酸化炭素(CO)の出す電波輝線の観測から得られる画像のことです。電波画像のことはしばしばマップと呼ばれます。可視光や赤外線の画像と異なり，電波画像は多くの場合，天球上の二次元の分布形状だけでなく，ガスの速度の情報も含んでいます。

現在のところ，分子雲中に内部構造がどのようにしてできるかを説明する決定的な理論は存在しません。しかし，私たちはこの謎を解く手がかりをいくつかもっています。分子雲が収縮し始めるといつでも，その中にさまざまな波が励起され[11]，これらの波が観測されている内部構造を作り出す可能性があります。今日では**数値シミュレーション**により，重力，乱流，磁場の効果を含むこの過程の時間変化を追跡できるようになりました[56]。もっとも小さなサイズの塊の中には，さまざまな大きさの**分子雲コア**ができています。これらのコアの質量は，最終的に形成される星の質量よりも大きいものの，観測からコア内の質量分布が明確にわかるため，引き続いて起きる星形成プロセスのさまざまな初期条件を与えることができるのです。

分子雲コアの形成

分子雲のさまざまな内部構造のうちで，大きさや質量のスケールの小さなものが**分子雲コア**です。その質量は分子雲全体に比べれば小さいけれど，それでも誕生する星の質量よりは相当に大きいものです。コアは，磁場の拡散，流れの衝突，乱流の衰退などの複雑な相互作用によって作られます。まず磁場の拡散について考えてみましょう[61][83][67][54]。それは次のようにして起きます。

分子雲はごくわずかに**電離**しています。百万個に1個の粒子が電離して電荷をもっている程度です。磁場は荷電粒子(イオン)にのみ力を与えることができるので，イオンは磁場と直接相互作用しますが，(質量の大部分を占める)中性粒子はそうではありません。中性粒子はイオンとの相互作用を介してのみ磁場と間接的に相互作用します。この相互作用とは，イオンと中性粒子のあいだの相対的な運動に起因する摩擦力です。つまり，イオンは中性粒子に対して運動している場合にのみ，中性粒子に摩擦力を与えることができるのです。これは重要な物理的意味をもっています。自己重力のためにゆっくり収縮している中性粒子成分に対して収縮に対抗する力を与えるためには，イオンが外向きに動く必要があります。すなわちイオンに力を与える磁場がゆっくりと外側に移動(拡散)していかなければならないのです。

一般的にこの拡散過程には，コアの自由落下時間(圧力がまったくない場合にコアが**重力崩壊**する時間)よりも長い時間がかかります。乱流がない場合，磁場の拡散にかかる時間は，典型的な自由落下時間の約10倍です。乱流がプロセスを加速し，いくつかの場面でコアの進化に支配的な影響を与えることがあります。それにもかかわらず，磁場と乱流(すなわちコアを支える圧力)が失われていく過程は，(時間がかかりすぎるので)**星形成**が進む上での重要なボトルネックとなっているのです。このため，分子雲中の星形成の効率はかなり低くなっていて，分子雲の全物質の中で星になるのは1%以下なのです。

分子雲コアの質量は，コアの外側の境界をどのように定義するかにもよりますが，誕生する星の質量よりもはるかに大きく，その約3–10倍です。星の質量を分子雲が独自に決めることはできません。その代わりに，分子雲内にはさまざまな大きさのコアがあり，それによって分子雲は多様な質量を持つ星が生まれる初期条件を提供しています。分子雲コアは次の小節で説明するように，原始星への重力崩壊の出発点となるのです。

分子雲コア——重力崩壊の初期条件

星は分子雲コアの中で形成されますが，そのコアの性質が**原始星**の重力崩壊の初期条件となります。低質量星が生まれている近距離の分子雲複合体では，コアはゆっくりと回転しており，温度は比較的一定であることが観測されています。理想化された星形成過程の説明では，これらのコア(初期状態)は，温度と回転速度という2つの物理変数で記述することができます。観測からは$T=10-35$ Kの範囲の温度が観測され[63]，回転の角速度は非常に遅く，$\Omega \sim 3\times10^{-14}$ラジアン/秒程度です。このため，コアが完全に1回転するには何100万年もかかります。コアは中心集中度が高く，半径方向のどの位置においても，重力と熱によるガス圧力がほぼつりあっているような密度分布をもっていると考えられています[24]。中心部の密度は外縁部よりもはるかに高くなっています。

星形成領域の観測から，実際には，コアは質量の大きいものほど上で説明した単純なモデルよりも複雑な構造をしていることがわかりました[65][35]。十分に大きなサイズ(>3光年)と低い密度(<10^4原子cm^{-3})をもつコア内では相当な乱流運動があることが示唆されているのです。そこでは無秩序運動の中に，熱による成分と乱流による**非熱的運動**の成分が見られます。乱流による成分は密度が高くなるにつれて，**べき乗則**に従って増加していき，密度が高くなるより速度が増大するほうが勝るのです[5-7]。この乱流による非熱的な無秩序運動の成分を空気中の音速のように輸送速度として解釈すると，乱流成分による圧力が求められます[54]。言い換えれば，全圧力には熱的な成分と乱流による非熱的な成分の両方が含まれており，大質量星の誕生の場となる大質量のコアでは，その両方を考慮しないといけないということです。

5-7｜速度vと密度ρのあいだにべき乗則$v \propto \rho^k$ $(k>1)$が成り立つならば，密度の増加率よりも速度の増加率が大きくなります。

原始星への重力崩壊

質量降着期(原始星期)には，**重力崩壊**する**分子雲コア**の流れの中心にある星のような天体(原始星：図5.2(b)参照)が勢いよく質量を増やして大きくなっていきます。小質量の原始星，つまり太陽と同程度の質量をもつ原始星の場合，放射は落下してくる物質に影響を与えるほど強くないので，力学的な重力崩壊は放射とは無関係です。分子雲コアは内側から外側に向けて(インサイド-アウト)重力崩壊する傾向があります[82]。すなわちコアの中心部が先に崩壊し，それに続いて外層が崩壊するのです。このような重力崩壊シナリオでは，中心部に圧力で支えられた物体(原始星そのもの)が形成され，流れ込んでくるダストやガスがその周囲を取り巻くというコア／エンベロープ構造が自然に形成されます5-8。このインサイド-アウト重力崩壊は，膨張波が内側から外側に音速で伝搬することで進行します。膨張波の外側では，コアの物質はほぼ静かな状態で，内部で重力崩壊が起きているという情報をもっていません。膨張波の位置より内側では，物質は中心に向かって落下し，自由落下速度に近づきます。

5-8｜流れ込んでくるダストやガスからなる原始星を取り巻く周辺部分をエンベロープ(envelope)と呼びます。エンベロープは「包むもの」という意味で，この内部で後に星周円盤が形成されます。

ダストとガスが流れ込んでいるエンベロープの密度分布は，**遠心力**半径R_Cの外側ではほぼ球対称な形をしています。遠心力半径は，**原始星**のエンベロープにおける重要な量です。これが後にできる**星周円盤**の外半径を決め，それがさらに続く惑星形成の初期条件となるからです。遠心力半径R_Cの内部では，圧力ではなく重力によって決まる軌道上を物質粒子が内側に向かって渦を巻くため，落ち込んでくる流れは球対称からひどく外れています。遠心力半径の半分程度の位置に遠心力バリアがあります。そこでは**比角運動量**(単位質量あたりの角運動量)最大の物質が，角運動量の保存則により落ち込みを妨げられます[22][95]5-9。さらに内側の中心星のすぐ近くの領域では，高温によってダスト粒子が蒸発し，すべての物質は気体になっています[93]。

5-9｜円運動の遠心力と重力がつり合う位置が遠心力半径R_Cで，落ち込むガスの運動エネルギーがすべて回転運動エネルギーに相当する位置(ガスがそれ以上落ち込めない位置)が遠心力バリア($\sim 0.5R_C$)です。落ち込んでくるガスやダストは遠心力バリア付近で滞留し，何らかのメカニズムで角運動量とエネルギーを減少させて内側に落ち込んで円盤を形成します。

この重力崩壊シナリオでは，できあがる原始星の質量は一意には決まりません。その代わり，中心星と星周円盤の系に流れ込む物質の流入率は決まります。もっとも単純な(ガスの温度が一定でかつ一様な)等温コアの場合，質量流入率は時間的に一定であり，コアの初期温度にのみ依存します。温度だけで決まる熱的圧力以外の圧力も考慮に入れると，コアの構造はより複雑になり，質量流入率は時間とともに増加します。一般的な質量流入率は1年あたり太陽質量の1−100万分の1(10^{-6}-10^{-4} $M_\odot$ yr^{-1})の範囲にあり，星ができるまでに必要な典型的な時間は数10万年程度になります。実際には，質量流入率が大きいほど質量の大きな星ができる傾向があるため，星形成にかかる時間は星の質量によって大きく変わることはありません。また，この時間スケールは，太陽のような星の寿命や宇宙の年齢(どちらも100億年の桁)に比べて非常に短いものです。

原始星からの放射

生まれつつある星(**原始星**)が出す放射は，基礎理論を検証するデータとしても，また原始星の候補天体を特定するための手段としても重要です。原始星からの放射は，星からの直接放射，**星周円盤**内の**ダスト**からの直接放射，落ち込んでくるエンベロープにあるダストからの拡散された放射の3つに分けることができます(図5.4参照)。星も円盤も自らエネルギーを発生させ放射を出すことができます。若い恒星は太陽と同様，その放射の大部分を可視光として放射します。円盤はかなりの量のエネルギーを赤外線で放射しますが，可視光でも放射しています。しかし，星と円盤からの直接放射の多くは，周囲から落ち込んでくるエンベロープで大きく減衰されます。すなわち，星と円盤から出る放射エネルギーのほとんどは取り囲むエンベロープのダストによって吸収され，外部に抜け出しやすい長波長の遠赤外線として再放出されます。その結果，私たちが実際に見ることができる放射の**スペクトル**は，ほとんどの場合，落下するエンベロープの性質で決定され，もともとの星／円盤系からの直接放射のスペクトルとはほとんど関係なくなっています。

原始星が出す放射の究極のエネルギー源は重力ですが，いくつかの異なるメカニズムが放射強度(**光度**)に寄与しています。星の進化のこの初期段階では，内部で水素の**核融合反応**はまだ起きていません。物質がエンベロープから中心の星／円盤系に向かって落下してくると，重力のポテンシャルエネルギーが運動エネルギーに変換され[5-10]，それがいくつかの異なる方法で放射に変換されます。落下する**星間物質**は，星と円盤の表面に衝撃波を発生させ，エネルギーを熱として散逸[5-11]させます。また，落下した物質が星や円盤の状態に適応

図5.4｜形成途上にある星の想像図。この図は図5.2の第3段階(c)に対応するもので，中心の星は回転する円盤状の物質とダストやガスのエンベロープ(色の濃い部分)に包まれています。さらに，この星は強く収束した星風，すなわちジェットを発生させており，それが回転の極方向(垂直軸)に沿って外側に噴き出しています。出典：NASA/JPL-Caltech/R. Hurt(SSC)

5-10｜重力のポテンシャルエネルギーは中学校理科で出てくる「位置エネルギー」と同じものです。高い所から落とした物体が加速していくのは，重力のポテンシャルエネルギーが運動エネルギーに変換されるからです。位置エネルギーと運動エネルギーは力学的エネルギーで二つの和は保存されます(一定です)。

5-11｜運動エネルギーなどの力学的エネルギーが，抵抗力によって熱エネルギーに不可逆的に変化する過程を散逸といいます。散逸が起きると系の力学的エネルギーが減少し，発生した熱が放射などで系の外に出ていくと系の温度が下がります。回路にある抵抗によって電気エネルギーが熱に変わる場合も散逸といいます。

する過程でさらにエネルギーが散逸していきます。特に，落下する物質は中心の星や円盤の物質と同じ回転速度をもっていないため，新たに落下した物質は，星や円盤の落下した場所での状態に合わせるようにエネルギーを放出しなければなりません。

さらに，円盤の物質が中心星へ**降着**することで相当な量の光度を生み出します。この過程で星周円盤内の物質はエネルギーを散逸させ，角運動量が外側に輸送されます[5-12]。流体における摩擦のような働きをするある種の粘性が円盤物質の回転運動を熱に変えます。これが基本的な考え方ですが，円盤の物質が星に降着するメカニズム，具体的には粘性の発生源はまだ十分には分かっていません。しかし，円盤の安定性から，許容される円盤の降着にはかなり厳しい制約が課されています。このことで系の全光度はかなり良く決まり，それは利用できるすべてのエネルギーを次の式

$$L_0 = \frac{GM_* \dot{M}}{R_*}$$

で**光度**にした値 L_0 のかなりの割合になっています。ここで，R_* は星の半径(一般的には太陽半径の数倍)，M_* は星の質量です[93][46]。上の式で与えられる系の最大光度 L_0 は，重力ポテンシャルの井戸(深さ GM_*/R_*)を通って質量流入率 $\dot{M}$ で星に落下する円盤物質のエネルギーを表しています。しかし，いくらかの物質は半径の大きい軌道にとどまって星の表面まで落ちてこないので，実際の光度は一般にこれより小さくなります。全エネルギーのうちのいくらかは回転する運動エネルギーと重力ポテンシャルエネルギーの形で蓄えられることになります。

もう一つの興味深い複雑な問題は，円盤から星へ

5-12｜たとえば円盤内で物質(ガスとダスト)の平均回転速度が内側ほど速いとします。円盤内には小さなガスの塊がたくさんあってお互いにこすれあう乱流状態です。塊がこすれあうと，外側の塊の速度はわずかに増え内側の塊の速度はわずかに減ります。このプロセスが多数回起きると，内側の物質は回転速度が減少し(角運動量を失い)，外側の物質は回転速度が増加(角運動量を得る)します。すなわち，角運動量が内側から外側に輸送されたことになります。この過程でエネルギーの散逸も起きます。

の降着率が時間的に一定ではないことです。円盤は周囲のエンベロープから一定の安定した割合で質量を獲得していますが，円盤はその質量をしばらくのあいだ蓄積しておいて，時々爆発的に中心の星に向けて吐き出していく傾向があります。その結果，形成途上の星の光度は激しく変動するのです。

ダストを含む落ち込んでくるエンベロープが出す放射は，放射輸送計算によって知ることができます[8][38]。このような計算では，すべての**光子**(放射を構成する粒子)がエンベロープ内を外向きに運動し，ダスト粒子に吸収されて長波長で再放射されるまでを追跡していきます。この原始星モデル[5]から計算された理論的な**スペクトルエネルギー分布**は，観測された原始星候補天体のものとかなりよく一致しています[64]。スペクトルエネルギー分布は，さまざまな波長(あるいは周波数)において原始星がどのくらいのエネルギーを放出しているかを示すものです[5-13]。理論で予測されたスペクトルエネルギー分布は，一般的に60-100 μmの波長，つまり遠赤外線で最大値を示しています。ほとんどすべてのエネルギーは可視光よりもはるかに長い波長で放射されています。このような性質をもつ天体が原始星候補として同定されたのは，赤外線検出器が十分に開発された1980年代に入ってからです。また，原始星への流入モデルは，双極分子流[5-14]を噴き出している天体のスペクトルもよく表現できます。このことは，原始星では物質の流入と流出が同時に起こっていることを示しているのです。

原始星の放射強度(輝度)の空間分布も理論的に計算できます。原始星の周りのエンベロープの密度分布は力学的な重力崩壊モデルの解から，また温度分布

5-13｜スペクトルエネルギー分布はスペクトルとほぼ同じ意味ですが，波長あるいは振動数(周波数)の関数としての(一般にグラフで表現される)電磁波の強度分布に注目する場合に使われる用語です。天文学ではよく出てくる重要な概念で，研究現場では，Spectral Energy Distributionの頭文字を取ってSED(エスイーディー)と広く略称されています。

5-14｜生まれたての若い星からほぼ反対向き(原始惑星系円盤の南極方向と北極方向)に放出される分子ガスの高速の流れです。用語集の「**双極流**」も参照してください。

は放射輸送計算からわかっているからです。最近の観測から，原始星の空間的な輝度分布を示すミリ波とサブミリ波の**連続波**の画像（マップ）が得られました。観測された放射は点源ではなく空間的な広がりをもっており，その空間分布は現在の理論とほぼ一致しています[96][20][44]。近年，チリ北部のアンデス山脈にあるアルマ望遠鏡（アタカマ大型ミリ波サブミリ波干渉計：ALMA。注2-41／42を参照）は，高分解能・高感度の原始星天体の輝度マップを次々と作成しています。図5.5はその一例で，原始星であるおうし座HL（HL Tau）とその周囲の**星周円盤**の画像です。

天文学者は恒星の進化を調べるために，縦軸に恒星の**光度**（**絶対等級**）を，横軸に恒星の表面温度をプロットしたヘルツシュプルング－ラッセル図（**H-R図**）を伝統的に用いてきました[5-15]。この2つの物理変数（光度と表面温度）は，星の特徴を十分良く表していて，また観測から直接に決定できます。水素を燃やしている普通の星は，この図中で**主系列**と呼ばれる明確な帯状の領域

5-15｜もともとのH-R図の横軸は表面温度ではなく，星のスペクトル型（O型，B型，A型，F型，G型，K型，M型）でした。

図5.5｜原始星おうし座HLを取り囲む星周円盤の画像（アルマ望遠鏡による）。ALMA Partnership Brogan *et al.*

に分布します。中心部のコアにある水素を使い切ると，星は新しい構造に進化していきます。この進化につれて星はH-R図上ではっきりとした経路(「トラック」と呼ばれる)をたどります。このように，H-R図は恒星の進化を研究するための有用なツールとなっています。しかし原始星は表面温度がはっきりしていないため，H-R図に載せることができません。原始星は，大気が広がっているため，温度の異なる多くの領域からの放射が混ざり合ったスペクトルエネルギー分布になっているからです。その結果，星の進化の初期段階を図式化するには，別のアプローチが必要になります[100]。

原始星から恒星への進化

分子雲コアの中に包み込まれた原始星からどのようにして可視光で見える若い星になっていくかは，まだ完全には解明できていません。謎の一つが原始星の進化の後期に観測される強力な**星風**とアウトフローです。このような星風(とアウトフロー)の存在は，まず観測から明らかになりました[42]。このような現象を説明する理論では，遠心力駆動磁気風モデル(図5.6参照)が有力ですが，磁気風の発生源が星周円盤内で，星の近く[87][88]なのかより外側か[40]については議論があります。

図5.6に示されているこの星風のメカニズムは，大まかには次のように説明できます。中心の星が比較的強い磁場を発生させ，それが星とともに回転します。この磁場の強さは約1000ガウスで，現在の太陽の磁場強度である約1ガウスに比べてとても大きいものです(若い星ではこのような強い磁場をもつことが観測されています)。一部の磁力線は開いています。すなわち，磁力線の一端は恒星表面に固定されていますが，もう一端は恒星

に戻ることはなく，空間的に無限遠まで続いています。電離ガスは，これらの磁力線に沿って流れることができますが，磁力線を横切ることはできません。ちょうど糸に通したビーズが糸に沿って動くように，ガスが磁力線に沿って移動します。しかし，この場合，磁力線は回転しているので，ガスは遠心力によって外側に放り出されます。この外向きに動くガスが星風になります。

若い**前主系列星**が可視光で見えはじめ，H-R図の中に書き込めるようになると，それらは星の誕生線と呼ばれる明確な線に沿って現れるようになります[91][68]。この誕生線の位置は，**重水素**を燃やすことができる構造をもつ星に対応しています[84][92]。重水素は原子核の中でもっとも核融合しやすい原子核なので，通常の水素の核融合には星の中心温度が$T_c \sim 10^7$ K（1000万度）

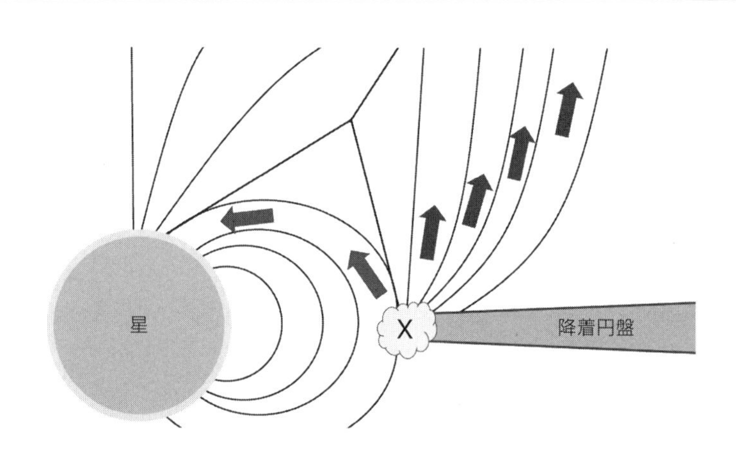

図5.6｜原始星アウトフローモデルの模式図（[81]より引用）。このモデルでは，物質は降着円盤（星周円盤）を通って右から星の近くまで流れ込んでいます。降着円盤の内縁であるXと書かれた領域では，左向きの2本の矢印で示されているように，流入した物質の一部が星につながる磁力線に沿って上昇し星の表面に流れ込みます。残りの物質は上方に向かう矢印で示されているように，開いた磁力線に流れ込み，高速で外に放り出されて上昇していきます。

以上となることが必要ですが，重水素の核融合は中心温度が$T_c \sim 10^6$ K(100万度)で起こります。こうした前主系列星は重水素を燃焼させるのにちょうど良い特性を持った可視光天体として**H-R図**上に現れます。これは，重水素を燃焼させることで星の中で**対流**が生じるためだと考えられています。すなわち，中心で発生した熱が恒星内部のガスの対流運動によって星の表面に運ばれるので，可視光で見えるようになるのです。このような対流運動は，星内部の差動回転[5-16]と組み合わさって，若い星で観測されている100-1000ガウスという大きな磁場を発生させることができます。上述した遠心力で駆動される星風を発生させるには，この程度の磁場の強さが必要なのです。

5-16｜物体(連続体)の回転のうち，CDのディスクの回転のように角速度が中心からの距離によらず一定のものを剛体回転と呼び，それ以外の回転を差動回転といいます。剛体回転では物体内部の各点の相対位置は変わりませんが，差動回転では変化しますので内部で相対速度が発生します。英語のdifferential rotationから「微分回転」という語が使われたことがありますが，正しくは差動回転です。

星の初期質量関数

初期質量関数(IMF)は，ある恒星集団が誕生した瞬間の個々の星の質量分布で，**星形成**過程のおそらくもっとも基本的な情報です。**銀河**の形成，銀河の**化学進化**，星間物質の進化，およびその他の重要な天文学的な問題を理解するには，IMFの詳細な知識が必要になってきます(第3章参照)。残念ながら現在のところ理論的にIMFを計算することはできません。しかし，私たちの**銀河系**におけるIMFの形状を観測から経験的に決定することは可能です。その結果IMFの第一近似として[78]，質量がmから$m+dm$の範囲にある星の数dfは，単純な**べき乗則**

$$\frac{df}{dm} \propto m^{-\gamma}$$

で与えられます。ここで，質量 $m = 0.4$ から$10\,M_\odot$の範囲にある星に対しては，べき指数$\gamma = 2.35$になります。この式から分かるように，質量の大きい星よりも質量の小さい星の方が多く生まれています。正確にいうと，太陽と同じ質量をもつ星は，太陽の10倍の質量をもつ星の約220倍も多いことになります。その後の研究[60][79]では，IMFが単純なべき関数よりももう少し複雑であることが示されました。最大値は$m = 0.25\mathrm{M}_\odot$付近にあり[41][23]，それより小さい質量の星の数は減少するのです。このため，最小質量$m = 0.08\mathrm{M}_\odot$付近の質量をもつ星は，ピーク値$m = 0.25\mathrm{M}_\odot$の質量をもつ星よりも少なくなっています。

星は限られた質量の範囲内でしか存在できません。質量が$m = 0.08\mathrm{M}_\odot$未満の星は，中心温度が水素の核融合反応が起こるには十分なほど高くなりません。この限界質量以下の星は**褐色矮星**と呼ばれています。逆に，$m = 100\mathrm{M}_\odot$以上の質量をもつ星は不安定なので存在できません（教科書的な説明は文献[69]を参照してください）。この結果，恒星の質量は

$$0.08\mathrm{M}_\odot \leq m \leq 100\mathrm{M}_\odot$$

という範囲に限られます。

上式の$100\mathrm{M}_\odot$という上限値は近似的なものですが，この質量範囲は考えられる質量範囲よりもはるかに小さいものです。星を作る原料である水素原子の質量は約10^{-24}g，すなわち$10^{-57}\mathrm{M}_\odot$で，星は約$10^{12}\mathrm{M}_\odot$もの質量をもつ銀河の中で形成されています5-17。したがって，銀河は10^{-57}から$10^{12}\mathrm{M}_\odot$までの質量範囲（10^{69}の桁！）のどの天体でも原理的には作ることができます。しかし上記のように，星の質量の違いは約1000（10^3）倍の範

5-17｜太陽質量は約2×10^{33}gですから，約10^{-24}gの水素原子の10^{57}倍の質量をもっています。

囲に収まっているのです。

恒星のIMFを決定する完全な理論はありませんが，それに関わる過程を概念的に二つの問題に分けることができます。一つは，星間物質によって決まる初期条件のスペクトルで，もう一つは，その与えられた初期条件を，最終的に形成される星の質量へ変換する過程です。

まず前者を見てみましょう。初期条件のスペクトルを理解するには，個々の星の形成の場となる**分子雲コア**の性質の違いを生み出す物理過程を理解する必要があります。分子雲コアの質量分布は，恒星のIMFとほぼ同じ形をしていますが，質量のスケールは3倍から4倍になっています[73]。この観測結果は，星形成の初期条件の分布を明らかにするための有力な手がかりとなるでしょう。今後は，回転速度，密度分布，乱流の度合，磁場の形状などコアの諸特性の分布を明らかにする必要があります。このような分子雲コアの特性の分布を測定するだけでなく，これらを決定する物理過程を理解する必要があるのです。物理の原理からコア特性の分布を予測するには，分子雲の中での内部構造の形成や分子雲自体のライフサイクルに関する研究が必要なのです。

次に後者ですが，分子雲コアで決まる初期条件と，それが作り出す星の最終的な質量とのあいだの変換を理解する必要があります。**分子雲**のスケールでは，自由落下時間のあいだに星になる質量は全質量の数パーセントしかありません。コアのスケールでも，星にならない質量は相当な量になり，ほとんどの質量は星にならずに後に残されるのです。

重力崩壊するコアの質量のすべてが星になるのを防げているプロセスは，現在も研究が続けられています。

コアの質量の大部分は星にならないので，単に質量の供給がなくなったから星の質量が決まってしまうというわけではありません。コアの質量の大部分は星の表面に直接落ちるのではなく，回転することで支えられている星周円盤の上に落ちるため，**角運動量**の保存が重要な役割を果たしています。そこでまず星周円盤の複雑な物理学が問題となるのです。また，熱的圧力，乱流，磁場が絡み合っていることがもう一つの困難となっています。最後に，先に簡単に説明したように，若い星が示す強力なアウトフローで運び出される角運動量が，できたばかりの星をその直近の周辺環境から最終的に切り離すのですが，その詳しいメカニズムもまだよくわかっていません。

星形成のパラダイムの要約

原始星候補天体の観測結果は理論的な予想とよく一致しています。理論から計算された原始星の**スペクトルエネルギー分布**は，質量降着期にある天体と双極流期にある天体の両方のスペクトルと矛盾しないため，降着は双極流期でもまだ起きている可能性が高いと考えられます。また，原始星候補天体からの放射は，理論的な予想とほぼ一致した形で空間的な広がりをもっていることが観測されました。また，過剰な赤外線を出す**Tタウリ型星**のスペクトルエネルギー分布は，それが**星周円盤**に囲まれた若い星であるとすれば理解できます。星周円盤の中には，自らは放射を出さず星からの放射を再処理するだけの受動的なものもあれば，自らかなりの赤外線放射をするものもあります。いくつかの天体については，円盤の質量（$M_{\mathrm{D}} = 0.01 - 0.2\mathrm{M}_{\odot}$）と円盤の半径（$R_{\mathrm{D}} \sim 100\,\mathrm{au}$）が推定されています。ここで，1 au（天文単位）は地球から太陽までの距離であり，太陽系の大きさ（海王星の軌道半径）は約30 auであることを思い出してください。

現在の星形成理論はまだ完全ではありません。特に，円盤から中心星への**降着**とアウトフローのメカニズム，および新しく形成された星が生まれた場所から切り離される過程についてはまだまだ理解を深めなければなりません。現在の理論では，太陽のような低質量の単一星の形成はよく説明できます。しかし，多くの星は連星系に属しており[1]，また太陽の100倍にもなる質量をもつ星もあります[69]。連星系の形成（現在の観測結果については文献[27]を参照）にも適用できるよう，またより質量の大きい星の形成[102]も説明できるように，理論を拡張する研究が進められています。

星周円盤と前主系列星

進化のはじめの**原始星**段階においては，ほとんどの物質が星の表面上に直接落ちるのではなく，**星周円盤**の上に落ちます。円盤から中心の星に質量を移動（降着）させるメカニズムが起こらなければ，形成される星の質量は非現実的なほど小さくなり，**光度**は観測された候補天体の光度よりもはるかに小さくなり，円盤は重力的に不安定になるでしょう。**Tタウリ型星**の進化段階においても，円盤固有の光度を生み出し，比較的短い時間スケールで円盤が消滅するという事実を説明するために円盤からの降着が起きなければなりません[30]。円盤から中心星への降着のメカニズムは完全には解明されていませんが，星周円盤の進化を駆動する二つの重要な要素は重力不安定性と粘性です。

どのような星／円盤の系でも，全エネルギーが低い方に向かって進化する傾向があります。この傾向は，どのような種類のエネルギー散逸メカニズムにも当てはまります。一方で，系は全**角運動量**を保存しなければなりません。系が到達可能なもっとも低いエネルギー状態は，物質が重力ポテンシャルの可能な限り深いところに存在して，すなわち質量の大部分が中心の星にあって，ほんのわずかの質量が大きな半径の軌道を回転してすべての角運動量を担う状態です。どのような星／円盤系でも，このエネルギー最小の状態に向かうと予想されますが，そこに到達するとは限りません。太陽系はほぼこの理想状態にあります。質量のほとんどすべては太陽そのものにあり，角運動量のほとんどは（大きな半径で軌道をまわる）巨大な惑星の軌道運動によって担われているのです。すべての惑星系も同様に進化すると考えられるので，鍵となるのはエネルギーの散逸と角運動量の再分配がどのように行われるかということです。

星周円盤からの放射

ところで，普通の星は基本的に**黒体放射**に近いスペクトルエネルギー分布をもっています。しかし，先に述べたように，若い星のスペクトルにはそれに加えて赤外線の成分がよく見られます[77][75][10]。この過剰な赤外成分（赤外線超過あるいは赤外超過と呼ぶことがあります）は，**星周円盤**の放射と考えられています。円盤には，能動的なものと受動的なものがあり，能動的な円盤は，円盤への**降着**によって自分自身でエネルギーを発生させますが，受動的な円盤にはエネルギー源がなく，星からの光子を吸収して再放射するだけです。どちらの場合も，円盤は赤外線波長において光子を放出し，観測されたような赤外線超過を生み出します。

受動的な円盤の出す光度はすべて星によるものです。円盤は一般に空間的に薄いものの光学的には厚いため，入射する光をすべて吸収します。厚みが無視できるほど完全に平らで，内側の半径が恒星表面まで達していて，外側の半径が恒星の半径に比べて大きい円盤は，星の光度の25%を遮断し吸収して再放射します。実際には，円盤は上下方向に膨らんで厚みがあるので，さらに大量の星の光を吸収します。これだけの光を吸収して再放射するので，あたかも円盤自身が(星の4分の1から2分の1の)固有の光度を持っているかのように，系のスペクトルエネルギー分布に余分な赤外線超過が見られます。こうして受動円盤モデルは，観測されたいくつかのTタウリ型星の赤外線超過を説明することができるのです[5][39][25]。

一方，能動的な円盤をもつ星／円盤系は，星からの放射の再処理による光度以上に，円盤の光度が高くなっています。これらの星／円盤系は，円盤への降着によって活発にエネルギーを生成しているのです。スペクトルエネルギー分布を解析することにより，能動的な円盤の基本的な物理的性質を推定することができます[39][6][15][3][21][26]。極端なケースでは，円盤によって生成されたエネルギーは星自体のエネルギーに匹敵するほどです。

これらの円盤の外径の最小値は約100 auで，太陽系の大きさに匹敵することが分かりました。円盤の質量(M_D)は，観測される放射の量がM_Dに直接比例するミリ波の波長域でスペクトルを測定して求めることができます。現在のところ，円盤質量の推定上限値は

$M_D = 0.10\,M_\odot$（アダムスら[3]が初めて示した）で，それより小さいものがたくさん観測されています[15]。しかし，これらの測定された円盤質量には約1 cmまでの大きさの粒子しか含まれていません。これより大きな粒子とさらにより大きな天体が，円盤の寿命のほとんどの期間にわたって円盤質量の大部分を占めていると考えられていますが，それらから出てくる放射は測定に使用された電波望遠鏡では基本的に見えません。星／円盤系の活動期間は100万年未満ですが，その後も数100万年はガスを保持しています[30]。推定された円盤の性質（半径方向の大きさ，質量，角運動量）は，原始星の理論で予測された円盤の性質とよく一致しています。さらに，これらの円盤の性質は，私たちの太陽系のような惑星系を形成するのに必要な性質とも一致しています。

重力不安定性

星周円盤の重力不安定性は，エネルギーの散逸と**角運動量**の輸送をもたらす重要なメカニズムの一つで，円盤から中心星へ物質の**降着**をもたらします。さらに，不安定性が十分に大きな振幅にまで成長すれば，巨大な惑星や，惑星より大きい伴星5-18の形成につながる可能性もあります。

5-18｜一つの分子雲コアから恒星が二つできて連星となる可能性もあります。連星系では明るい方を主星，暗い方を伴星といいます。

すべての円盤系は渦巻き状のパターンを作る傾向があり，**星形成**に関連した星周円盤も例外ではありません。よく知られている例としては，渦巻銀河の渦巻腕や土星の輪に見られる渦巻き模様などがあります。渦巻き状の不安定性の成長と挙動は，おもに重力，圧力，差動回転の3つの要素によって決まります。

星／円盤系は，一般に二本の腕をもつ渦巻銀河とは対照的に，一本腕の渦巻きパターンをもつことが多いのです。この場合，中心の星が質量の大部分を占めて重力ポテンシャルを支配しているため，円盤内のガスは，太陽の周りをまわる惑星に似た単純な軌道をたどっていますので，粒子の軌道は単純な閉じた楕円です。他の力がなければ軌道は時間とともに変化しません。さらにもし軌道が渦巻き状のパターンをつくるようにそろっていればその形状も変化しません。しかし，円盤の物質には中心星の重力以外の力も加わります。たとえば圧力は渦巻き模様をばらけさせる傾向があります。一方，円盤の自己重力は，渦巻き模様を保持し，それを維持するように作用します。これらの結果，星周円盤では自然に渦巻き模様が発生するのです。渦巻き模様は波のパターン(密度波)であり，物質の模様ではないことを覚えておいてください(もし物質が渦巻き状に集まっているなら，円盤の差動回転により，時間とともに渦巻きが巻き込まれていきます)。言い換えれば，星の周りを周回している分子は渦巻きの腕にとどまってはいないのです。それは，海を伝搬する津波の中に同じ水分子が留まることはないのと同じです[5-19]。

一本腕の渦巻きパターンは，星／円盤系の形成という文脈では特に興味深いものです。なぜなら渦巻き形状の重心が星と一致しないからです。このずれによる効果は波の新しい強制機構(円盤を通過する波動を駆動する新しい方法)を生み出し，この種の渦巻きモードの増幅に重要な役割を果たしています[7][89]。この新しい強制機構は，一本腕の渦巻モードの成長と維持に不可欠なのです。さらに，このモードが持つ非対称性は，円盤から中心星の軌道に角運動量が運ばれて，星が質量中心から円盤の外側に移動する原因となります。したがって，このメカニズムは，連星系となる伴星や巨大惑

5-19｜円盤が差動回転していて，広い半径の範囲で速度がほぼ一定の場合，物質が1回転する周期は外側ほど大きくなります。内側が1回転しても外側が1／2回転しかしていないならば，物質からなる渦巻きは巻き込まれていきます。渦巻銀河は誕生以来何回転もしているはずなのに，渦巻き腕がきつくぐるぐるに巻き込まれていません。これは「巻き込みのジレンマ」と呼ばれて，渦巻銀河の渦巻パターンが「密度波」であるとする考えを生み出しました。

星の形成に役立つ可能性があります。原始星の周りにある円盤の渦巻き模様の例を図5.7に示します。

最近の多くの研究結果から，円盤の自己重力不安定性の物理に関して基本的な理解が得られるようになりました。特に，不安定性の成長速度が星／円盤系の物理パラメータにどのように依存するかを決定できるようになっています。円盤は温度が上がるにつれて(圧力による支持力が増すため)安定になります。一方，円盤の総質量が大きくなると(重力が大きくなるため) 円盤は不安定になる傾向があります。

不安定性は，円盤と星の質量が等しい場合($M_D = M_*$)に成長速度が最大になり，星に対する円盤の相対質量が小さくなると急激に成長速度が減少します。成長速度最大の場合($M_D = M_*$)では，不安定性は円盤外縁が1回転する時間程度の時間スケールで成長します。

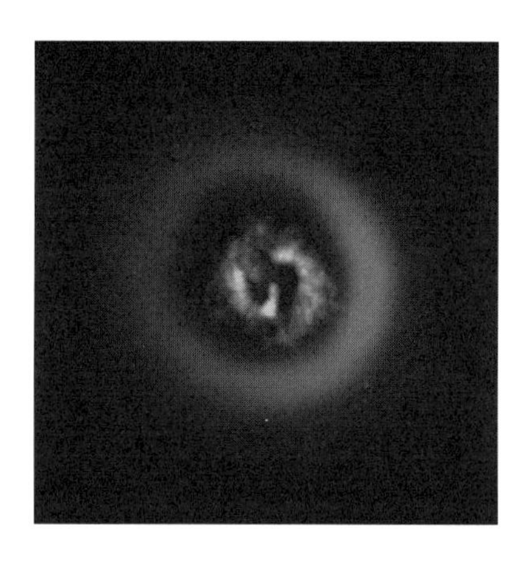

図5.7｜アルマ望遠鏡による「ぎょしゃ座AB星」のガス円盤の高分解能マップ。外側の冷たいダストの円盤がリングのように見えています。内側にはCO(一酸化炭素)を含む暖かい分子からの放射が見えています。この暖かい高密度のガスは，本文中で説明したように渦巻き状のパターンを示しています。出典：国立電波天文台

言い換えれば，不安定モードはほぼ力学時間[5-20]のスケールで成長するのです。この時間スケールは典型的には数1000年であり，円盤の進化の時間スケール(数100万年)よりもはるかに短いのです。そのため，これらの重力不安定性は短時間で成長し，円盤の進化に大きな影響を与えます。

一本腕の渦巻きモードの場合には，円盤質量がある値より大きいと不安定性が強く増幅されます。逆にいえば，これらの擾乱に対して安定になるには円盤の質量は小さい必要があります。つまり安定な円盤の相対質量M_{D}/M_{*}には最大値があることを意味しています。ガスの軌道が重力と遠心力のつりあいで完全に決まるもっとも単純な円盤では，$M_{\mathrm{D}}/M_{*} \sim 1/3$が最大値となります。つまり，円盤の質量が恒星質量の約3分の1よりも大きくなると，重力不安定性が強くなって，円盤は非常に不安定になります。円盤の質量が恒星質量の3分の1以下の場合にも不安定性は成長するものの，その成長速度はずっと遅く円盤は安定になるのです。

5-20｜力学時間とは，重力で支えられた天体において，重力の作用が効果を現すのに必要な時間です。天体の重力場の中を軌道運動する粒子ではその軌道周期，天体がその自己重力で収縮する場合には，収縮を始めてつぶれるまでの時間(自由落下時間)とほぼ同じです。

星／円盤系の現実的なシミュレーション

大きな密度の不均一性ができた後の重力不安定性のふるまいを研究するためには**コンピュータ・シミュレーション**を行う必要があります。単純な円盤中の重力不安定性に関してはいくつかの異なる流体力学的シミュレーションの結果が得られています[48][18]。シミュレーションでは，コンピュータで生成された「粒子」がひとかたまりのガスを表現します。すべてのシミュレーションでガスの温度は一様であると仮定されていますが，物理的に見ればこの単純化は，円盤が進化の過程で散逸させたエネルギーをすべて放射できると暗黙裏に仮定したことになります。そうしたシミュレーションによると，重力不安定性はこれらの系で強く成長し，渦巻銀河に見られるような明確な渦巻き模様を作り出すことができました。特に，重力不安定性の成長速度は速く，成長する時間は円盤の外縁の回転周期の時間スケールに匹敵しており，先に説明した安定性の計算と一致します。安定条件からあまり外れていない円盤では，腕の本数 m が異なる（$m=1, 2, 3, 4$，またそれ以上の）複数の渦巻き状の不安定性が発生しました。安定度を上げると（すなわち，温度を上げたり質量比 M_D/M_* を小さくしたりすると），すべてのモードの成長率は予想通りに減少するものの，一本腕モードの不安定性は減少が遅くその相対的な強さが増加してきます。

円盤の不安定性が十分に強くなると，渦巻き腕が崩壊して重力的に結合したガスの塊ができることがあります。これらの崩壊したガスの塊は，通常 $0.01M_*$ 程度の質量を持ち，楕円軌道上を運動していきます。この重力崩壊した塊が生き残って，巨大惑星や連星系の伴星となる可能性があるので，これは特に興味深いものです。もし塊が伴星になるとしたら，もとの中心星よりも速い速度で円盤から質量を獲得しなければなりません。一方もし巨大惑星になるとしたら，巨大惑星はもとの星と同じ組成をもつことになります。これは，太陽系の巨大惑星が大きな岩石のコアをもち，太陽に比べて**重元素**が多く含まれている事実とは相容れません。これらの塊が長期的にどのような運命をたどるのかを理解するには，さらに多くの研究が必要ですが，**褐色矮星**になる可能性がもっとも高いと思われます。褐色矮星は，惑星より質量が大きく恒星よりは質量が小さい天体で，若い星からかなり離れた軌道上を回転しているものも見つかっています[5-21]。

しかし，すべてのタイプの自己重力不安定性からこれらの塊が生成されるとは限りません[48][99]。一般的な傾向として，星周円盤内で重力的に結合した塊ができるには，そのもとになる摂動[5-22]が周囲の平均よりも少なくとも3-4倍高い密度をもっていなければなりません。密度のコントラストが小さい摂動では塊は形成されず，その代わりに，角運動量輸送の効果が支配的になり，渦巻きモードによる円盤内の**降着**流が発生します。図5.8(265ページ)に円盤内の自己重力不安定性のコンピュータ・シミュレーションから得られた異なる3つの時間のスナップショット画像を示します。

5-21｜褐色矮星には単独で存在しているものもありますが，恒星の周りをまわっているものもあります。

5-22｜平衡状態あるいは安定な状態に対する「わずかな乱れ」を指す用語です。もともとは天体力学で使われた語で，たとえば，太陽系の一つの惑星の運動を考えるときに，「もっとも大きな太陽の引力を考え，自分以外の他の惑星の引力を摂動として扱う」などと表現します。

星周円盤の粘性による進化

円盤の進化の後期には，最終的には重力不安定性がなくなるか，少なくともそれが重要でなくなるほど円盤の質量が小さくならなければなりません。中間質量(すなわち，重力不安定性の影響が支配的にならない程度に質量が小さく，惑星形成などのプロセスが起きるのに十分なほど質量が大きい)の円盤の場合には，粘性の作用によって円盤が進化すると考えられています。このような系は一般に粘性降着円盤と呼ばれています。流体の粘性(本質的には摩擦力)は，エネルギーの散逸と角運動量輸送の両方を引き起こします。これがまさに円盤から中心星へ**降着**が起きるために必要な二つの物理的要因なのです。

この考え方でもっとも重要な問題は流体の粘性の発生源です。分子間の摩擦力によって生じる通常の分子粘性はどんな流体でもつねに存在していますが，この粘性は非常に小さく，天体物理学的に重要なものではありません。このため，何らかの方法で非常に強い粘性を作らなければなりません。これまでに，星周円盤内に**乱流**を発生させるためのさまざまなメカニズムが提案されてきました。乱流が発生すれば多くの小規模な運動を引き起こし，エネルギーを散逸させる有効な粘性が生まれるからです(注5-12参照)。

乱流を発生させる原因の最有力候補は，円盤内の磁場と差動回転の相互作用から生じる不安定性です[13]。このメカニズムは磁気回転不安定性(MRI：magneto-rotational instability)と呼ばれています。このシナリオでは，比較的弱い磁場が，円盤内の軌道回転運動のエネルギーを小規模な運動に移す手段を提供するのです[12]。このプロセスは，磁場のエネルギー密度が熱エネルギー密度よりも小さい場合にはいつでも起こり得ます。結果として生じる不安定性が円盤内に乱流を引き起こし，角運動量を輸送する手段を提供するのです。

粘性降着円盤の進化は流体力学の法則に支配されます。円盤の進化が粘性力だけで駆動される極限では，円盤のふるまいは時間依存する拡散方程式で記述されます[50][55][51]。言い換えれば，円盤の進化は粘性のある拡散過程によって起こるのです。どんな拡散過程でもそうであるように，拡散によって系(ここでは円盤)は広がっていきます。この場合，円盤の内側はより内側に移動し，円盤の物質の一部が中心の星に降着することになります。一方，円盤の外側は角運動量を得てさらに外側に広がっていきます。この過程が続くと，恒星に対する円盤の質量は小さくなり，円盤の表面密度は減少し，円盤の外径は大きくなります。このようにして，星／円盤系は現在の太陽系のような状態に向かって進化していきます。すなわち，質量の大部分は中心

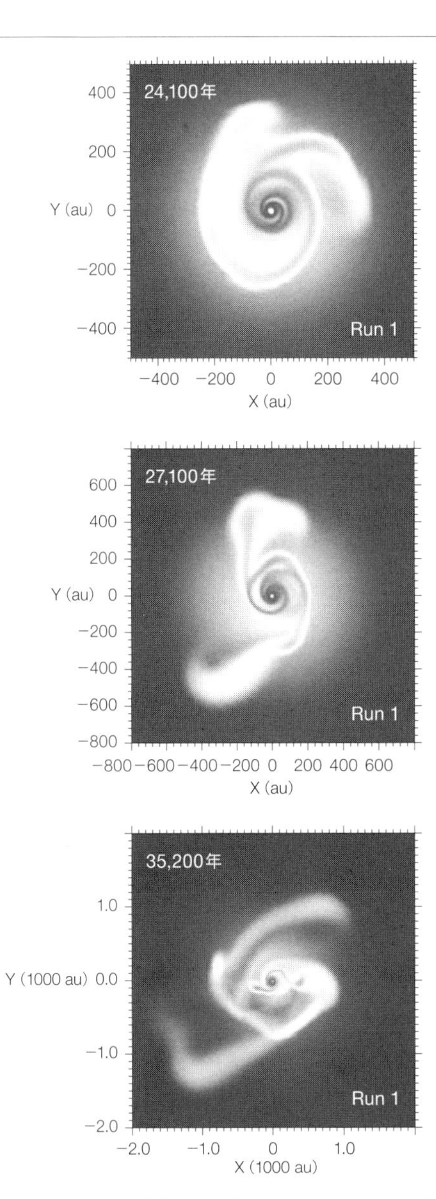

図5.8｜若い星の周りのガス円盤の進化のコンピュータ・シミュレーションから得られたスナップショット画像。約1000**天文単位**(au)の範囲のガス密度を示しています。なめらかで軸対称な密度分布を持つ円盤に，ほんのわずかな摂動を加えた状態からシミュレーションを始めました。24,100年(上)までに，強い渦巻き状の腕(灰色が濃いほど高密度)ができています。35,200年(下)までに，密度の高いガスがいくつかの塊に分裂して，巨大惑星や褐色矮星を形成している可能性があります。出典：英国王立天文学会のMNRAS誌

の星にあり，角運動量の大部分は半径の大きな天体（太陽系の場合は惑星）に輸送されていきます。進化の時間スケールは粘性の大きさによって異なります。

円盤で起きるプロセスのまとめ

こうして，いくつかの異なるプロセスが，**星周円盤**内の**角運動量**輸送とその結果として中心星への**降着**を引き起こすのです。自己重力不安定性は，力学時間のスケール（円盤の外縁での回転周期である数1000年という短い時間スケール）で成長することができ，これは円盤の進化の時間スケール（数100万年）よりもはるかに短いものです。**コンピュータ・シミュレーション**では，これらの不安定性は**非線形**領域にまで成長し，渦巻き腕の密度が円盤内の初期密度よりもはるかに大きくなることが示されています。

摂動が十分に成長した円盤では，重力的に結合したガスの小さな塊が円盤内にできることがあります。もしこれらの塊が生き残れば，惑星，**褐色矮星**，あるいはもとの星の伴星になる可能性があります。このようにしてできる天体のもっとも自然な質量スケールは，木星と平均的な恒星の中間の質量であり，伴星としての褐色矮星になる[5-23]可能性が高いと考えられます。このような天体はこれまでに観測はされているもののめったにありません（たとえばマロイスら[57]は，大きな惑星か小さな褐色矮星のどちらかである天体を発見しています）。ということは，ほとんどの円盤において塊は生き残らないのでしょう。一方，摂動があまり成長しなかった円盤の場合，不安定性は角運動量輸送と中心星への降着を駆動しています。

5-23｜もとの星と褐色矮星ができてその二つが連星系をなすという意味です。

まとめると，重力不安定性はおもに円盤への降着を引き起こし，まれには伴星(褐色矮星や大型惑星など)の形成に重要な役割を果たしているということです。

重力不安定性は，円盤がかなりの質量を保持している進化の初期に活発になります。円盤の質量が小さくなる進化の後期になると，重力不安定性は停止し，ある種の粘性をもつ降着が取って代わります。どのようなものでも粘性の存在は，円盤の拡散を引き起こすのです。現在の考えでは，磁気不安定性が乱流を引き起こし，乱流が必要な粘性を生み出すことが示唆されています[12][13]。この作用の下で円盤は広がり，内側では円盤から星への降着流が生じます。十分に長い時間が経過すると，星／円盤系は太陽系とよく似た最終状態に向かうことになります。それは，質量の大部分を中心星が占め，角運動量の大部分を大きな軌道半径をもつ惑星の軌道運動が担う状態なのです。

惑星の形成

若い恒星を取り囲む**星周円盤**の中で惑星が形成されるという仮説(星雲仮説として知られている)は，2世紀以上前に最初に発表され[37][45]，現在でも惑星形成のもっとも有力なシナリオとなっています。これまでに述べたように，星周円盤は**星形成**の過程で自然に形成されます。さらにこの円盤は，惑星形成の初期条件となるのに適切な質量と大きさをもっています。

惑星が星周円盤(以下本節では**原始惑星系円盤**と表記します)の中で形成される方法として，原理が異なる二つのプロセスが考えられています。一つは，岩石のような天体(**微惑星**)が徐々に集って惑星が形成されると考えるものです。この場合，惑星は「ボトムアップ」で形成されることになります[5-24]。もう一つは，円盤の重力不安定性によって惑星が形成されたと考えるものです。この場合，円盤が重力的に不安定になり分裂して惑星となります。このシナリオでは，惑星は「トップダウン」で形成されます。どちらのシナリオにも難点はあるものの，一般的には，微惑星の**集積**によって惑星が形成される場合が大部分だと考えられています。

5-24｜微惑星の集積と呼ばれるプロセスです。小さな構造(天体)から大きな構造(天体)が形成されてゆくことをボトムアップ，逆に大きな構造から小さな構造ができてくることをトップダウンといいます。

私たちの太陽系には2つの異なるタイプの惑星があります。内側の4つ，水星，金星，地球，火星は地球型惑星として知られ，これらの惑星は**重元素**(太陽の質量の99%を占める水素とヘリウムではなくそれより重い元素)でおもに構成されています。続く4つの惑星，木星，土星，天王星，海王星は，巨大惑星または木星型惑星として知られ，これらの惑星は地球型惑星よりもはるかに質量が大きく，多量の水素とヘリウムを含んでいます。しかし太陽に比べれば，水素やヘリウムに対する割合としてはより多くの重元素を含んでいます。また巨大惑星は，中心部に岩石のような固いコアをもっていて，この点では恒星(や太陽)とは異なっています。このような惑星の元素組成の違いは，惑星がどのようにして形成されたかについて重要な情報を与えてくれます。さらに，太陽系には惑星のほかに，小惑星，**冥王星型天体**，海王星軌道より遠方にある小さな**カイパーベルト天体**[5-25]，さらに遠くの軌道にある彗星など，多くの天体が存在しています。

5-25｜2006年にプラハで開かれた国際天文学連合(IAU)の総会でカイパーベルト天体は「太陽系外縁天体」という名称になりました。太陽系外縁天体のうちの大きなものが冥王星型天体です。

太陽系の惑星を形成した原始太陽系円盤は，かなりの質量をもっていたに違いありません。この円盤の質量は，少なくともすべての惑星とほかの太陽系天体を合わせた質量をもっていたはずです。しかし，これらの天体に重い元素が含まれる割合は太陽よりも高いため，初期の円盤の質量は，現存する太陽系天体の質量を太陽の元素組成を考慮して増加させたとき，つまり，今はなくなっている水素とヘリウムを加えたときの質量と少なくとも同じくらいあったはずです。このように推定された円盤の質量は約0.01M☉であり，これは最小質量太陽系星雲[5-26]として知られています。この質量は惑星形成の研究において基準となる質量スケールです。

過去20年のあいだ天文学者たちは，他の星の周りをまわる何1000もの新しい世界(太陽系外惑星)を発見してきました[14]。これらの発見は，惑星系が実に多様な形態であることを示しています。最初に発見された**主系列**星の周りをまわる惑星[58]はホットジュピターでした[5-27]。この惑星の質量は木星程度でしたが，公転周期が約4日で中心星のすぐ近くの軌道をまわっていました。他の惑星系には，周期の長い木星型惑星で，軌

5-26｜最小質量太陽系「星雲」(minimum mass solar nebula：MMSN)と呼ばれていますが，実際には太陽系を生み出した円盤を指しています。簡単にいえば，太陽系の惑星すべてを作るだけの重元素と水素とヘリウムを含んだ宇宙の元素組成をもつ円盤のことです。最小質量円盤モデルということもありますし，また，京都大学の林忠四郎教授のグループが提唱したので，林モデルと呼ばれることもあります。

5-27｜ペガスス座51番星の周りをまわる木星型惑星(51 Peg b)です。ホットジュピターという名前については注3-44を参照してください。

図5.9｜ケプラー186 fの想像図。太陽以外の星のハビタブルゾーン(惑星表面に液体の水が存在できる，中心星からの距離の範囲)内を周回していることが初めて確認された地球サイズの惑星です。ケプラー186 fの発見[71]は，地球サイズの惑星が他の星のハビタブルゾーンにも存在することを証明しました。ケプラー186 f以外にも，他の星の周りをまわる数1000個の太陽系外惑星が発見されています[5-28]。画像クレジット：NASAエイムズ/JPL－Caltech/T. Pyle

5-28｜2021年8月現在で，約4800個が確認されています。

5-29｜エキセントリックプラネット（扁平軌道の惑星）と呼ばれています。

道が非常に扁平なものが見つかっています[5-29]。また，他の惑星系では，地球よりも大きく海王星よりも小さい中間的な質量をもつ惑星が多数見つかっています。これらの中間的質量の惑星は私たちの太陽系には存在しません。スーパーアースと呼ばれているこのような惑星は，惑星形成の過程でもっとも一般的なものかもしれません。そして，天文学者らはついに，液体の水が存在し得る**ハビタブルゾーン**内に，地球と同じくらいの質量の惑星を発見しました[71]（図5.9参照）。ただし，中心の星は太陽より小さく暗いものです。これらの発見は，惑星系がさまざまな形で存在していることを示しています。しかしここでは，太陽系外惑星についてこれ以上の説明はしません。惑星系の基本構成要素である惑星そのものは，以下に説明する2つの物理的メカニズムでできると理解されています。

集積による惑星の形成

まず，小さな固体の集積による惑星の形成について考えてみましょう。惑星を形成する**原始惑星系円盤**では，**重元素**の多くは最初は**ダスト**の粒子の形になっています。星や円盤に取り込まれる前の**星間物質**では，ダスト粒子は非常に小さく，典型的な半径は10^{-5}（10万分の1）cm程度です。密度が高い円盤内では，ダスト粒子はある程度大きくなると予想されますが，ほとんどが微視的な大きさ（1cmより小さい）にとどまります。惑星形成の過程では，このような小さなダストの粒子から始まって，典型的には10^{9}（10億）cm程度にもなる巨大な天体が誕生するのです。

ダスト粒子は，かなり短い時間スケールで集積し，**微惑星**と呼ばれる大きな岩石のような天体になります。

それは次のような理由からです。ダストはガスほど圧力を感じないため，乱流がない場合には重力の影響で円盤の赤道面に沈降します。この場合，ダスト粒子の沈降によってできた薄い層は重力的に不安定になり，微惑星に分裂します。微惑星は基本的には1 km程度の大きな岩石，つまり小惑星くらいの大きさのものです。言い換えると，微惑星はもともとのダスト粒子よりもはるかに大きいものの，それでも惑星よりもまだまだ格段に小さいものです。微惑星の形成は，乱流がある場合には複雑になります。乱流は，ダスト粒子を円盤の赤道面に沈降しにくくさせたり，重力不安定性を抑制したりします。この場合には集積よりもダスト粒子が互いにくっつき合う吸着の効果が微惑星形成にとって重要になります。しかし，ほぼ小惑星程度の大きさと質量をもつ岩石が短い時間で作れるという点では，乱流があってもなくても似たような結果になります。微惑星の誕生までにかかる時間スケールは約10^4(1万)年[36]と，円盤の寿命である約10^7(1000万)年に比べてとても短いのです。

惑星形成の次の段階は，微惑星が集積して惑星そのものを作る過程です。地球型惑星は，そのほとんどが岩石のような物質でできていますので，惑星の形成は微惑星の集積だけで説明できます。しかし巨大惑星にはかなりの量の軽いガスも含まれています。このような組成になるには，微惑星が集積して巨大な岩石のコアを作り，そのコアに原始惑星系円盤からガスが降着する必要があります。このように，巨大惑星の形成までにはもう一つの段階が必要になるのです。

微惑星が集積して地球型惑星および巨大惑星のコアとなるまでには，最初のダスト粒子が集積して微惑星になるまでよりもかなり長い時間がかかります。この過程に関連する時間スケールは，形成される惑星の軌道運動時間(公転周期)程度です。この時間スケールは，地球軌道の位置で1年，水星軌道の位置で1/4年，海王星軌道の位置では164年です。その結果，太陽系の外側では，内側に比べて「自然時計」の動きがかなり遅くなっています。もう一つの重要な効果は，円盤の密度(したがって微惑星の数密度)が太陽からの距離が大きくなるとともに減少することです。これらの性質が組み合わさって，太陽系外縁部では微惑星同士の衝突頻度が非常に小さくなっていて，衝突に時間がかかることになります。これと同じ理由で，小さな星の周りには大きな惑星はできにくいのです。小さな星の周りでは軌道運動の速度が遅く，かつ円盤内の密度が低いからです[49]。

微惑星が惑星サイズの天体まで集積するのにかかる時間は完全には分かっていません。ざっくりとした試算では，もっとも有利な条件であれば，巨大惑星のコアは約10^6(100万)年でできるといわれています。少なくともこの時間まで**原始惑星系円盤**内にはガスが残っているので，巨大ガス惑星は，観測されている組成と存在頻度を説明するのに十分な量のガスを円盤から獲得することができます。こうして，この惑星形成シナリオは基本的に機能することになります。しかし，円盤がガスを保持しているあいだにかならず巨大惑星のコアを生成できるわけではありません。その結果として，木星のような巨大ガス惑星の形成に失敗することがあります。そのような失敗の結果が海王星のようなガスの少ない惑星なのです。実際，発見されている太陽系外惑星の全数調査からは，木星のような惑星よりも海王星のような惑星の方が多いことがわかっています[97]。

重力不安定性による惑星の形成

惑星は円盤の重力不安定性によって形成されることもあります。重力による凝縮だけでは岩石質のコアをもつ惑星の組成を説明することはできません。重力は，ガスの粒子にも岩石質の粒子にも同じように作用するため，重力の作用だけで形成された天体には**重元素**が豊富に含まれることはなく，**親星**と同じ組成になると予想されます。しかし，他の何らかのメカニズムで重元素が濃縮されるならば，円盤内での重力凝縮によって巨大惑星が形成されることが原理的に可能です。

すでに「重力不安定性」の節で述べたように，原始惑星系円盤は，温度が十分に低く質量が十分に大きければ不安定になる可能性があります。さらに，観測されている星／円盤系のいくつかは，この重力不安定性が起きるか起きないかを決める閾値の近くにあります。重力不安定性によって円盤中に形成される物体の自然な質量は，典型的な星／円盤系の場合はおよそ0.01$M_{\odot}$であり，木星の約10倍の質量であることが示されています。この質量は巨大惑星を形成するには十分以上の質量ですが，恒星(伴星)を作るには小さすぎます。さらに，重力不安定性が成長する時間スケールは，円盤の外縁部での軌道時間スケールに匹敵する数1000年で，これは集積の時間スケールよりもはるかに短いものです。このように，重力不安定性メカニズムは惑星ではなく**褐色矮星**の形成に適した時間スケールと質量スケールをともに備えています。褐色矮星の形成は軌道半径が100 au程度の円盤外縁部で起こる可能性が高いと考えられています[19][72]。

惑星形成に関するこのシナリオのもつ難点は，自然にできやすいのは重元素を豊富に含む惑星ではなく，もとの星の組成をもつ天体であることです。太陽系の巨大惑星をはじめ，他の星の周りをまわる多くの惑星は，大きな岩石のコアをもっていると考えられていますが，重力不安定性では，そのようなダスト粒子(**重元素**)だけからなるコアが生成されることは説明できません。重元素を含むダスト粒子は周囲のガス粒子よりもガスの圧力を感じにくいため，自己重力で支えられている惑星の中心に向かって沈降する傾向があります。しかし，ダスト粒子の沈降の時間スケールはコアを作るには長すぎます。ダスト粒子の沈降ではこれまで観測されてきた巨大惑星の組成や構造を説明することはできないと一般的に考えられています。他のダスト分離[5-30]のメカニズム(たとえば，渦の中でのダスト粒子の沈降)も提案されていますが，コアの形成は十分説明できていません。

5-30｜軽い水素とヘリウムからダストを選択的に分けることを「ダスト分離」と表現しています。もとの星と同じ組成をもつ円盤あるいはできつつある惑星の中で，ダスト(重元素)だけを都合のよい場所に集めることが必要です。

まとめと議論

本章では，**分子雲**の中で起きる**星形成**の現在の理論を概説しました。星形成の過程は概念的に4つの段階に分けることができます(図5.2参照)。最初の段階では，分子雲の中に**分子雲コア**と呼ばれる小さな密度の高い領域ができます。次の第二段階(原始星期／質量降着期)では，コアが**重力崩壊**して，流入するダストとガスのエンベロープに深く埋もれた星／円盤系が形成されます。この星／円盤系は，次の第三段階(双極流期)で強力なアウトフロー(**星風**)を発生させます。現在の理論では，星の質量は，この強力なアウトフローの作用によって決まると考えられています。言い換えれば，アウトフローは，新しく形成された星／円盤系をその分子雲環境から切り離す役目をしているのです。最終段階である第四段階(Tタウリ型星期／前主系列星期)では，可視光で見える星が，水素の**核融合反応**を維持できる構造に進化します。またこの段階では**星周円盤**が，その質量のかなりの部分を中心の星に**降着**させたり，惑星を形成したりします。このような星形成の全過程はわずか数100万年の時間スケールで行われるのです。

この星形成理論は，質量の小さい星に対しては多くの成功を収めています。特に，この理論が予測する**スペクトルエネルギー分布**と放射強度の空間分布(マップ)は，ともに観測結果とよく一致しています。また，しばしば活発に活動する星周円盤の存在は，赤外超過を示す新たにできた星の**スペクトル**を説明することができます。現在では，これらの円盤の直接観測が行われています。観測から得られた星周円盤の質量と半径は，私たちの太陽系のような惑星系を形成するために必要な円盤の値と矛盾していません。

これまでの成功にもかかわらず，星形成の理論はまだ不完全です。未解決の重要な問題の一つは，円盤から中心星への降着を引き起こすメカニズムです。現在，円盤からの降着をもたらす基本的な物理は**重力不安定性**と**粘性**だとわかってきました。しかし，前者については，長期的な進化を理解する必要があります。後者については粘性の原因を理解しなければなりません。さらに大質量星の形成や連星系(の伴星)の形成を含めるように理論を拡張する必要があります。環境パラメータの関数として**星形成**の**初期質量関数**(IMF)を計算し予測することはようやく始まったばかりなのです。

恒星の形成と進化は重力とエントロピーの戦いであるといってこの章を始めました。この戦いは，**分子雲**の中，**分子雲コア**の中，**原始惑星系円盤**の中，そして星そのものの中など，さまざまな大きさのスケールで行われます。星や惑星が形成されるためには，少なくとも部分的には重力が勝たなければなりません。しかし，星形成の過程は**主系列**星の形成でいったん終わります。これは2つの戦争当事者のあいだの休戦を意味しています。主系列星では，重力は核融合反応で発生した圧力と厳密に均衡しています。しかし，この見かけ上の平和は一時的なものにすぎません。星はついには核燃料を使い果たし，構造を再構成せざるを得なくなります。言い換えれば，星の寿命が尽きると，重力とエントロピーの戦いが再び始まるのです。この星の構造の最終的な再構成は，激しい**超新星**爆発を引き起こしたり，**白色矮星**，**中性子星**，**ブラックホール**などの風変わりな**コンパクト天体**を形成したりするのです(第4章参照)。

第6章
宇宙における生命の起源と進化

クリストファー・マッケイ

Chapter 6

The Origin and Evolution of Life in the Universe

Christopher P. McKay

はじめに

私たちは宇宙の中で孤独なのでしょうか。地球上にある生命は，宇宙でも珍しい，あるいはもしかして唯一の現象なのでしょうか。それとも宇宙には無数の形の生命が存在しているのでしょうか。宇宙のどこかで生命体が私たちと同等の知能を発達させているのではないか，もしそうならどのようにしてそれらの生命体とコミュニケーションをとることができるのだろうか，人類として私たちはこのような思いを巡らします。宇宙における生命は，天文学から動物学まで，一見共通項がないように見える広い科学分野を必然的にまたぐ問題です。

太陽以外の恒星の周りを周回する惑星（**太陽系外惑星**）が発見されたことで，私たちの**銀河系**には多数の惑星が存在することがわかりました。これらの中で，大きさや中心の恒星からの距離が地球に似ているものにはほぼすべてに生命が存在する可能性があると予想されています。地球以外の生命に関する理論の最初の検証は，太陽系の惑星における直接的な生命探査と，太陽系外惑星での生命の間接的な証拠の探索です。高度な生命，特に高い技術レベルをもつ知的生命体の探査はより困難で，現在のところそれに対する唯一の戦略は，彼らが発信するメッセージを聞くことだけです。

この章では，まず地球上の生命から学んだことを振り返って，生命の起源と進化を調べます。続いて地球という宇宙の中の一点における知見を，恒星一般とその惑星系に向けて外挿し，地球上の生命の歴史を宇宙の歴史の文脈に位置づけることを試みます。

地球上の生命

地球上にある生命はさまざまな形をしていますが，実際には一種類しかありません。現代科学のもっとも根源的な知見の一つは多様な生物のあいだで生化学[6-1]が共通していることです。地球上のすべての生命体は，同じ基本的な元素からできていて，共通の生化学的な構成要素をもち，共通の祖先と遺伝子コードをもっています。

地球上の生命は共通の元素でできています。よく研究されている腸内細菌である“大腸菌”を例にとると，生命にとって重要な元素は，水素(H)，酸素(O)，炭素(C)，窒素(N)であり，原子数にして全体の99％を占めています。これらの元素は太陽系や**銀河系**の中でもっとも豊富に存在しています。生命体に含まれる次の階層の元素はリン(P)，ナトリウム(Na)，カリウム(K)，硫黄(S)，

6-1｜生化学(biochemistry)は生命現象を化学的に研究する生物学と化学にまたがる分野で，生物化学とも呼ばれます。

表6.1｜デイビスとコッホの論文[15]に基づく大腸菌を構成する元素のリスト

元素	割合(原子数の％)
H	63
O	26
C	7.8
N	1.9
P	0.17
Na	0.11
K	0.07
S	0.06
Ca	0.04
Mg	0.02

カルシウム(Ca), マグネシウム(Mg)ですが, それらは合わせても1%未満です。表 6.1 は, デイビスとコッホの論文[15]の値から決定された大腸菌の元素リストです。

水素と酸素がたくさん含まれていること, および両者の比率(が2:1に近いこと)は, 生命体における水(H_2O)の重要性を反映しています。

生命は, H, O, C, Nの元素を使って精巧な生体分子を作っています。このことは, おそらくすべての**タンパク質**を作るもとになる**アミノ酸**にもっともよく表れています。すべてのタンパク質は, 存在可能なアミノ酸のうちおもに20個の共通のアミノ酸から作られています。これらのアミノ酸は, 生命のもとになる基本的な生体分子とともに, 図6.1に示されています(282-283ページ)[31]。アミノ酸には左手型(L型)と右手型(D型)があります(キラリティ[6-2])。キラリティとはアミノ酸中の二次要素の相対的な位置を指します。非生物的なプロセスにおいてはアミノ酸は左手型と右手型がほぼ等しく存在しますが, 生物においては左手型のアミノ酸のみがタンパク質を作るために使用されます。

6-2 | キラリティとは物体の対称性に関する語で, ある分子が自分自身の鏡像と重ね合わせることができない性質をいいます。そのような性質を持つキラル分子では, 右手と左手のように互いに鏡像である1対の異性体があります。

すべての生命のもう一つの普遍的な特徴は, **RNA**と**DNA**で同じ遺伝子コードを共有していることです。DNAとRNAを構成する5つの核酸塩基[6-3], 20個のアミノ酸, およびその他のいくつかの生体分子が生物の基本的な構成要素です。生命はこれらをつなぎ合わせて, 細胞内の構造, 遺伝, 触媒作用およびその他のあらゆる機能に必要な長い鎖を形成します。大腸菌からシロナガスクジラに至るまで, 地球上のすべての生命は, この同じ構成要素でできているのです。

6-3 | DNAの塩基であるA(アデニン), G(グアニン), C(シトシン), T(チミン)とRNAでTの代わりに用いられるU(ウラシル)を指しています。

地球上のすべての生命の遺伝物質が類似しているということは, 一つの重要な特性, すなわちすべての生命が同じ祖先をもっていることを意味しています。したがって，すべての生命体がどのように関連しているかを示す**系統樹**を作成することができます。この系統樹は，すべての生命体に共通するある分子――典型的にはRNAの一種――の生物種間の変動に基づいています[65]。追跡しているRNAの変化が時間と相関する場合，系統樹上の分岐点に日付を割り当てることができます。この日付は，地質学的な記録に残されている地球で起きた事象から推定できます。このプロセスを経た結果，共通の祖先が出現した日付の最良推定値は今から約35億年前であることがわかっています（たとえば文献[13]）。ただし，この共通の祖先は最初の生命ではなく，最初の細胞ですらありませんでした。それどころか，生命が生まれてからかなりの進化をした後の姿でした。どのようにしてこの共通祖先がもつ特徴が決まったのかについては三つの可能性が考えられます。第一の可能性は，共通の祖先の特徴が，生命の起源や初期の進化にとって決定的なものだったことです。この場合，共通祖先の特徴は，生命がいかに始まったかを反映しています。第二の可能性は次のものです。最初の生命は，大彗星の衝突などの大災害によってほぼすべて絶滅しましたが，その影響をほとんど受けなかった特殊な環境に住んでいた微生物が生き延びて後に地球を支配し，それが共通の祖先となりその特徴が引き継がれたこと。第三の可能性は，共通の祖先の性質もまた純粋に偶然の結果であり，初期地球の出来事とは無関係であったというものです。

地球上の生命の系統樹を模式的に図6.2に示します（284ページ）。木の根元に共通の祖先が示されており，生命の3つのドメイン6-4（古細菌，細菌，真核生物）が示さ

6-4｜生物分類学における界よりも上のもっとも高いランクの階級で，日本語では領域，超界などと呼ばれることもあります。

始原的な生体分子

アミノ酸（電離していない状態）

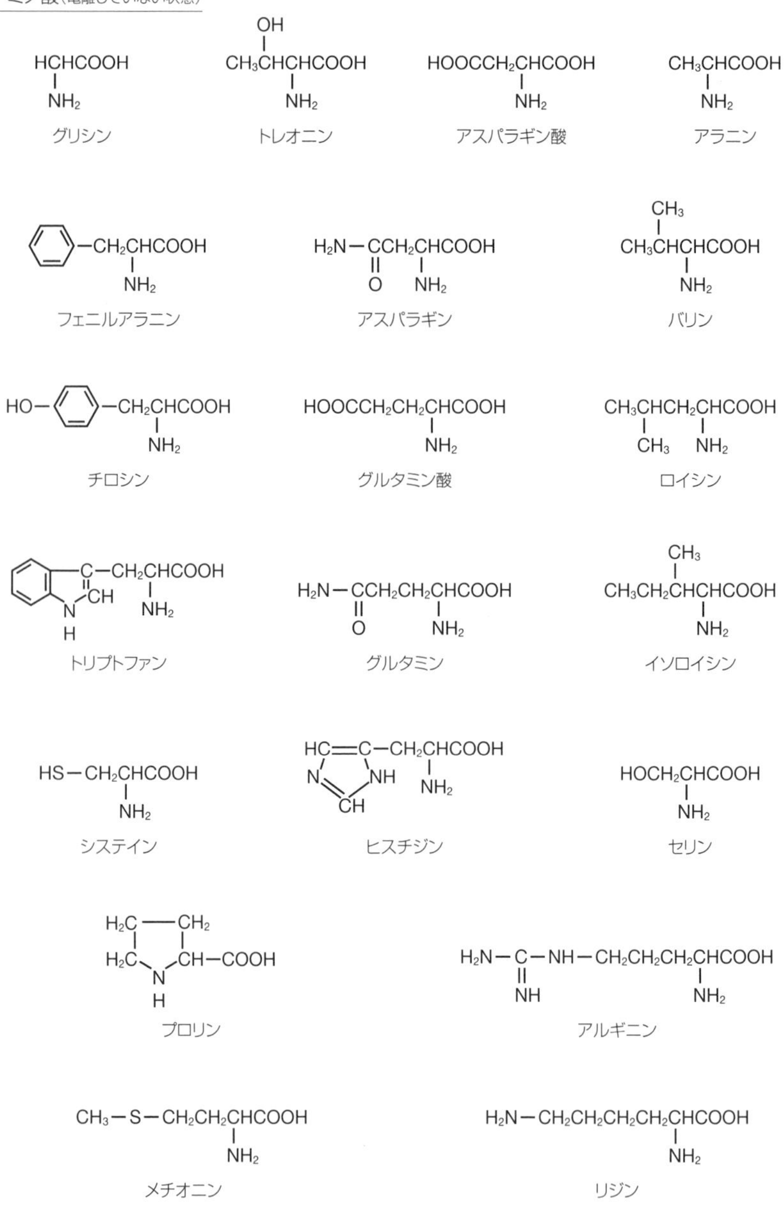

ピリミジン塩基

ウラシル

チミン

シトシン

糖類

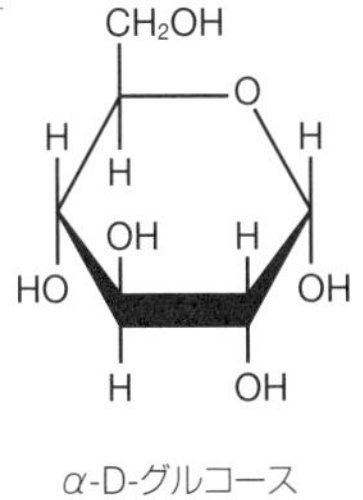

α-D-グルコース

α-D-リボース

脂肪酸

パルミチン酸

糖アルコール

グリセロール

窒化アルコール

コリン

プリン塩基

アデニン

グアニン

図6.1 | 基本的な生体分子。地球上の生命の基本的な構成要素です(文献[31]をもとに製作)。

れています。ウイルスは，明らかに他の生命体と共通の生化学的原理を有していますが，図6.2に示されているツリーには含まれていません。これはウイルスが退化した寄生生物であり，独立して生きる細胞が持つ生化学的な要素を完全には持っていないからです[6-5]。系統比較に使用される特定の DNA，RNA，あるいはタンパク質は，すべてのウイルスに含まれているわけではありません。ウイルスにはDNAを含むがRNAがないもの，あるいは逆にRNAを含むがDNAがないものがあります。

6-5｜ウイルスは遺伝情報（核酸）の周りをタンパク質の殻が覆っているごく微小な粒子で，自分自身で増殖して子孫を残すことはできません。宿主の細胞に寄生することで増殖します。

共通祖先を基点にして，系統樹はミクロな生命体，すなわち細菌と古細菌のみを含む2つのドメインに分かれます。この二つの微生物の生化学的な違いは微

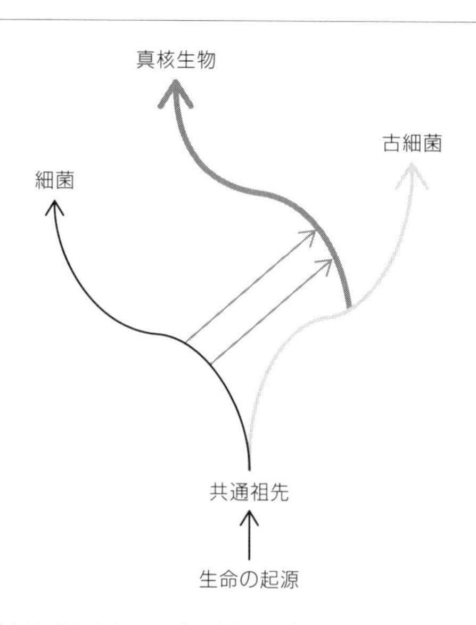

図6.2｜保存されたRNAの類似性に基づく地球上の生命の模式的な系統樹。一番下が共通の祖先で，おもなドメインは，細菌，古細菌，真核生物です。真核生物は，古細菌を宿主とする細菌の内部共生の繰り返しから生まれました。

妙なもので，ウーズがそれらは系統的に異なることを発見する[65]までは，単に細菌という単一のグループに分類されていました。私たちが一般的に生命と呼ぶものは真核生物です。多細胞生物は真核生物にのみ存在しほとんどすべて酸素を利用しています。このことから，宇宙のどこにおいても，多細胞生物が存在するには酸素が必要であることが示唆されています[12]。

地球上の生命の起源は未だに謎に包まれています。年表（図6.3）を見ると，地球の歴史の初期に生命が現れていることがわかります。惑星を形成した**微惑星**が最後に**降着**した今から約38億年前に地球の形成は完了しました。月，水星，および火星の表面にはクレーターが密集しており，「**隕石重爆撃期**」[6-6]と呼ばれるこの時

6-6｜約45億年前の地球誕生の初期段階でも微惑星の衝突は頻繁に起きていたため，それと区別するために「後期隕石重爆撃期」と呼ぶことがあります。

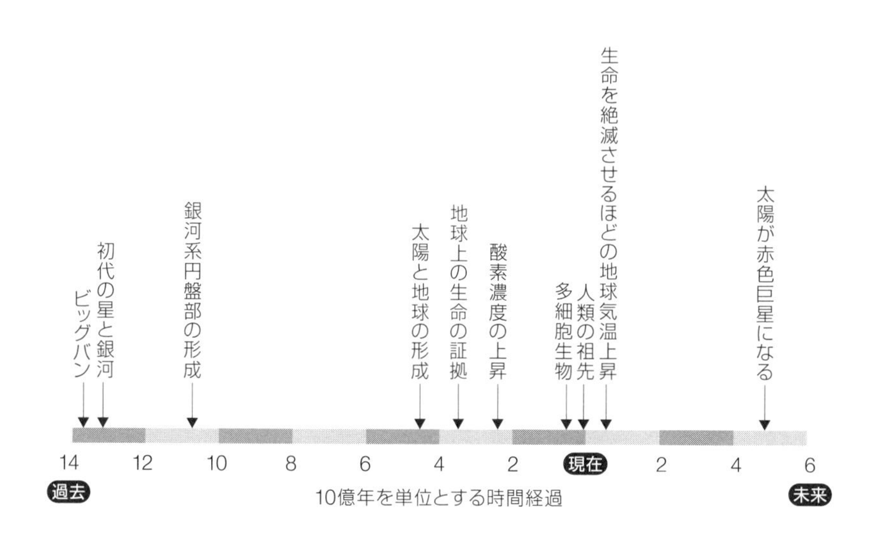

図6.3｜宇宙と地球上の生命に関する歴史と今後50億年の未来を示す年表（人間が地球や太陽系を改変しないと仮定しています）。

期の記録が残されていますが，地球ではこの時期にできたクレーターは，長いあいだの浸食により削られて見えなくなっています。

6-7｜岩石や泥や土壌などの固体と，水などの液体あるいは空気などの気体との界面に形成される微生物群集です。異なる微生物によって形成されるバイオフィルムが重なった層を作り全体に代謝共同体としての生態系を作っています。

微生物マット6-7の**化石**から，35億年前の地球上には生命が存在していたという明確な証拠があります[62][2]。さらに，この生命の性質から，**光合成**がすでに存在し，現在の地球上の多くの場所で見られる微生物マットに似た完全な微生物群集の基本となるものが形成されていたことが示唆されます。このように，35億年前までには地球に比較的高度な微生物が存在していたことは間違いありません。さらに，それ以前にも地球上に生命が存在していたかもしれないという間接的な証拠もあります。生命活動，特に光合成は，炭素の**同位体**の相対的な量の変化をもたらします。大気中と比較すると，生物内の炭素では，軽い同位体である^{12}Cが，重い同位体である^{13}Cよりも約2%ほど濃縮されています。この同位体比の違いは，過去35億年間の生物起源の**堆積物**にも見られます。興味深いことに，この違いは，38億年前，隕石重爆撃が終わった時期の堆積物にも見られるのです[59][1]。このことは当時光合成をしていた生物がいたことを示しているのですが，堆積物はあまりにも変質していて化石が保存されていないため，生物存在の直接的な証拠にはなっていません。それにもかかわらず，地球にあるこのような証拠は，生命が非常に急速に，もしかすると瞬間的に（地質学的にいえば数1000万年の時間内で）発生したことを示しています。このことから推測すると，初期地球と似たような条件の惑星では，惑星が形成されている途上でも生命は誕生していたのではないかと考えることができます。

地球上に存在する生命は35億年前も現在も同じで

ある，とする証拠は何があるのか考えてみると面白いでしょう。地球の歴史の中で「私たちが知っているような生命」は連続していたのでしょうか。古代の化石から当時の生化学を決定することはできないので，地球上の生命の連続性を示す唯一の指標は，先に述べた堆積物に記録されている有機炭素^{13}Cの同位体比がほぼ一定であることです。

このように，地球の歴史の初期に生命が出現したことは分かっていますが，生命の起源の詳細は分かっていません。もっとも広く知られている生命の起源説は，オパーリン（A.I.Oparin）とホールデン（J.B.S.Haldane）の提案に基づいています。彼らは独立に，無機物から非生物的プロセスで作られた**有機物**をもとにして生命が誕生したと提案しました。生命の起源に関するこの理論は，ミラー（Stanley Miller）の実験[6-8]で支持され説得力を得ました。この実験およびそれに続く実験では，初期の地球の**還元性大気**の組成を表すと考えられる混合ガス中で放電を起こさせました[48] [6-9]。

これらの実験は2つの点で注目されます。第一に，還元性をもつとはいえ無機物のガスから有機分子が容易に作られているという事実は，有機化学が生物のみに関わることではなく，宇宙では一般的な現象であるはずだということを示しています。第二に，実験で**非生物的合成**でできた有機物は，分子の単なる雑多な集合体ではなく，生命に見られる化合物の多くを含んでいました。したがって，地球生命の化学である生化学は，宇宙におけるより広範な有機化学の一部であるように見えるのです。

宇宙における有機化学という包括的な見方は，その後の宇宙での有機物の発見（たとえば文献[17]）によって大きな支持を得ました。宇宙での有機物は最初に隕石

6-8｜シカゴ大学の大学院生のミラーが行った実験ですが，指導教員のユーリイも含めて「ユーリイ-ミラーの実験」と呼ばれることもあります。

6-9｜ミラーたちは初期地球の大気を還元性大気であったと考えメタンやアンモニアを含む還元性ガスで実験しましたが，その後初期地球の大気は酸化的であったと考えられるようになりました。

の中で発見され，それはミラーの実験で非生物的合成でできたものと類似していました。その後，**星間物質**，彗星，太陽系の外縁にあるタイタン，特にエンセラダスのプルーム(図6.6参照)で有機物が発見されました[64] 6-10。実は，火星の有機物のレベルがとても低いこと[19]は，宇宙と太陽系に生化学が行き渡っていることと矛盾します。火星の表面の有機物は，**宇宙線**が作った**オキシダント**と紫外線(UV)によって破壊されたように見えます。

6-10｜タイタンもエンセラダスも土星の衛星です。タイタンはティタン，エンセラダスはエンケラドス，エンケラドゥスなどと表記されることもあります。

生化学に関わる有機物が非生物的に宇宙で広く生み出されるという証拠は説得力がありますが，生命の起源に関する標準的な理論には大きな欠陥もあります。実は非生物的有機物から生命を生み出すことは不可能でした。これは想像するよりも深刻な問題です。ラズカーノとミラー[30]は，**原始スープ**から生命が誕生するのに必要な時間は短い，すなわち地質学的なタイムスケールでは1000万年以下と示唆しています。これが本当であれば，自然界のプロセスと比較して1億倍に強化された実験では1年で生命が誕生するはずです。しかし興味深いことにオーゲル[52]はこの結論を批判しています。私たちは生命に至るまでのステップを理解していないため必要な時間を見積もることができないとして，彼は「この本質的な困難を避けて通ろうとする試みは，問題の本質と難しさを理解していない」と述べています。新しいデータが得られるまで，生命の起源の問題は解決できません。実際，生命は地球上で生まれたという一般的な仮定でさえ，データによって直接支持されたり，反論されたりしてはいないのです。

生命の誕生には1000万年しか必要なかったという楽観的な見方はさておき，自然界のランダムなプロセスと条件制御された実験を比較すると，実験で1億倍の速度向上が可能であると期待するのは不合理ではありません。有機化学の知識が少しずつ得られているにもかかわらず，最初の実験から60年経っても生命の誕生を非生物的実験で実証できないことは問題なのです[37]。

生命の起源については別の説もあります[16]。研究者の中には，生命は他の場所から地球にやってきたと仮定する人もいます。**パンスペルミア説**と呼ばれるこの考え方は最近注目されてきています。それは，地球上での生命の発生までの時間が短いことに研究者が注目し，また，天体衝突によってある惑星から別の惑星へ休眠中の胞子のような形で生命が保存されたまま運ばれる可能性があることを示す証拠が増えているためです[47]。

生命は地球で生まれたとする説でも，標準的な理論とは異なり，生命の有機的な起源を仮定していないものもあります。一つの説では，最初の生命体は粘土鉱物で構成されていて，それが後に有機物をベースにした生命体に進化したと仮定しています[8]。生命の起源に関する標準的な理論では，最初の生命体は環境中にすでに存在する有機物を消費して生きていた（従属栄養と呼ばれます）と仮定しています。一方，最初の生命体は太陽の光や化学反応（たとえば，$4H_2 + CO_2 = CH_4 + 2H_2O$）からエネルギーを得ていた可能性を示唆する理論もあります。仮に生命が原始スープから発生し，そのスープを消費することで生き続けたとしても，そのスープの原料がどこから来たのかという疑問は残ります。

ミラーらのもともとの研究では，スープに含まれる非生物的有機物は，メタンとアンモニアが豊富な，現在とはかなり異なる大気中で作られたことを示唆していました。しかしメタンとアンモニアは，太陽からの紫外線によって破壊されるため，初期の地球の大気中では安定に存在していなかったと思われます。このため，原始スープの原料は，彗星や隕石によって受容性の高い地球に運ばれたという説もあります[17][54]。地球上の生命の起源に関するすべての説に共通することは，生命は液体の水のある環境を必要としていたということです[16]。生命の起源に関する説がこのように多様であることは，地球上で生命の誕生に至った出来事について私たちの知識がいかに不確かなものであるかを示しています。確実にいえることは，生命は地球で生まれたのではないかもしれないが，地球の歴史の初期に出現し，液体の水を必要としていたということです。

生命の起源や初期の進化に関係する興味深い生化学的発展の一つは，RNAが(DNAのように)遺伝情報を保存するだけでなく，同時に(タンパク質である酵素のように)生化学反応に影響を与えることができるという発見です[20]。現代の生命体では，遺伝情報はDNAに記録されていますが，その情報は，利用される前に生化学の作用分子であるタンパク質に転写されなければならないのです。生化学において，情報分子と作用分子が分かれていることは長いあいだの疑問でした。情報分子と作用分子は相互に依存しているため，どちらが先に発生したのかは不明です。RNAが両方の機能を同時に持っているという発見は，このジレンマを解決する可能性を提供しているように思われます。生命の進化の初期段階はいわゆるRNAワールドだったのでしょう[57]。その後の進化が，より効率的な遺伝物質(DNA)とより効率的な酵素(タンパク質)の誕生につながり，今日のDNAワールドの基礎を形成しました。この進化がいつ起きたかの時期は不明ですが，最古の化石(35億年前)よりも前だと考えられています。図6.2に示す3

つの主要なグループの遺伝的違いの比較から，その遺伝コードは38±6億歳とされているので[18]，DNAワールドはこれら3つのグループが分岐する前に発生したに違いありません。

その起源は謎に包まれていますが，生命はその後の進化の歴史を地質学的記録に残しています。地球上の生命は約30億年のあいだは微生物のままであったことがわかっています（図6.3）。この期間の最初の10億年ほどは，地球の大気には酸素がほとんど含まれていませんでした。**光合成**を行う微生物が酸素を生産していたことはほぼ間違いありませんが，その酸素は火山からの硫化物，海洋中に溶けた鉄，および**有機物**などの自然の還元性物質によって消費されていました。酸素の生産が純粋に増加するのは，光合成で作られた有機物が堆積物中に埋め込まれてからです。露出した有機物は酸化されるので，有機物はその生産にともなってできた酸素を消費してしまうのです。今から約20億年ほど前になってようやく，酸素の生産がこの消費を上回って，大気中に酸素が蓄積されるようになりました。大気中の酸素の蓄積速度は不明ですが，蓄積はおそらく6億年前まで続いていたと考えられます（図6.3）。

多細胞生物は大気中に酸素が蓄積された後に急速に発達しました。多細胞生物の発達には，2つの点で酸素が重要な役割を果たしたと考えられています。第一に，酸素の蓄積後に形成されたオゾン層が，有害な紫外線から多細胞生物を守るために必要だった可能性があります。第二に，さらに可能性が高いのは，大型の多細胞生物に必要だった強力な代謝反応を提供するために酸素が必要だったということです。すべての形態の多細胞生物は酸素呼吸をします。

大気中での酸素の蓄積は，この地球上の生命の歴史の中で鍵となる重要な出来事の一つでした。酸素の生成は生物の光合成によるものが主でしたが，堆積物への有機物の封じ込め速度や還元性ガスの大気への放出速度は，地質学的なプロセスによって制御されていました。このように，酸素が豊富な大気の出現とそれに伴う多細胞生物の発達のタイミングは，(生物的要因ではなく)地球の地質学的性質によって設定されていたのです[27][36]。

地球上の微生物は多くの異常な条件に適応してきました。微生物の分布する環境は，生命にとって何が必須の要素であるかを教えてくれます。微生物は，沸騰している水の中，酸の中，濃い塩水の中でも生きていることができます。海底の**熱水噴出孔**で海水に溶けた酸素と硫化水素(H_2S)を消費して生きている微生物もいるのです(この酸素のもともとの供給源は地表での光合成です)。また，多くの微生物はまったく酸素がなくても生きています。実は彼らにとって酸素は致命的な毒なのです。これらの嫌気性細菌は，埋め立て地や下水の廃棄物を分解する役割を担っています。しかし，地球上のすべての生物が共通に必要としている環境条件は液体の水です。一部の生物は乾燥した環境でも休眠状態で生き延びることができますが，地球上ですべての生命が成長するためには液体の水が必要なのです[28]。氷では役に立ちません。氷や雪の中で生命が育つのは，その中にいくらかの液体の水があるときだけです。**地衣類**をはじめとするいくつかの生物は，**相対湿度**が70%以上であれば，水蒸気を水に凝縮することができますが，一般に水蒸気も生物の成長には役立ちません。液体の水に加えて，生命に必要なものは，エネルギー，炭素，それと表6.2に示されているいくつかの元素で

表6.2｜生命に必要な要素(文献[39]より改変)

必要な要素	太陽系での存在状態
太陽光あるいは**酸化還元反応**からのエネルギー	普遍的にある
炭素	CO_2, CH_4として普遍的にある
液体の水	あまりない
窒素, リン, 硫黄その他	普遍的にある

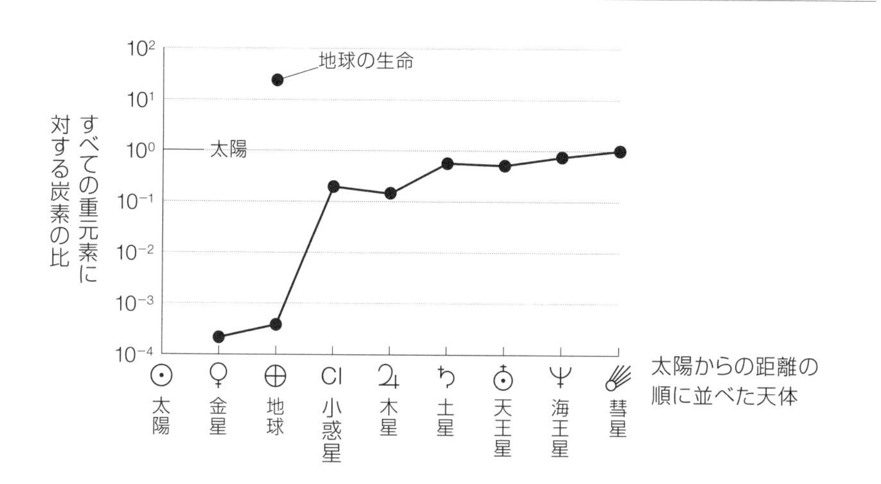

図6.4｜太陽系における炭素の存在比。さまざまな太陽系天体に対して, 重元素(Heより重い元素)の原子数に対する炭素の原子数の比率を示したもので, 太陽系の内側で炭素が枯渇していることを示しています。横軸は実際の距離ではなく, 太陽からの距離が小さいものからの順番です。火星の炭素貯留層の大きさが不明なので, 火星は表示されていません。横軸の記号は惑星記号です。小惑星はもっとも一般的なクラスの小惑星の値です(文献[39]より)。

す。表6.2には，太陽系の他の惑星でこれらの元素がどのくらいの頻度で存在するかも示されています。興味深いのは，生命にとって重要な元素である炭素が，太陽系の他の惑星に比べて地球では枯渇していることです(図6.4)。しかし炭素は，ありふれた形態のガス(CO_2とCH_4)として地球の表面に十分に存在しています。

地球外生命の探査

コンピュータ・プログラミングには，「ゼロワンインフィニティルール」というルールがあります。これは，どんな項目でもその論理的な数は，0，1，あるいは無限，のいずれかであるというルールです。ここで無限とは，コンピュータの能力などの外部パラメータによって設定される大きな数を意味します[6-11]。アシモフ(Issac Asimov)は著書『神々自身』(邦訳，早川書店)の中で，この論理を宇宙の項目に適用しています。**銀河**，星，惑星に対しては，その数は無限大であることがわかっています[6-12]。生命体の場合，その数は少なくとも1であることがわかっています。したがって，**アストロバイオロジー**(宇宙生物学)の重要な目標は，生命の2つめの発生を探すことです[41]。宇宙に生命が2回独立して出現したことを示すことで，生物学は上記ルールの「1」のカテゴリーから「無限」のカテゴリーへと移行します。もちろん，コミュニケーションが可能な知的生命体が望ましいですが，微生物でも十分です。では第2の生命はどこに存在するのでしょうか。どうやって探すのでしょうか。探査のスタートは私たちの太陽系内であり[42]，それは地球上の生命に関する知識に基づいて行われています。

液体の水は，地球上の生命にとって決定的かつ本質

6-11｜zero-one-infinity rule。ソフトウェアを設計するときに，どんな項目に対しても恣意的な数の制限をつけないという主旨のルールです。ある項目の存在は許さない(0個)か1個許すか，それ以外は制限なく(無限個)許すようにして，「何か特別の数(10個とか512個とか)」で制限しないということです。もちろんソフトウェアでそのように設計しても，コンピュータの能力など外部の要因で制限されることはあります。

6-12｜もちろん数学的な意味での無限大ではありませんが，ここでの話の流れでは無限大と考えて良いでしょう。

的な要件です。そのため，液体の水を探すことは，他の場所で生命を探すための作戦となります。私たちの太陽系では火星がもっとも注目されています。かつて表面に液体の水が流れていた証拠があるためです。火星を周回する軌道上で探査機から撮影された川の流れた跡のような模様は，火星の表面にかつて大量の液体が流れていたことを示しています(図6.5参照)。この液体の可能性としては水しかありません。

1976年に2機の火星探査機「バイキング」が火星に着陸し，土壌中の微細な生命体の探索を開始しました[6-13]。バイキングの生物学パッケージは3つの機器で構成され，

6-13｜バイキング計画はNASAが1970年代に行ったもので，2機の探査機が火星へ着陸しました。探査機はいずれも，母船であるオービターと着陸機であるランダーによって構成され，ランダーは火星周回軌道上でオービターから切り離されて火星表面に着陸しました。バイキング1号と2号の打ち上げ日，ランダーの火星到着日はそれぞれ，1975年8月20日と9月9日，1976年7月20日と9月3日でした。

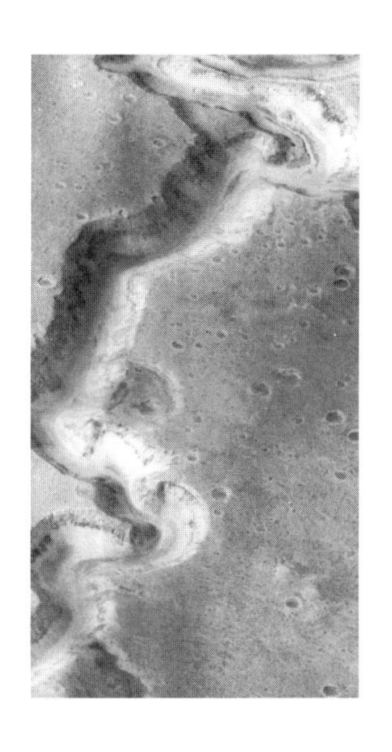

図6.5｜火星に過去に水が存在した証拠を示すナネディ峡谷(Nanedi Vallis)の画像。9.8 km×18.5 kmの範囲を撮影したもので，峡谷の幅は約2.5 kmです。この画像は，地球以外の場所で表面に液体の水が存在したことを示すもっとも良い証拠です。出典：NASA／Marin Space Sciences

それぞれが火星表面の土壌サンプルを使って実験を行いました。1つは**光合成**を調べる実験，他の2つはスープのような栄養溶液を摂取できる生物を探す実験で，その結果は興味深いものでした。栄養溶液を使った2つの実験ではともにガスが発生しており，何らかの活動が行われていることがわかりました。しかし，2機の着陸機に搭載されている，**有機物**を分析するための装置である**ガスクロマトグラフ質量分析計**(GCMS)からは，火星の有機物は確認できませんでした。

土壌からガスは出てきたが有機物はなかったというこのバイキングの結果は不可解なものでした。生物が存在しなくても，火星には隕石の落下でできる有機物が存在するはずです。これらの謎が解けたのは，2008年にフェニックス・ミッションが火星の土壌に高濃度の**過塩素酸塩**を発見してからです[24]。ナバロ-ゴンザレスたち[49]は，GCMSで土壌を加熱すると，サンプル中に有機物があったとしても，過塩素酸塩が反応してそれを破壊し，バイキング着陸機で見られたような塩素化有機物に変えてしまうことを示しました。これでバイキングのGCMS実験で有機物が見つからなかった理由が説明できます。クインたち[55]は，火星表面に入射した**宇宙線**が過塩素酸塩から反応性の物質を生成し，それがバイキングの栄養溶液実験で見られたガスの発生を説明できることを示しました。このように宇宙線と過塩素酸塩の複合的な影響があるので，火星に過去の生命が存在した証拠は，地表から深いところ(5-10メートル)で探さなければならないことになります。バイキングの結果にもかかわらず，火星に過去の生命が存在した可能性は依然として高く，人類の火星探査の強い動機となっています。

さらに，地球に最初の生命が出現したおよそ38億年前から35億年前のあいだ，火星の表面に液体の水が存在していたことが地形学的な証拠から示されています[38][46]。火星で生命が誕生した可能性があると考えるのは，火星が地球と似ているからです。温泉，塩水，川，湖，火山など，生命誕生時に地球上に存在したであろう主要なすべての生命の生息地や微小環境が，当時の火星にも存在していたと考えられています。火星には太陽による**潮汐力**の効果だけしか働かないので地球より規模は小さかったでしょうが，潮溜まりは存在していたでしょう6-14。そして生物起源以外の有機物の供給源として考えられるものは，火星にも地球にもあったと思われます。おそらく大きな未知数は，生命の誕生に必要な時間と比較して，火星が地球のような環境であった時間の長さでしょう。どちらの期間も正確にはわかっていませんが，現在の理論では，その長さは同程度であると考えられています[45]。

初期の地球で起き，また初期の火星でも起きた可能性がある生命の誕生につながった事象は，地球よりも火星の**堆積物**によく保存されている可能性があります。地球上では，35億年から40億年前の堆積物はまれで，存在していてもひどく変質していることが多いのです。一方火星では，表面の半分以上が低温･低圧の環境下でよく保存されており，約38億年前の**隕石重爆撃期**の終了時にまでさかのぼることができます。グロツィンガーたち[22]は，ローバー6-15によって行われた，火星のゲール･クレーターにある湖の古代堆積物の研究から古気候を推測しました。もはや，現在の火星には生命は存在しないかもしれませんが，地球型惑星での生命の起源につながる出来事は，火星にもっとも良い記録が残

6-14｜地球に働く潮汐力には太陽による成分と月による成分の二つがあり，満月や新月のときには二つが同じ向きに働いて大潮という大きな効果になります。火星は地球より太陽からの距離が遠いこともありますが，月のような近距離の巨大な衛星がないので，潮汐力の効果は地球より小さいのです。

6-15｜惑星探査において，天体の表面を移動して観測や実験をすることができる車両のこと。探査車ともいいます。最近は自らが障害物を避けて移動方向を決めるなど，自立型ロボットの機能をもつものがほとんどです。最近の例として，NASAが2020年7月30日に打ち上げ2021年2月19日に火星のジェゼロ･クレーターへ着陸したパーサビアランスがあります。

されているかもしれません。

火星以外にも，第2の生命誕生の痕跡があるかもしれない世界があります。特に，木星の衛星エウロパと土星の衛星エンセラダスには氷に覆われた海があります。エンセラダスには，海から宇宙に向かって噴出しているプルーム(吹き上がる筋状の流れ)が見られるので，特に注目されています(図6.6)。このプルームには，有機物，生物的に有用な形の窒素，それに生命体が利用できる化学エネルギー源が含まれています。さらに，塩類も含まれていることが確認されています。このようにエンセラダスのプルームは，生命が居住可能な海から噴き出しているようです[44]。生命体そのものがプルームの中で宇宙に流れ出しているかもしれないので，このプルームは収集して分析したいとても魅力的なターゲットです。

土星の最大の衛星であるタイタンは，私たちが生命を理解する上で，ほかにはないユニークな機会と挑戦

図6.6｜土星の衛星エンセラダスの氷面下から噴出する壮大なプルームを横から見た図。NASAの探査機カッシーニが撮影したもので，氷の粒子や蒸気が背後から太陽光を受けて輝いている様子がわかります。画像の中央左にある小さな黒い物体は，2015年10月28日にカッシーニがプルームを通過した際に，エンセラダスの表面からどれだけ離れていたかを示しています。

的な課題を提供しています。私たちが知る限り，タイタンは地球以外で唯一地表に液体がある世界ですが，その液体は**絶対温度**95 K（−178℃）のメタンの混合物です。タイタンの厚い大気はほとんどが窒素で構成されていますが，メタンが数パーセント含まれており，有機物の濃いもやがかかっています。タイタンには湖があり，雨が降り，メタンとエタンからなる雲があります。タイタンにある液体メタンの中に生命体がいるかもしれないという示唆は，液体の水を基本とする生命体という概念を覆すものです。しかし，もしそのような生物が発見されれば，宇宙の生命が地球上の一例よりもはるかに多様であることを示す，初めての有力な証拠となるでしょう。

太陽系外惑星

過去20年間で，他の恒星の周りで検出された惑星の数は大幅に増加しました。その中でももっとも多いのは，NASAのケプラー衛星が**トランジット**法で発見したものです（たとえば文献[5]）。これらの惑星の中には，大きさや推定質量が地球に近く，**ハビタブルゾーン**内で恒星の周りをまわっているものがあります。重要な発見は，岩石質の太陽系外惑星（岩石惑星）が地球と同様の元素組成を持ち，多くのものが地殻，マントル，コアをもっていることです。この発見は私たちの太陽系の起源に重要な意味をもっています[66]。

他の恒星の周りの太陽系外惑星に生命が存在するとしたら，どのようにしてそれを発見することができるでしょうか。地球上では，高度な生命体に至るまでに3つの段階がありました。(1)嫌気性微生物，(2)大気中の酸素，(3)知性と技術（無線通信）です。これらの段階は生命存在の兆候とともに図6.7に示されています。もし，知性と技術の段階にある生命体は必ず電波を発するとするならば，発見はかなり容易になるでしょう。これは**地球外知的文明探査**(SETI)プログラムの背後にある原理です。もし知的生命体からの電波を検出すれば，微生物や液体の水や他の星のハビタブルゾーン内にある惑星などを探す必要はなくなり，探査は対話に置き換えられるのです。残念ながら，地球上の技術文明の存続期間は生命の存続期間に比べるとまだほんの一瞬でしかありません。さらに，宇宙において知的生命体は稀であるかもしれません[23][40]。このことから，SETIと並行して別の戦略に基づいて探査を行う必要があると考えています。

太陽系外惑星の大気中に酸素が存在するかどうかは，その惑星が中心星の前を通過する際に**スペクトル**

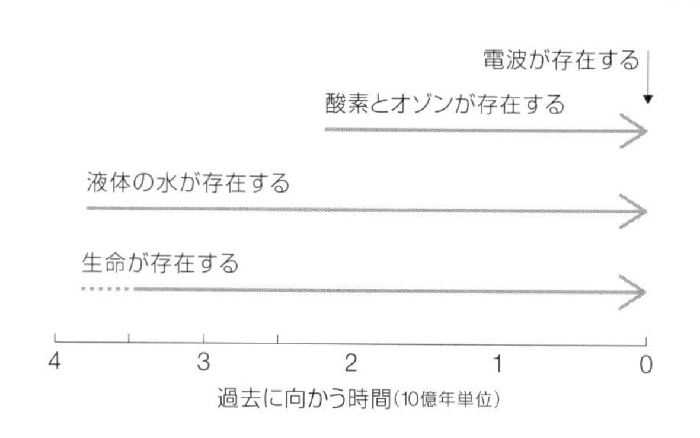

図6.7｜近傍の星から地球を観測して，生命や居住可能な条件を検出する方法を示す年表。液体の水は，それがある限り居住可能であることを示す指標となっています。酸素は地球の生命の歴史の約半分の期間存在していますが，電波は過去100年のあいだしか存在していません。同様の方法で，地球から太陽系外惑星やその衛星の生命や液体の水を検出することができます。

にオゾンの兆候が見られるかどうかで容易に知ることができます[53][43]。地球を例にとると，酸素やオゾンの探索という戦略は，地球の生命の歴史の半分程度でしかありません。より完全な結果を得るには，液体の水の存在(地球では生命の存在する期間と一致していた)を探索しなければいけません。液体の水を探すためには2つのことを確認しなければなりません。まず，大気中に水蒸気が存在することです。しかし，それだけでは十分ではありません。太陽系内を見てみると，金星，地球，火星の大気中にも水蒸気が存在しています。大気中の水蒸気の検出だけでは十分でなく，惑星の表面温度を測定する必要があります。これは惑星大気中にもや(靄)や雲があっても，惑星の反射光や**トランジット**時の分光などさまざまな分光法によって行うことができます[25]。金星，地球，火星に対してこの測定をすれば，それぞれ440℃，15℃，−60℃という結果が得られるでしょう。こうすれば，この3つの惑星の中で，我々が知っているような生命が住むことができるのは唯一地球だけであることが莫大な距離を隔てた遠方からでも証明できるのです。

宇宙における複雑な生命体と技術

宇宙での究極の生命探査は技術文明の探査です。地球上では，生命は微生物から複雑な多細胞生物へ，そして望遠鏡を作る種族へと移行していきました。

高度な生命の進化には微生物よりもさらに厳しい条件が必要で，それは惑星や中心の恒星の周辺環境と密接に関連している可能性があります。大きな危険要因は，環境に悪影響を及ぼす天体衝突です。このような大災害の発生頻度は微妙な問題です。頻度が高すぎると生命の発展は不可能でしょうし，低すぎると生命進化のパターンが固定され再編成されずにやはり発展が難しいでしょう。もう一つの要因は気候の安定性です。ある程度の気候変動は，生命に対処法の開発を迫り進化を促します。そのことが最終的には技術を生み出す高い知性へとつながる可能性があります。しかし，気候変動の幅が大きすぎると，高度な生命体は破壊されてしまうかもしれません。気候を左右する重要な要素は**赤道傾斜角**です。これは，公転軌道面に垂直な方向に対して惑星の自転軸が傾いている角度です。地球の赤道傾斜角は23°とかなり大きいため，季節の変化(四季)があります。地球の場合，月の存在が赤道傾斜角の大幅な変動を和らげています。大きな月が近くになければ，赤道傾斜角は大きくまた無秩序に変動するでしょう[29]。さらにまた，天文学的な影響も複雑な生命体を危険にさらすことがあります。たとえば，近くで発生する**超新星**などから到達する強力な電磁放射です[33]。微生物はこれらの影響によるリスクが少ないのですが，複雑な生命体は微生物に比べてはるかに破壊されやすいのです[14]。これらのことから，宇宙に存在する複雑な生命体は微生物よりも少ないのではないかと考えられています[6]。

上述したように，地球上で複雑な生命体が誕生したのは，酸素の増加と関係があると考えられています。地球上に微生物の存在が確認されてから多細胞生物が出現するまでの時間が長いのは，地球の大きさやリサイクルの特性6-16から理解できます。マッケイ[40]は，地球より小さな火星のような惑星では，酸素の増加とそれに伴う生物の発展が，地球の数百倍から数千倍の

6-16｜大気中や地表にあった炭素が海中に溶け込み，炭酸塩や有機物堆積物として海底に溜まり，それがプレートテクトニクスで地中に潜り込み，マグマとともに火山の噴火によって再び大気中と地表に戻る炭素循環のサイクルを意味しています。1億年程度のタイムスケールが想定されます。

速さで起こる可能性を示唆しています。

生命の誕生と繁栄は宇宙の進化の最適な段階で起こったとしばしば仮定されます。ビッグバンから地球上に生命の存在が確認されるまでの約100億年という時間は，宇宙において十分な量の**重元素**が作り出されるまでに必要な時間だったと考えられています。また，地球上に生命が出現してから望遠鏡を作る知能が出現するまでの35億年という間隔も，宇宙における一つの定数であるかのように仮定されます。たとえば，ターンブルとターター[63]は，SETIのターゲットを選ぶ方法を開発したのですが，そこでは30億歳の星だけが知的生命体のいる惑星を持つ可能性があると仮定しました。同様に，ノリス[50]は，技術をもつ生命体は星の誕生から50億年以後にしか生じないと仮定しています。

宇宙において生命の誕生に必要な時間と，地球において技術をもつ生命の出現に必要な時間の両方の仮定が問われるべきでしょう。

生命に適した惑星の形成は，我々の**銀河系**[21]でも，他の銀河[32][61]でも，**金属量**(重元素量)と関係があると考えられてきました。ケプラー衛星によるデータは，岩石惑星が存在する恒星の金属量の範囲を初めて直接に示すものでした。ブッヘイブたち[7]は，小さな岩石惑星をもつ星の平均的な金属量は太陽の値に近いと結論づけています。ケプラー衛星によって発見されたもっとも地球に似た太陽系外惑星のリスト[60]にある7個と(別途報告された地球によく似ている)Kepler-186f[56]およびKepler-452を合わせると，それらの中心星の平均金属量は太陽の値の半分から1.5倍の範囲にあります。ケプラー衛星以前に，ラインウィーバーは，地球型惑星を誕生させる中心星の金属量に対して68%の信頼

6-17｜統計学において，母集団から取り出した標本のデータを基に平均値などを求めた場合，その値が母集団の値（正しい値）と異なる可能性（確率）をもとに，信頼範囲（誤差範囲）を明示します。よく用いられる「68%の信頼範囲」は±1σ（シグマ）と呼ばれる範囲で，正しい値がこの範囲に入っている確率が68%ということです（この範囲外である確率が32%あります）。第4章の注4-31も参照してください。

範囲[6-17]を推定しました[32]。それは実際に測定された「太陽の値の半分から1.5倍」という範囲と非常によく一致していました。彼はまた，宇宙における星形成率と金属（重元素）の蓄積率の推定に基づき，宇宙のほとんどの地球型惑星は地球よりも古く，その平均年齢は地球よりも18±9億年古いと推定しています[32]。

宇宙のごく初期の歴史に関する研究では，第一世代の非常に大質量（100太陽質量以上）の短命な星が，金属の重要な供給源であった可能性が示唆されています[51][3]。レーブ[34]は，ビッグバン後の非常に早い時期に**ハビタブル惑星**が存在した可能性を示唆しました。またビアリー[4]たちは，宇宙誕生の非常に早い時期（ビッグバン後10億年未満），つまり**星間物質**にはじめて金属が混じり合った時期に，きわめて低い金属量（太陽の1000分の1）のガスの中でも，もしそのガスが水素分子で周囲から遮蔽されていたなら，高濃度の水蒸気が存在した可能性を示唆しています。したがって，宇宙が誕生して間もない時期に，条件の良かった場所に惑星が出現していた可能性があります。

カーター[10][11]は，地球型惑星に技術をもつ生命体が存在する確率を数学的に推定する方法を提案しました。彼は，地球における生命の歴史が，一般の地球型惑星における技術をもつ生命体の発生年代と発生分布の代表的なサンプルであると仮定しました。その仮定に基づけば，地球上で技術が生まれたのは，その惑星が人の住めない状態になる少し前であるという事実は重要な制約となります。このことは，技術の発生した時期と太陽に熱せられて地球に住めなくなる予想時期の両方を示した図6.3に見ることができます。その間隔は5億年未満です[35][9]。技術の勃興と居住性の終焉とのあいだのこの比較的短い間隔に基づいて，カーター[11]は，高度な技術をもつ知性の進化には少なくとも5つの難しいステップがあることを示しました。高度な知性は，決して単純で簡単に進化できるものではないということです。

マッケイ[40]は，数学的なアプローチとは異なる生物学的な観点から，人間のような種の発展は，3つの基本的なステップに還元できると提案しています。(1)生命の起源。これは生化学的に急速に起こると思われます。(2)酸素の増加と多細胞生物への進化。これは地球の大きさに関連した地質学的に決定されたゆっくりとした出来事です。(3)電波望遠鏡を使える知能の発達。この原因は不明です。もしかするとたまたまの偶然で，めったにないことなのかもしれません。

地球上では，複雑な生命体から技術をもつ生命体への進化の道のりは35億年以下でしたが，一筋縄ではいきませんでした。人間レベルの知能が進化できたはずなのにできなかった期間がかなりありました。その中でももっとも注目すべきは恐竜の時代です。もし恐竜が生化学的にも行動学的にも現在考えられているほど洗練された生物であったならば，彼らが地球を支配していた1億5000万年のあいだに知的な種へと発達しなかったという事実は不可解です[40]。さまざまな恐竜種の中でも特に，技術をもつ生命体への道を歩んでいた可能性を秘めた種が，すべての恐竜が滅亡した6500万年前よりも1200万年前にはすでに存在していたことが示唆されています[58]。この観点からすれば，わずか300万年足らずで単純な霊長類が高度な人類へと発展したことは興味深いことです。

このように地球上の記録は，幸運な進化の出来事があった小さな惑星で知的生命体が数100万年かそれ以下の非常に短い時間で誕生することを示唆しています[40]。しかし，その記録は一方で，生命の誕生と進化の道筋がランダムで決定論的ではないらしいことも示しています。したがって，地球上の人間のような知性は，宇宙の歴史の中で唯一といっても良いほどきわめてまれな存在である可能性があります[40]。しかし，きわめてまれというのは相対的なものに過ぎないかもしれません。先に述べたゼロワンインフィニティの法則によれば，もし宇宙の歴史の中で我々が唯一の知的生命体でないのであれば，同じ種は無数に存在する可能性があります。

生命体だ，ジム，だが未知のものだ6-18

6-18｜このタイトルのもとになった文章「It's life, Jim, but not as we know it」は，イギリスで1984年に結成されたロックバンドの「ザ・ファーム（The Firm）」が1987年に発表した「Star Trekkin」の歌詞にある言葉です。

この章では，水を基礎にし炭素で構成された地球上の生命のみを考えてきました。おもなエネルギー源が太陽光であり，おもな液体が水であり，もっとも自然に反応する元素がおもにCO_2の形で存在する炭素であるような別の惑星でも，生命の本質的な特徴は同じであると仮定してきました。私たちが知っている生命の例は一つしかないので，この生命の特徴が他の惑星の生命の絶対条件であると考えるのは間違いなく時期尚早です。一方で，実りある探査を行うには，何らかの生命のモデルが必要です。私たちはたった一つの例しかもっていないので，この例に似たような環境で似たようなタイプの生命を探すことがもっとも安全な戦略となります。しかしこの戦略は実行可能な一つの考えに過ぎないので，地球上の生命とはまったく異なる生命が存在できないというわけではありません。

地球上の生化学システムの代わりに考えられている案が二つあります。一つは生命分子の溶媒である水をアンモニアに置き換えるものです。もう一つは生命の基本的な構成要素である炭素を，二重結合はめったにしないものの，ケイ素（シリコン）に置き換えるものです。どちらの案も現時点では否定できませんが，水と炭素に基づく生命体を探す現在の探査戦略に代わる新たな戦略をそこから作ることはできません。私たちはまず「いとこ」を探し，そこからより広い理解を得て「見知らぬ人」を見ることができるようにしなければならないのです。

用語集

訳出に当たって各項目の記述を変更したり追記したりしたことに加え，かなりの項目を追加しました。間違いなどあれば訳者の責任です。

CNOサイクル　CNO cycle（CNO tri-cycle）
炭素（C），窒素（N），酸素（O）の原子核が触媒となって4つの水素原子核（H：陽子）をヘリウムの原子核（^{4}He）に変換する核反応連鎖サイクル。

DNA（デオキシリボ核酸）
DNA（Deoxyribonucleic acid）
生命の遺伝情報を記憶する二重らせん構造の核酸。DNAの遺伝情報がRNAに転写されタンパク質の合成が行われる。

$E=mc^2$　$E=mc^2$
エネルギー（E）と質量（m）の等価性を示すアインシュタインの有名な公式。cは真空中の光速度。主系列星のコアでは核融合反応によって水素の原子核4個からヘリウムの原子核1個が作られるが，この反応で両者の質量の差Δmに光速度の2乗をかけたΔmc^2のエネルギーが発生する。

G型矮星問題　G dwarf problem
太陽近傍では，太陽の金属量（重元素量）の約10％以下しかない古い星（長寿命星）が単純な理論（閉じた箱モデルを参照）の予想より少ないという問題。G型矮星の観測結果と理論の比較から明らかになったので，この名前がついている。

Hα（エイチアルファ）線　Hα line
水素原子中で電子が第3エネルギー準位と第2エネルギー準位のあいだで遷移するときに発生するスペクトル線。第3準位から第2準位への遷移では光子を放出して輝線が生じ，第2準位から第3準位への遷移では光子を吸収して吸収線が観測される。波長は6563Å（656.3 nm）である。

H－R図（ヘルツシュプルング－ラッセル図）
H－R diagram（Hertzsprung-Russell diagram）
縦軸に星の絶対等級（光度），横軸にスペクトル型（左から右へO型，B型，A型，F型，G型，K型，M型）を取って星々をプロットした図。この図を考案したヘルツシュプルング（Ejnar Hertzsprung）とラッセル（Henry Russell）の名前をつけたヘルツシュプルング－ラッセル図が正式名称であるが，多くの場合略してH－R図と呼ばれる。横軸のスペクトル型は星の表面温度（左が高温）の系列になっているので，スペクトル型の代わりに，色指数を横軸にとった図もH－R図とよばれることが多い（厳密には色－等級図と呼んで区別する）。縦軸は一般に絶対等級がとられるが，理論計算との対比などでは光度がとられる場合もある。この図上での星の位置は，星の進化段階に対応するので，星の進化や星団の年齢の推定などに重要な役割を果たす。星はH－R図上での分布位置によって，主系列星（矮星），巨星，超巨星，水平分枝星，漸近巨星分枝星などに分類される。

S0銀河　S0 galaxy
渦巻銀河と同様にバルジ，円盤，ハローからなる銀河であるが，円盤中で星生成活動はほとんど見られず，渦巻き腕もない銀河。レンズ状銀河（lenticular galaxy）と呼ばれることもある。S0は「エスゼロ」と発音する。円盤を持つ渦巻銀河とS0銀河を総称して円盤銀河（disk galaxy）と呼ぶことがある。

Tタウリ型星　T Tauri star
新しく誕生した星で主系列に到達する前の段階にある恒星。強い輝線や多量の赤外線放射など若い星の特徴を多く持つ。名前の由来は，このクラスの原型となったT Tauri（おうし座T星）に由来する。

X線連星系　Binary X-ray source/X-ray binary
白色矮星，中性子星，ブラックホールなどに伴星から降着した物質が高温になって大量のX線を発生させている連星系。

アストロバイオロジー(宇宙生物学)
Astrobiology
地球に限らず広く宇宙全体に生命や生物が存在すると考えて，その起源と進化，存在環境と生態などを研究する学問分野。天文学，生物学，惑星科学，地質学，物理学，化学など多くの学問分野に関わる。狭義の「宇宙生物学」は無重力状態での生物(動物，植物)の発生，生育や行動を研究する学問分野を指すこともあるので，広義の宇宙生物学の意味では「アストロバイオロジー」が使われることが多い。地球外生命探査もアストロバイオロジーの大きな目標である。

熱いダークマター(熱い暗黒物質)
Hot dark matter(HDM)
放射優勢期から物質優勢期に転じるとき(ビッグバンから約5万年後)に光速のかなりの割合に達する高速度で動いていた(質量の小さい)粒子からなるダークマター(ダークマターを参照)。

熱いビッグバン Hot Big Bang
非常に高い密度と温度をもつ宇宙の初期状態。熱いビッグバンで誕生した宇宙が，膨張し冷却して私たちが今観測している宇宙となったとするモデルを熱いビッグバンモデルという。

天の川銀河 Milky Way Galaxy
銀河系を参照。

アミノ酸 Amino acid
窒素を含む酸で，そのうちのいくつかはタンパク質の構成要素である。天然には約500種類ほどのアミノ酸が見つかっているが，そのうち20種が生体のタンパク質の構成要素である。

一様な Homogeneous
すべての場所で性質が同じこと。宇宙原理において，宇宙は「homogeneous and isotropic(一様かつ等方的)」というが，これは宇宙ではどの場所でもどの方向を見ても(大局的)性質が同じであることを指している。

一般相対性理論 General theory of relativity
アルバート・アインシュタイン(Albert Einstein)が1915-16年にかけて構築した物質・空間・時間に関する包括的な理論。この理論によると，物質(質量)はその周りの時空の歪みを生み出す。彼が1905年に発表した「光速度不変の原理」に基づく特殊相対性理論と一般相対性理論を合わせて相対性理論あるいは相対論と呼ばれることがある。

隕石重爆撃期 Heavy bombardment
惑星の誕生の初期に小惑星や彗星のような物質(微惑星)が惑星表面に雨のように降り注いだ時期。特に惑星の最終的な形成につながった今から約38億年前の時期は後期隕石重爆撃期と呼ばれる。

インフレーションシナリオ Inflationary scenario
宇宙の初期に，指数関数的な激しい膨張期(この膨張をインフレーションという)を考えることによって，古典ビッグバン宇宙モデルの問題点である，地平線問題や平坦性問題などを解決し，密度ゆらぎの起源も与えるビッグバンモデルの修正版。インフレーションが終わった後は通常のビッグバンモデルの膨張へと続く。

渦巻銀河 Spiral galaxy
我々の銀河系(天の川銀河)と同じように，数100億個から1,000億個以上の星が重力で束縛されている銀河。中心のバルジ(球状の膨らみ)を取り囲む，星とガスやダスト(塵)からなる薄い円盤の中に渦巻き状の模様(渦巻き腕)が見られ，そこでは星の誕生が続いている。バルジの中の星は年齢の古い星で，楕円銀河のように多方向にランダムな軌道上を運動しているが，円盤の中のほとんどの星は年齢が若く，銀河の中心の周りのほぼ円形の軌道上を運動している。バルジと円盤は星の密度がとても低いハローに包まれており，さらに全体がダークマターハローに包まれている。

宇宙線 Cosmic ray
星間空間に存在する非常にエネルギーの高い陽子やそのほかの原子核，及びそれらが宇宙空間を伝搬する過程あるいは地球大気に入射した際に作る放射線のこと。前者は1次宇宙線，後者は2次宇宙線と呼ばれる。1次宇宙線の主成分は陽子である。地球の上層大気中で宇宙線が窒素原子に衝突して炭素-14原子が作られる。

宇宙定数　Cosmological constant
アインシュタイン(Albert Einstein)の一般相対性理論の方程式において，重力と反対の斥力に対応し宇宙膨張の加速につながる定数。もともとは，収縮も膨張もしない静止宇宙を実現するためにアインシュタインが恣意的に導入したが，ハッブル(とルメートル)により宇宙が膨張していることが発見され，アインシュタインが宇宙定数の導入を「人生最大の失敗」と悔やんだというエピソードがある。宇宙の加速膨張(ダークエネルギー)が発見されて大きな注目を集めている。

宇宙の地平線　Horizon
目に見える宇宙の端。実際の宇宙の端ではない(宇宙には端がない)。宇宙の始まりに出発した光子が，現在の宇宙年齢(138億年)の時間をかけて私たちに到達するあいだに通過した道のりを，宇宙が膨張する効果も考慮した上で測った距離が宇宙の地平線までの共動距離である。宇宙の地平線は実際には地球を中心とする球面なので，宇宙の地平面ということもある。

宇宙の晴れ上がり　Clear up of the Universe
初期宇宙にあった自由電子が陽子に束縛されて中性水素原子ができたことおよびその時期をさす言葉。宇宙初期の超高温時には水素原子の原子核(陽子)と電子はばらばら(自由電子)になっており，この時期には光子は自由電子と頻繁に衝突・散乱を繰り返してまっすぐには進めなかった。つまり放射(光子)と物質は相互作用を通して結びついていた。しかし宇宙の温度が下がると自由電子が陽子に束縛されて中性水素原子ができた。このことを宇宙論では再結合(recombination)と呼ぶ(はじめて結合したのに「再」がついているが，これはそれ以前の状態を，水素原子から電子が剥ぎ取られて水素が電離した状態と見なしているからであろう)。この時点で物質と放射の相互作用が切れて，物質は放射に邪魔されることなく重力収縮できるようになった。一方光子から見ると，それまで宇宙を満たしていた自由電子と頻繁に衝突してまっすぐ進めなかったが，自由電子が陽子に束縛されたので宇宙空間をまっすぐに進めるようになった。それまではあたかも霧がかかっていたように何も見えなかった宇宙が，霧が晴れ上がったように透明になったので，これは「宇宙の晴れ上がり」と呼ばれている。ビッグバンから約37万年後のことであった。宇宙マイクロ波背景放射は，この時期に最後に自由電子から散乱された光子が，それ以上は電子と衝突することなくまっすぐ私たちまで届いたのを見ているのである。
この用語は京都大学名誉教授の佐藤文隆氏の提案によるもので，日本では広く使われているが外国ではあまり使われておらず英語の定訳はない。英語では宇宙の「再結合期(recombination epoch)」という。

宇宙の膨張　Expansion of the Universe
銀河がすべて，その距離に比例する速度で互いに後退しているように見える宇宙の特徴のこと(ハッブル-ルメートルの法則を参照)。したがって，地球から見てある距離にある銀河とその2倍離れた銀河を比べると，遠い銀河は近い銀河の2倍の後退速度を持つことになる。銀河は実際には宇宙空間を移動しているのではなく，宇宙そのものが膨張しているのでそのように見えている。宇宙空間を膨張する風船にたとえると，銀河はその表面に貼り付けられた小さな丸い金属片のように互いに離れていっている。

宇宙マイクロ波背景放射(宇宙背景放射)
Cosmic microwave background(CMB)
現在の宇宙を満たしているマイクロ波の放射。1965年にアメリカベル研究所のペンジアスとウイルソンによって偶然に発見された。1989年に打ち上げられたNASAのCOBE衛星による観測から，宇宙マイクロ波背景放射のスペクトルは温度 2.725±0.001 K の黒体放射のスペクトルとほぼ完全に一致することが示された（ピーク強度となる波長は約1 mm）。これは光子が放射された時点（ビッグバンから約37万年後）の宇宙の温度にして約3000 Kに対応し，初期宇宙において物質と放射が熱平衡状態にあったことを示す確証となった。宇宙の膨張とともに温度が下がったこの放射が，現在観測されている宇宙マイクロ波背景放射である。

宇宙論　Cosmology
宇宙全体を対象とし，その誕生から現在に至るまでの進化およびその全体的な構造を，主として物理学によって明らかにしようとする学問。

遠心力　Centrifugal force
回転する座標系で物体が感じる外向きの力。慣性力の一種。

エントロピー　Entropy
物理系の無秩序さの度合いを表す尺度。系が取り得ることが可能な状態の数の対数として定義される。より無秩序なシステムほどエントロピーが大きい。外部から熱の出入りのない系では，必ずエントロピーが増大する向きに不可逆な変化が起きる。これをエントロピー増大の法則という。熱力学第二法則の表現の一つである。

おとめ座超銀河団　Virgo Supercluster
おとめ座銀河団を中心とする銀河の大集団。しばしば，局所超銀河団（Local Supercluster）と呼ばれる。銀河系（天の川銀河）を含む局所銀河群はおとめ座超銀河団の周辺部にある。銀河系に対するおとめ座銀河団の後退速度は約1000 km/sである。

親星　Progenitor
一般に，さまざまな現象を引き起こすもとになった星を指す。超新星の場合，最終的に超新星爆発する以前の星のこと。

回折格子（グレーティング）　Grating
表面に多数の平行な細い溝が切られているガラス。光を波長ごとに分散させるために使用される。

カイパーベルト天体　Kuiper-belt object
海王星軌道より遠方の太陽系外縁部に分布する多数の小天体。エッジワース-カイパーベルト天体ともいう。このような天体があるという考えは，1943年にアイルランドのエッジワース（Kenneth Edgeworth）が，また1957年にオランダ出身でアメリカのカイパー（Gerard Kuiper）が提唱した。長いあいだそのような天体は確認されなかったが，1992年に冥王星よりも遠い天体1992QB1が発見され，その後続々と発見された。現在は「太陽系外縁天体」という分類名になっている。冥王星型天体も参照。

過塩素酸塩　Perchlorate
塩素原子がもっとも酸化された状態にある塩素の塩。室温で安定である。

化学進化　Chemical evolution
（1）銀河内で星生成活動に伴って重元素量が徐々に増加してゆくこと。これに伴い銀河の色，光度も変化して行く（銀河の化学進化）。（2）地球や他のハビタブルな惑星の表面で，自己複製分子や生物進化が現れる前に起きなければならない複雑な化学反応。

化学反応　Chemical reaction
原子間の電子のやりとり（貸し借りや共有など）により，化合物（分子）を創生または破壊する反応。電子を貸した原子はプラスイオンとなり，電子を借りた原子はマイナスイオンとなり，そのあいだに働く電磁気力（クーロン力）で互いが引きつけ合うものをイオン結合と呼ぶ。複数の原子が電子を共有して一つのかたまり（分子）になるものを共有結合と呼ぶ。共有結合の方がイオン結合より結合力が強い。

角運動量　Angular momentum
物体の回転量を表す指標（ベクトル量）。質量mの質点が速度$\vec{v}$（運動量$\vec{p}=m\vec{v}$）で運動しているとき，その質点の位置ベクトルを$\vec{r}$とすると，原点に関する質点の角運動量は，$\vec{L}=\vec{r}\times\vec{p}$（ベクトルの外積）で定義される。円運動の場合，角運動量の大きさは$L=mrv$（質量×円の半径×速度）である。一般には系の角運動量は，物体の回転速度，質量，および質量分布に依存する。外部から力が働かない場合，物体の角運動量は一定に保たれる。これを角運動量保存則という。

核反応(原子核反応) Nuclear reaction
中性子と陽子の数を変えることで，ある種類の原子核を別の原子核に変える反応。核融合反応と核分裂反応がある。

核融合反応(熱核融合反応) Nuclear fusion
二つ以上の軽い原子核が結合して一つの重い原子核を形成する核反応。星の内部で起きる熱核融合反応は，「核燃焼」や単なる「燃焼」と呼ばれることもある。鉄より軽い元素の核融合反応でエネルギーが発生する。

ガスクロマトグラフ質量分析計
Gas chromatograph mass spectrometer
混合物からなる気体中の各成分の分子量(質量)を測定して成分を識別できる装置。

化石 Fossil
地球上の過去(地質時代)の生物の死骸や足跡などの遺跡が地層の中で現代まで残ったもの。古い地層のなかの堆積岩で見つかることが多い。

褐色矮星 Brown dwarf
質量が小さく中心部で水素の核融合が起こらない星で，惑星と恒星の中間に位置する星。質量は太陽の１％(木星の10倍)程度以上８％(木星の80倍)程度以下で，中心で重水素の核融合反応が起きているものもある。星のスペクトル型としてはＬ型と，より低温なＴ型に分けられる。褐色矮星は単独で存在しているものもあるが，恒星の周りをまわっているものもある。

合体／マージャー Merger
銀河同士が衝突して合体すること。その結果としてできた銀河のこともマージャー(合体銀河)という。同程度の質量の銀河同士の合体をメジャー・マージャー，二つの銀河の質量が大きく異なる合体(質量比が1:4程度以上)をマイナー・マイジャーと呼ぶ(日本語訳としての定訳はない)。

活動銀河 Active galaxy
恒星によるとは思えないほど大量のエネルギー(電磁波)を中心核が放射している銀河。多くの場合中心核に超大質量ブラックホールがあり，そこに向かって落ち込むガスが解放する重力エネルギーがそのエネルギー源と考えられている。クエーサーはもっとも活動度の高い活動銀河である。

還元性大気 Reducing atmosphere
化学反応において，元素または化合物が電子を他の元素または化合物に渡すことが還元である。還元性大気とはアンモニア(NH_3)やメタン(CH_4)など，水素を含む分子が豊富な大気をいう。酸化還元反応も参照。

ガンマ線 Gamma ray
Ｘ線よりも高いエネルギーを持つ高エネルギーの光子(電磁波を参照)。

ガンマ線バースト Gamma ray burst
何もなかった空の方角から強いガンマ線が突発的に観測される現象。アメリカの核実験探知衛星「Vela」により1960年代に発見された。ガンマ線の放射は秒程度から数時間までのあいだだが，その後数日間にわたりさまざまな電磁波でアフターグロー(残光)が観測されることもある。1990年代終わりにアフターグローの観測から，ガンマ線バーストが銀河系外の現象であることが判明し，宇宙最大のエネルギーが解放される現象であることが判明した。ガンマ線バーストの継続時間の分布は長いものと短いものの二種類に分かれるため，継続時間２秒程度を境に，長いものをロングガンマ線バースト，短いものをショートガンマ線バーストと呼ぶことがある。

輝線 Emission line
ある波長(または狭い波長範囲)でスペクトルの明るさが隣り合う波長よりも明るい部分。ガスからの光や電波を直接観測するときに見られる。おもに原子・分子中で電子が高いエネルギー準位から低いエネルギー準位に遷移するときに，そのエネルギー差に対応する波長の電磁波が輝線として放射される。

吸収線 Absorption line
ある波長(または狭い波長範囲)でスペクトルの明るさが隣り合う波長よりも暗い部分。原子・分子中の電子は飛び飛びのエネルギーの値しかとることができない。これをエネルギー準位という。二つのエネルギー準位の差に等しい電磁波

(光子)を電子が吸収した場合に,電子は低い方のエネルギー状態から高い方のエネルギー状態に遷移する。この吸収の効果でエネルギー準位の差に対応する決まった波長の位置に吸収線ができる。吸収線は,観測者から見て高温の連続光源の手前に低温度のガスがある場合に観測される。

共動距離 Comoving distance

宇宙空間上に固定された2点間の距離を,空間の伸縮に比例して伸縮する(共動する)物差しで測った距離。物差し自体が空間とともに伸縮するので,この物差しで距離を測れば,両者の距離(共動距離)はつねに一定の値になる。一方,空間上に固定された2点間の距離を,空間の伸縮とは関係なく長さが一定の物差しで測った距離を固有距離という。この物差しで距離を測れば,両者の距離は空間が膨張すれば大きくなるし,空間が収縮すれば小さくなる。固有距離は,任意の時点において,2点がどれくらい離れた距離にあったかを示している。赤方偏移zの時代において銀河系からの共動距離がD_cの天体までの固有距離D_pは,$D_p = D_c/(1+z)$で表される。共動距離は現在の時点の物差しの目盛で測る決まりになっているので,現在の時点($z=0$)では固有距離と共動距離は等しくなる。

局所銀河群 Local Group

銀河系(天の川銀河)とアンドロメダ銀河を中心として半径300万光年程度の範囲にある30個程度の銀河の集団。大部分は不規則銀河と矮小銀河であるが,近年発見されたきわめて暗い低表面輝度の矮小銀河を含めるとメンバーは100個近くなる。天文学では銀河系に近いことを「局所」(英語ではlocal)と表現することが多い。

巨大引力源(グレートアトラクター)
Great Attractor

局所超銀河団に重力を及ぼす超銀河団。天の川の吸収帯によって隠されている方向にあるため研究が困難である。

キロノバ Kilonova

コンパクト天体の連星系で,2つの中性子星,または中性子星とブラックホールが合体したときに起きる爆発現象。新星(ノバ)の約1000倍の明るさに達することからこの名前がついた。

銀河 Galaxy

1000億個の桁の星が重力で束縛された巨大な集団。星のほかにガスとダスト(塵)も含む。銀河の形は一般的に渦巻形や楕円形が多いが,不規則な形や特異な形をしていることもある。典型的な銀河の1/100以下の矮小銀河も多数ある。本書の第2章の中心テーマである。

銀河系 the Galaxy

我々の太陽が属する銀河の固有名詞。英語では「the Galaxy」や「our Galaxy」のように大文字のGが使われる。近年は,「Milky Way Galaxy」という呼び方もされるようになり,これに対しては「天の川銀河」という訳語が当てられる。これは,夜空に見える天の川が,銀河系を内部から見た姿であるところからつけられた呼び名である。どちらも広く用いられているが本書ではおもに「銀河系」を用いる。

銀河風 Galactic wind

銀河から高温のガスが外に吹き出される現象。激しい爆発的な星生成に伴う多数の超新星爆発が起きると,高温ガスが銀河の重力を振り切って外部に流れ出す。

金属量 Metallicity

星,銀河,ガス雲などの質量のうち,ヘリウムより重い元素(実際の金属だけではない)の割合。重元素量とも呼ばれる。天文学ではヘリウムより重い元素をその存在形態にかかわらず金属(metal)あるいは重元素(heavy element)と呼ぶことが多い。

クエーサー Quasar

活動銀河の中心核。銀河全体の星の明るさの10倍から1000倍の明るさを持っている。ほとんどのクエーサーは地球から数10億光年より遠い距離にある。クエーサーのエネルギー源は,中心核にある超大質量ブラックホールへの物質の降着による重力エネルギーの解放と考えられている。発見初期には「恒星のように見える電波源」を意味するＱＳＳ(quasi-stellar radio source)あるいは電波の弱いものはQSO(quasi-stellar object)と呼ばれたこともあり，日本語では準星あるいは準恒星状電波源や準恒星状天体と訳されることもある。現在では可視光で明るい(絶対等級が約-23等以下)活動銀河核は，電波強度の大小に関わらずクエーサーと呼ばれる。

系統樹　Phylogenetic tree
生物または種のグループの進化の道筋を描いた図。

結合エネルギー　Binding energy
複数の要素(粒子)からなる系において，粒子が単独で存在する場合の質量の総和と，互いに密接に結合しているときの質量の差をエネルギーの単位で表したもの。質量の差をΔm，光速度をcとすると，結合エネルギーは$E=\Delta mc^2$である。

ケプラーの第三法則　Kepler's third law
惑星運動に関するケプラーの三法則の一つ。ある天体が別の天体の周りを公転する場合，その公転周期の2乗は楕円軌道の長半径の3乗に比例するという法則。すなわち二つの天体が接近して回転するほど回転周期は短くなる。太陽系では内側の惑星ほど公転周期が短い。

ケルビン(K)　Kelvin(K)
絶対温度の単位。絶対温度を参照。

原始スープ　Primordial soup
生命を生み出すもとと考えられている，非生物的プロセスで生成された有機物が混じった原始の海の状態を表現する言葉。「有機物のスープ」，「原始の海のスープ」などいろいろな表記がされることがある。

原始星　Protostar
まだ形成途中の星。自己重力により収縮する分子雲コアの中心で，圧力と重力がつりあってほぼ安定な状態となったもの。内部で核融合反応はまだ起きていない。濃いガスとダスト(塵)に覆われていて，おもに赤外線や電波で観測される。流れ込むダストやガス(エンベロープ)も含めて原始星ということもある。

原子番号　Atomic number
原子核を構成する陽子の数。原子番号によって元素名がつけられる。陽子の数が同じ(同じ元素)で，中性子の数が異なるものは同位体と呼ばれる。陽子の数と中性子の数を合わせたものは質量数と呼ばれる。

原始惑星系円盤　Protoplanetary disk
星周円盤の一種で原始星の周りにできる降着円盤のこと。この中で惑星系が形成されるのでこの名前で呼ばれる。

元素合成　Nucleosynthesis
核反応により元素を作り出すこと。天文学においては，陽子(p)，中性子(n)，電子(e^-)，陽電子(e^+)，およびニュートリノ(ν_e，ν_μとν_τ)とその反粒子である反ニュートリノだけが存在していたビッグバン直後の宇宙から現在までに，さまざまな元素ができる過程をいう。水素とヘリウム，およびごく少量のリチウムとベリリウムまでができる宇宙初期(はじめの3分間)の元素合成プロセスは「ビッグバン元素合成」と呼ばれる。

コア　Core
(1)主系列星のコアを参照。(2)分子雲コアを参照

光合成　Photosynthesis
植物や藻類など光合成色素をもつ生物が行う太陽光を利用して有機物を生産する反応。光合成生物は光エネルギーを使って水と空気中の二酸化炭素から炭水化物を合成し，その過程(水の分解)で生じた酸素を大気中に放出する。

光子(フォトン)　Photon
量子力学では粒子は波動と粒子の二つの側面を併せ持つが，電磁波を粒子(量子)と見る場合の名称が光子である。電磁波はエネルギーに応じて異なる名前で呼ばれる。エネルギーの高い方から低い方に向かって，ガンマ線，X線，紫外線，可視光(線)，赤外線，電波である。

降着　Accretion
星の表面あるいはブラックホールなどに物質が落ち込んでくること。落ち込む物質の供給元は連星系をなす相手の星であることが多い。落

ち込む流れを降着流という。一般に，落ち込んでくる物質は角運動量を持っているのですぐには中心まで落ち込めず，中心天体の周りを周回して星周円盤を形成する。これを降着円盤と呼ぶ。

降着円盤　Accretion disk

降着によってできる中心天体（星あるいはブラックホールなど）の周りを回転する円盤。星周円盤とも呼ばれる。円盤中の物質がエネルギーと角運動量を失うと中心天体へと物質が降着する。

光度　Luminosity

天体から単位時間に放射される全エネルギー。

光度曲線　Light curve

天体の明るさを時間の関数として表した曲線。変光星のほか，新星や超新星など明るさが変化する天体の性質を調べるための基本的なツールである。

光年　Lightyear

光が真空中を1年で移動する距離。1光年は9兆4600億キロメートル。

黒体　Blackbody

入射する電磁波をすべての波長にわたって完全に吸収し（不透明で無反射），また自らも電磁波を放射できる仮想的な物体。

黒体放射　Blackbody radiation

黒体が発する放射。黒体放射のスペクトルエネルギー分布はプランクの法則で記述され，黒体の温度だけで決まる。黒体の温度が高くなるほどエネルギーが最大となる波長が短波長側に移動し，波長の短い電磁波を多く放射する。これはウィーンの変位則と呼ばれ，エネルギー最大となる波長を$\lambda_{\max}$[m]，黒体の絶対温度をT[K]とすると，$\lambda_{\max} \times T = 2.9 \times 10^{-3}$[mK]で表される。絶対温度2.7 Kの宇宙マイクロ波背景放射は波長約1 mmでエネルギーが最大となる。恒星の出す放射は黒体放射で近似されることが多い。表面温度が約5800 Kである太陽からの放射は波長約0.5 μm（ミクロン＝10^{-6} m）でエネルギーが最大となる。

コンパクト天体／高密度天体　Compact object

恒星の進化の最終段階で誕生する白色矮星，中性子星およびブラックホールを総称してコンパクト天体あるいは高密度天体と呼ぶ。普通の恒星に比べて質量あたりの大きさが小さいので非常に強い重力場を伴っている。自分自身の中にはエネルギー源を持たないため，いったん誕生すると冷えてゆくのみであるが，連星系をなすなど周囲の物質と相互作用がある場合には，強い重力場や磁場などに起因する高エネルギー現象を引き起こし，明るく輝いてさまざまな波長の電磁波や粒子や重力波で観測される。

コンピュータ・シミュレーション

Computer simulation

コンピュータによる数値解析に基づいて自然現象を研究すること。数値シミュレーションという場合もある。N体シミュレーションという方法では，天体をN個（ここでNは大きな数）の質点の集団と近似して，質点間の重力相互作用を計算し，その天体の力学的な進化をコンピュータで数値的に調べる。重力相互作用するN個の粒子で近似できる天体には星団，銀河，銀河団，宇宙の大規模構造などさまざまなものがある。気体や液体，またプラズマからなる天体などの運動を記述する方程式を数値的に解くコンピュータ・シミュレーションも広く行われている。

歳差　Precession

回転体の軸が他のもう一つの軸を中心にコマの首振り運動のように比較的ゆっくりと回転することで，原因は回転体に作用するトルクである。地球の回転軸（地軸）は歳差によって，黄道面に垂直な軸に対して約23.4°傾いたまま，自転とは逆向きに周期約26,000年で回転する。地球の歳差運動の原因となっているのは太陽と月の潮汐力である。

酸化還元反応　Oxidation-reduction reaction

二種類の物質間で酸素，水素，電子の授受が同時に起こる化学反応のことをいう。酸化とは，酸素に注目すれば酸素を得る，水素に注目すれば水素を失う，電子に注目すれば電子を失う反応である。逆に還元とは，酸素に注目すれば酸素を失う，水素に注目すれば水素を得る，電子に注目すれば電子を受け取る反応である。$2H_2+O_2=2H_2O$では，二つの水素原子(H)のそれぞれが1個の電子を出して(Hが酸化されて)，それが酸素原子(O)に取られる(Oが還元される)。

酸化剤(オキシダント) Oxidant

酸化性の強い物質の総称。窒素酸化物や炭化水素などが紫外線により光化学変化を起こして生じたものは光化学オキシダントと呼ぶ。地球ではオゾンなど大気中の光化学オキシダントが健康被害を引き起こす光化学スモッグの原因となる。

時間の遅れ Time dilation

高速で運動する物体や強い重力場の中にある物体では，それを見ている観測者にとって時間が遅くなるように見えること。相対性理論が予言する現象で，実験でも確かめられている。

時空 Space-time

空間(3次元)と時間(1次元)を合わせて4次元として扱う物理学の概念。宇宙の事象は4次元時空の1点で表される。一般相対性理論では，大質量の物体の周辺で時空は曲がる(歪む)。物体が運動するとこの歪みが重力波(時空のさざ波)となって光速度で空間を伝わる。

事象の地平面 Event horizon

どんなものもそこから外には出られないブラックホールの境界（シュバルツシルト半径を参照）。

重元素 Heavy element

天文学では水素とヘリウムより重い元素を総称して重元素という。また化学的性質とは無関係に重元素を「金属(metal)」ということがある。ビッグバン直後に合成される水素，ヘリウム，およびごくわずかなリチウムとベリリウムを軽元素と呼ぶことがある。これに対して，星の内部などで作られる炭素以上の重い元素を重元素と呼ぶこともある。

重水素 Deuterium

1つの陽子と1つの中性子からなる原子核を持つ質量数2の水素の同位体。同位体も参照のこと。

重力波 Gravitational wave

アインシュタインの一般相対性理論では質量を持つ天体の周りでは時空がゆがむ。天体が動くとこのゆがみが波動として光速で伝播する。この時空のさざ波が重力波である。2015年に，アメリカの重力波観測装置LIGOによって初めて捕らえられた。(レーザー干渉計重力波天文台を参照)

重力崩壊(重力収縮) Gravitational collapse

自己重力(自分自身の重力)のために天体が収縮すること。緩やかに収縮が進行する場合は重力収縮(gravitational contraction)，激しく収縮する場合は重力崩壊という語が使われる傾向があるが，抗する力が内部に発生して自己重力とつりあう状態になるまでのプロセスを指す点ではどちらの語も同じである。物質がどんなに高密度・高温度になっても自己重力を支えきれない場合には天体はブラックホールになる。宇宙の大規模構造の形成につながる初期宇宙における物質の重力崩壊はおもに第1章で，星の爆発にいたる重力崩壊はおもに第4章で，また原始星の誕生にいたる分子雲コアの重力崩壊は第5章で述べられている。

重力レンズ Gravitational lens

遠くの天体から出た光が，途中にある銀河や銀河団の重力場によって曲げられる現象。重力場が光を集める凸レンズのように働くことから名づけられた。アインシュタインの一般相対性理論の帰結の一つである。

縮退 Degenerate

電子，中性子，陽子など量子力学においてフェルミ粒子(スピン角運動量が1/2, 3/2等の半整数の粒子)と分類される粒子は，2つ以上の粒子が同じエネルギー状態を取ることができない(パウリの排他原理)。その限界まで密度が高くなった状態を縮退と呼ぶ。フェルミ縮退ともいう。縮退した状態にあるガスの圧力(縮退圧)は温度にはよらず密度だけで決まる。白色矮星は電子の縮退圧で，中性子星は中性子の縮退圧で自己重力を支えている。

主系列 Main sequence

星の進化の過程で，中心部のコアで水素とヘリウムを融合させ安定してエネルギーを生み出している段階。星の寿命の約90％を占める進化段階である。主系列段階にある星を主系列星と呼ぶ。H-R図上を質量に従って，左上（大質量）から右下（小質量）に走る細い帯状領域（系列）に分布することからこの名前がついた。

主系列星のコア　Core of a main-sequence star
主系列星の中心で，水素からヘリウムへの熱核融合反応によってエネルギーを生み出している領域。温度は1500-2000万Kである。主系列から進化した星に対してコアという場合は縮退状態のコアを指すことが多い。

種族　Population
星の種族を参照。

シュバルツシルト半径　Schwarzschild radius
回転していないブラックホールの事象の地平面（イベントホライズン）の半径。ブラックホールの質量をM，真空中の光速度をc，万有引力定数をGとすると$R=2GM/c^2$で表され，ブラックホールの質量に比例する。逆に，質量をこの半径以内に圧縮すれば回転しないブラックホールとなる。地球と太陽のシュバルツシルト半径はそれぞれ，0.9 cmと3 kmである。

衝撃波　Shock wave
その媒体中の音速よりも速い速度（超音速）で移動する物体による圧縮から生じる波。圧力の不連続な変化が波となって媒体中を伝播する。

初期質量関数（IMF）　Initial mass function（IMF）
星が集団で誕生するときの質量分布，すなわち誕生直後の星団にある星の質量分布。質量の異なる星は寿命が異なるため，誕生後ある時間が経った後で見られる星団の質量分布とは異なる。

真空のエネルギー密度　Vacuum energy density
量子論では，何もない真空の空間内には粒子と反粒子が満ちていてつねに対生成と対消滅を繰り返している。これは真空が正味のエネルギー密度を持っていることにつながる。真空のエネルギーが存在する場合，宇宙膨張に対してはアインシュタインが宇宙を静止させるために数式に導入した宇宙定数のように振る舞う。

新星　Nova
星が突然明るくなり，数か月程度以上かけてゆっくり暗くなっていく現象。空の上で何もなかったところに新しく星ができたかのように見えることからこの名がついた。連星系の白色矮星の表面で起きる爆発的な水素の熱核融合反応による現象である。主星の外層（おもに水素からなる）がわずかずつ白色矮星表面に降り注ぎ，ある量と温度を超えた時点で暴走的な熱核融合反応が起きる。表面が吹き飛ばされることがあるが，白色矮星自体はなくならないので，新星爆発は周期的に起きる場合がある。数10年という短い周期で新星爆発を繰り返すものは再帰新星（回帰新星）と呼ばれる。

数値シミュレーション　Numerical simulation
コンピュータ・シミュレーションを参照。

スペクトル　Spectrum
電磁波の強度（明るさ）を，プリズムや回折格子などの分光素子によって波長または周波数ごとに分解したもの（可視光では虹の帯に相当する）。強度を波長または周波数の関数として示したグラフもスペクトルと呼ぶことがある。

スペクトルエネルギー分布
Spectral energy distribution
天体の放射するエネルギーを光の波長（または周波数）の関数として示したグラフ。スペクトルとほぼ同じ意味の用語だが，波長（または周波数）ごとの強度変化に特に注目する場合にこの語が使われる。研究分野ではSED（エスイーディー）と省略されて広く用いられる。（スペクトルも参照）

星雲　Nebula
星間物質（おもにガスとダスト）が周辺より高い密度で集まり，明るく輝いたり，あるいは背景の光を吸収して黒く（暗く）なったりして，雲のように見える天体を一般的に表す言葉。ガス星雲ともいう。星雲という名前だが星ではない。輝くメカニズムや見かけの形態により，輝線星雲，HII領域，反射星雲，暗黒星雲，散光星雲，惑星状星雲，超新星残骸などに細分化して呼ばれることがある。分子雲も参照。

星間媒質 Interstellar medium

狭い意味では星間物質と同じ。広い意味では，星間物質だけでなく非熱的高エネルギー粒子である宇宙線，星間磁場，電磁波などを含める。

星間物質 Interstellar matter

星と星のあいだの星間空間を満たす希薄なガスやダスト（塵）。ガスはおもに水素とヘリウムからなる。

静止質量 Rest mass

観測者に対して静止している物体の質量。特殊相対性理論では，観測者に対して運動している物体の質量は静止質量より増える。運動速度が光速に近づくほど質量が大きくなり，光速では無限大となる。このため，静止質量がゼロではない粒子は光速に到達できないが，質量のない光子は光速で移動する。

星周円盤 Circumstellar disk

星の周りに存在するガスを主成分とする円盤のこと。星周円盤ができるおもな原因は質量の降着なので，文脈によっては降着円盤とも呼ばれる。星周円盤には，連星系をなす白色矮星，中性子星，ブラックホールなどのコンパクト星の周りにできるもの，若い星の周りにできるものなどさまざまなものがある。本書の第5章に出てくる若い星の周りに存在するガスとダストを主成分とする星周円盤は，惑星ができる場所なので原始惑星系円盤と呼ばれることがある。

星風（恒星風） Stellar wind

星の外層からのガスの連続的または準連続的な流出。赤色巨星は表面重力が弱いため10 km/s程度の速度で定常的な星風を吹き出しているものが多いが，高温度星では速度が1000 km/sにも達する激しい星風を吹き出すものがある。惑星状星雲は星風によって作られる。

赤色巨星 Red giant

太陽程度の質量の星の主系列に続く進化段階で，表面は低温だが大きくて明るい星。中心の水素を燃やし尽くして中心部のコアはヘリウムばかりとなり，そのコアの外殻で水素の核融合反応が起きている（殻燃焼）状態の星。この段階で恒星は大きく膨張し，表面温度は低い（3000-4000 K）が光度は大きくなる。H-R図上では主系列の右上に立ち上がる系列（赤色巨星分枝）に位置する。

赤道傾斜角 Obliquity

惑星の公転軌道面と惑星の赤道面がなす角度。別の言い方をすれば，公転軌道面に垂直な方向と惑星の自転軸との角度。赤道傾斜角が大きいほど，季節による気候変動が強くなる。

赤方偏移 Redshift

天体の発する光の波長が伸びて観測されることを，赤い側にずれるという意味で赤方偏移という。赤方偏移という語は，波長が長い方に伸びる現象を指すこともあり，波長のずれた量から求まる $z=\lambda_{\rm obs}/\lambda_{\rm em}-1$ の値をいうこともある（$\lambda_{\rm obs}$ は観測された波長，$\lambda_{\rm em}$ は静止系での波長，すなわち天体を発したときの波長である。この場合 z は波長の比なので無次元の数値である）。両者を区別するために z を赤方偏移パラメータと呼ぶこともある。

赤方偏移が起きる原因は三種類あり，それぞれ異なる名前で呼ばれている。運動学的赤方偏移は，相手の天体と観測者が相対的に近づいたり遠ざかったりしている場合である。このときの赤方偏移はドップラー効果によるものである。宇宙論的赤方偏移は，宇宙膨張の効果によって遠方の天体が示す赤方偏移である。これは定性的にドップラー効果として説明することが多いが，厳密にはそうではない。天体を発した光が我々観測者に届くあいだに，宇宙空間が膨張したために光の波長が伸びたことによる。重力赤方偏移は，重力ポテンシャルが深い場所から発せられた光は，一般相対性理論の効果によって波長が伸びることによる。

運動学的赤方偏移に関して次のことに注意する。音のように媒質を伝わるのではない光のドップラー効果を正しく計算するには特殊相対性理論が必要で，その結果は以下のようになる。

$$\lambda_{\rm obs}/\lambda_{\rm em}=\frac{\sqrt{1-(v/c)^2}}{1-(v/c)}\equiv 1+z$$

ここで，vは光源と観測者の相対速度，cは光速度である。この式は次のようにテイラー展開される。

$$\frac{\sqrt{1-(v/c)^2}}{1-(v/c)} \sim 1+(v/c)+O((v/c)^2)\cdots$$

ここで$O((v/c)^2)$は$(v/c)^2$とそれより高次の項の集まりである。相対速度vが光速度cに比べて十分小さい($(v/c) \ll 1$)ときは(v/c)の2乗より高次の項は1次の項に比べて小さくなるのでそれを無視すると近似的に$z \sim (v/c)$となる。相対速度が大きい場合には，zの値から(v/c)を求めるには以下の式を使う必要がある。

$$\frac{v}{c} = \frac{(1+z)^2-1}{(1+z)^2+1}$$

絶対温度　Absolute temperature

分子や原子の運動に基づいて定義される温度。熱力学的温度ともいう。分子や原子の運動が理論上完全に停止する状態を絶対0度とする。絶対温度の単位はケルビンで記号はKである。絶対零度は0 K，水は273 Kで凍り373 Kで沸騰する。絶対温度から273(正確には273.15)を引くと摂氏温度(℃)になる。イギリスの偉大な物理学者ウィリアム・トムソン(William Thomson)がその必要性を説いた。彼は後に初代ケルビン男爵に叙せられたので，ケルビン卿と呼ばれ，単位の名称は彼に由来する。

絶対等級　Absolute magnitude

天体を10パーセク(10 pc＝32.6光年)の距離においたときの見かけの等級。天体の真の明るさ(光度)の指標である。見かけの等級をm(等級)，絶対等級をM(等級)，天体の距離をr(パーセク)とすると，星間吸収を無視すれば，

$$m-M=5\log r-5$$

が成り立つ。Mが既知である天体(標準光源)に対して，mを観測から求めればその天体までの距離が分かる。

セファイド　Cepheid

脈動する変光星の一種で，その変光周期から真の明るさ(光度；一般に絶対等級で測る)がわかる。変光周期の長いセファイドは周期の短いセファイドよりも大きく明るい。この変光周期と真の明るさの関係をセファイドの「周期－光度関係」と呼ぶ。1908－1912年にかけて，大小マゼラン雲の中のセファイドの写真を調査したハーバード大学天文台のヘンリエッタ・リービット(Henrietta Leavitt)が，小マゼラン雲のセファイドの見かけの等級と変光周期のあいだの関係として発見した(小マゼラン雲の星は地球から同じ距離にあると見なして良いので見かけの等級を用いても問題なかった)。この関係を絶対等級で表し，変光周期を測定すれば絶対等級が分かるので，セファイドは距離決定に使える標準光源となる(絶対等級も参照)。距離が推定できた銀河系のセファイドを使って速度－距離関係を絶対等級で表し，距離決定に使えるようにしたのはヘルツシュプルングとシャプレーである。

前主系列星　Pre-main-sequence star

原始星とTタウリ型星の総称。水素の核融合反応が起きておらずおもに重力収縮だけでエネルギーを生成している若い星。前主系列星は，最初は重力収縮によってエネルギーを発生するが，重水素の核融合反応が起きる段階でH－R図上に現れ，林トラックを経由して，次第に水素の核融合が起こる恒星へと進化する。

双極子　Dipole

正負の同じ大きさの電荷が微小な間隔で置かれたもの。電荷に限らず，微小間隔離れた物理量の対を双極子と呼ぶこともある。英語のダイポールという語をそのまま用いることも多い。宇宙マイクロ波背景放射は，空の片側で温度が高く，反対側で温度が低くなる双極子パターンを示す。

双極流　Bipolar outflow

円盤状の天体の中心から，円盤面と垂直方向の両側にほぼ対称的に吹き出すガスや粒子の流れ。生まれたての若い星から吹き出す分子ガスの高速の流れ(双極分子流)が典型的な例。

双極子場 Dipole field

双極子の周りにできるポテンシャルの場。ダイポール場ともいう。電荷の双極子の周りの電場，または棒磁石のN極とS極を取り囲む磁力線のパターンなどがその例である。

相対湿度 Relative humidity

所定の大気圧と温度における飽和水蒸気圧に対する実際の水蒸気圧の比。パーセントで表すことが多い。

相転移 Phase transition

固体が溶けて液体になったり，液体が沸騰して気体になったりするなど，物質の2つの異なる相のあいだの変化。宇宙論では，真空の相転移によってインフレーションが引き起こされる。

ダークエネルギー Dark energy

現在の宇宙のエネルギー密度の約4分の3を占めていると考えられる正体不明の成分。重力に対抗し，宇宙の膨張を加速させる性質を持つ。アインシュタインの宇宙定数がダークエネルギーである可能性もある。ダークエネルギー，ダークマター，通常の物質（バリオン）が現在の宇宙の全エネルギー密度に占める割合はそれぞれ69%，26%，5%である。

ダークマター Dark matter

現在の宇宙の全エネルギー密度のほぼ4分の1を占める正体不明の物質。重力は及ぼすが電磁波の観測では見つからない。多くの天文学者は，ダークマターは非常に弱い相互作用をする未知の素粒子でできていると考えている。この説によると，宇宙初期の物質密度のわずかなゆらぎが成長して銀河，銀河団，超銀河団などの構造ができた。ダークマターの正体は未知であるが，その性質によって冷たいダークマターと熱いダークマター，さらに中間の性質を持つ温かいダークマターが考えられている。このうち現在の観測事実を良く説明できるのは冷たいダークマターである。ダークマターではない通常の物質（陽子，中性子，電子でできている）を天文学ではバリオンと呼ぶことが多い。ダークエネルギー，ダークマター，バリオンが現在の宇宙の全エネルギー密度に占める割合はそれぞれ69％，26％，5％である。

堆積物 Sedimentary deposit

水や風によって小さく破砕された岩石や土壌，火山の噴出物，生物の死骸などが風や川や氷河などで運ばれて地面や海底に堆積したもの。

大統一理論 Grand unified theory（GUT）

強い力と電弱力（弱い力と電磁気力を統一した力）を一つの力に統一するモデル。この理論によると，陽子は安定な素粒子ではなく，半減期は10^{30}年を超えるほど長いが崩壊する。これを陽子崩壊と呼ぶ。いくつかのGUTが提案されているが，実験的には検証されていない。

大マゼラン雲（LMC）

Large Magellanic Cloud（LMC）

約16万光年の距離にある銀河系（天の川銀河）の衛星銀河。不規則型の矮小銀河で，地球の南半球でよく見える。1987年に超新星1987Aが出現した。

太陽系外惑星 Exoplanet（Extrasolar planet）

太陽以外の恒星の周りを公転する惑星。系外惑星ともいう。1995年にジュネーブ大学のマイヨール（Michel Mayor）とケロー（Didier Queloz）がペガスス座51番星の周りをわずか4.2日の周期で公転する，木星の0.45倍の質量を持つ惑星（51 Peg b）を発見した。それに先立つ1992年にはパルサー（中性子星）の周りをまわる地球程度の質量の天体が2つ発見されていたが（後にもう一つ発見），一般には，太陽型恒星の周りをまわる51 Peg bが最初の太陽系外惑星の発見とされている。この業績によりマイヨールとケローは2019年ノーベル物理学賞を受賞した。

太陽質量 Solar mass（M☉）

1.99×10^{30} kgで地球の質量の約330,000倍。太陽の質量は，天文学では単位として広く用いられ，記号はM☉で表す。これを本書の中の文章では「太陽質量」と記述したり，0.5太陽質量（0.5 M☉），8太陽質量（8M☉）などのように表記したりする。

対流 Convection

流体においておもに温度の違いによる不均質性が生じることにより，その内部で重力によって引き起こされる流動。水を入れた鍋をガスにかけて温める場合に，鍋の底と表面のあいだを行き来する流れや，陸地と海面の温度の違いによって発生する海陸風の原因となる上昇気流や下降気流は日常的に見られる対流の例である。対流は流体そのものの運動によって熱（エネルギー）を輸送するプロセスである。熱を輸送するプロセスには，対流のほかに放射と伝導がある。

楕円銀河　Elliptical galaxy

10億個から1,000億個以上の星が重力によって結合した系。楕円銀河は基本的に丸い形に見えるが，一般的には長軸と短軸が1つずつある回転楕円形に見える。両軸の長さは2倍も違うことがある。真の形状は円盤形（オブレート：扁平楕円体）かラグビーボール型（プロレート：扁長楕円体），あるいは三軸不等楕円体である。渦巻銀河とは異なり，星やガス，ダストなどからなる薄い円盤成分がなく，最近は新しい星がほとんど生成されていないように見える。楕円銀河の星は，ランダムな方向にさまざまな軌道を描いて運動しており，その結果が楕円体の形状となっている。楕円銀河もダークマターハローに包まれている。

ダスト　Dust

星間ガスに混じっている固体微粒子。塵ともいう。大きさは0.001 mm（1 μm）程度より小さく重元素からなる。星などが発する光を吸収したり散乱したりする。ダストの性質と起源については未解明のことが多い。

脱出速度　Escape velocity

ある天体の重力から物体が無限の遠方まで逃れるために必要な最小速度。大きな質量Mの天体から距離rの位置でその重力の影響を受けて質量mの小さな天体が速度vで運動している場合に，その小天体の全エネルギーEは以下の式で表され，運動の過程でそれは保存される。

$$E = 1/2mv^2 - GMm/r$$

右辺の第1項は運動エネルギー（正の値）で第2項は重力ポテンシャルエネルギー（負の値）である。大質量天体の近くから無限の遠方（$r=\infty$）に行くにつれ，第2項は負の値からゼロに近づく。両者の和は一定なので，第1項にある速度も次第に（正の値から）減少する。$E=0$ならかろうじて無限の遠方に到達できる（そこで速度がゼロになり静止する）。$E<0$なら途中で静止した後引き戻される。上式で$E=0$として脱出速度

$$V_{esc} = \sqrt{2GM/r}$$

が求まる。

タンパク質　Protein

アミノ酸が鎖状に結びついた高分子化合物であり，生物の重要な構成成分のひとつである。

地衣類　Lichen

菌類の中で藻類と共生することで光合成できる地上の生命体。見かけはコケ植物と似ているがその構造を菌類が作っている点で両者は異なる。和名では地衣類に○○ゴケなどの名称がついているものも多い。

チェレンコフ光（チェレンコフ放射）

Cherenkov radiation

透明な媒質の中を媒質中の光速度を超える速度で移動する荷電粒子によって生成される光。スーパーカミオカンデは水中のチェレンコフ光を観測する装置である。

地球外知的文明探査　SETI

SETIは地球外知的文明探査の英語（The Search for Extraterrestrial Intelligence）の頭文字をとった略号でセチと発音される。地球外文明が通信を行うとすれば，宇宙に普遍的に存在する中性水素原子の出す波長21 cmの電波を使うであろうとの論文に基づいて，1960年にアメリカの天文学者ドレイク（Frank Drake）が実行したオズマ計画に端を発する。1984年には，「SETI研究所」がアメリカのカリフォルニア州に設立され，SETIの活動の中心となっている。

チャンドラセカール質量　Chandrasekhar mass

縮退星である白色矮星や大質量星中心の縮

退した鉄のコアが安定して存在できる質量の最大値。組成にもよるが約1.4太陽質量程度で，これ以上の質量になると崩壊または爆発する。チャンドラセカール限界質量，あるいは単にチャンドラセカール限界とも呼ばれる。

中性子　Neutron

陽子とともに原子核を構成する電荷を帯びていない素粒子。大きさは10^{-15} m程度で質量は陽子と同じく約1.7×10^{-27} kg。元素の種類は原子核中の陽子の数で決まるが，陽子の数が同じで中性子の数が異なる原子をその元素の同位体と呼ぶ。

中性子星　Neutron star

太陽質量の8–30倍程度の星が進化の最終段階で超新星爆発した後に残る超高密度の天体。太陽質量1–2倍の物質が直径20–30 km程度に圧縮されて，中性子の縮退圧によって支えられている。パルサーは中性子星と考えられている。

超巨星　Supergiant

大質量星（太陽質量の約10倍以上）の主系列の後に続く進化段階で，中心部で水素を燃やし尽くし非常に明るくなった星。H–R図上でもっとも上部（明るい部分：光度階級I）にあり，一般には赤色巨星のように低温で赤い（赤色超巨星）が，激しい質量放出（星風）の結果外層を失ったものは高温で青い（青色超巨星）。

超新星　Supernova

歴史的には，夜空でそれまで星の見えなかったところに突然明るく輝く星（新星）のなかで特別に明るいものに付けられた名前。20世紀になって恒星の寿命の終わりに起こる激しい爆発であることがわかり，現在ではこの爆発現象（超新星爆発）も超新星と呼ばれることがある。もっとも明るくなるときのスペクトルに水素の存在が認められるものをII型超新星，認められないものをI型超新星と分類している。本書の第4章で詳しく解説されている。

超新星残骸　Supernova remnant

超新星爆発によって宇宙空間に放出された重元素を多く含むガスの雲。可視光のみでなく，X線から電波まで電磁波の広い波長範囲で観測される。一般にはほぼ球形の殻状に見えるが，爆発の痕跡で多数の細かな構造が見える。

調整可能なパラメータ　Adjustable parameter

方程式の中で，1つの解だけでなく，関連する解のファミリーが得られるように，さまざまな数値（ときにはゼロを含む）をとることができる定数のこと。物理的なメカニズムが分かっていない現象を記述する場合などに，その現象に関わる方程式に調整可能なパラメータを入れておけば，その値を変化させた場合の解を見ることでその現象の理解が深まることがある。

潮汐力　Tidal force

大きさを持つ天体が別の天体から重力を受けるとき，各部分に働く重力と天体の重心に働く重力との差のことを潮汐力と呼ぶ。地球表面の海の形状が変化し潮の満ち引きが起きるのも月と太陽が地球に及ぼす潮汐力が原因である。固体の地球も潮汐力によってわずかに変形する。

塵　Dust

ダストを参照。

冷たいダークマター（冷たい暗黒物質）

Cold dark matter（CDM）

放射優勢期から物質優勢期に転じるとき（ビッグバンから約5万年後）に光速よりもはるかに小さい速度で動いていた（質量の大きい）粒子からなるダークマター（ダークマターを参照）。

強い力（強い相互作用）　Strong（nuclear）force

自然界に存在する四つの力（相互作用）の一つ。原子核の中の粒子を一緒に保持している力。強い相互作用ということもある。

定常宇宙モデル／定常宇宙論

Steady-state model

膨張宇宙のモデルの一つで，密度を含めた宇宙のすべての物理的性質が大局的には時間とともに変化せず一定であるモデル。この宇宙には始まりも終わりもない。宇宙は膨張しているので，一定の密度を維持するために物質がつねに（ほんのわずかずつ）創生されなければならない。数式を用いたモデルでは，スケール因子が指

数関数 $a(t)=\exp(Ct)$ で表される場合に定常宇宙が表現できることが知られている（C は定数）。このモデルで $a(t)\to 0$ となるのは $t\to -\infty$ のときのみなので，このモデル宇宙に始まりはないことになる。また，宇宙の膨張率（$\mathrm{d}a(t)/\mathrm{d}t)/a(t)=C$ は一定なので，インフレーション時のような急激な指数関数的膨張が永遠に続くモデルである。定数 C の値を現在の宇宙の膨張率（すなわちハッブル定数 H_0）として，かつスケール因子を定義 $a(t_0)=1$ に合わせると，定常宇宙モデルのスケール因子は $a(t)=\exp(H_0(t-t_0))$ で表される。

電荷結合素子　Charge-coupled device（CCD）
英語名のCharge-coupled deviceからCCDと略称されることが多い。写真よりも100倍程度感度が高く，またダイナミックレンジが大きく入出力間の直線性がよい優れた固体撮像素子である。1970年代終わりから天文観測に利用されはじめ，2000年までには可視光の観測において従来の検出器であった写真はほぼ完全にCCDに取って代わられた。

電子　Electron
原子核を周回する負電荷を帯びた小さい粒子。質量は陽子と中性子の約1/2000である。通常は，原子核の周りの電子の数は原子核中の陽子の数と同じなので，原子は電気的に中性である（電子数と陽子数が同じでない原子はイオンと呼ばれる）。原子核に束縛されていない電子を自由電子という。

電磁気力（電磁相互作用）　Electromagnetic force
自然界に存在する四つの力（相互作用）の一つで，電気や磁気に基づく力，すなわち電場や磁場から電荷が受ける力。電磁相互作用ともいう。プラスとマイナスの電荷が引き合ったり，プラス同士やマイナス同士の電荷が反発し合ったりする力が電磁気力である。原子の中の電子を保持したり，分子の中の原子を保持したりする主要な力である。またすべての電子機器で利用されている力でもある。

電磁波　Electromagnetic wave
電場と磁場の振動が互いを誘導し合って空間を伝わる波。荷電粒子が力を受けて加速度運動する場合や，原子中の電子のエネルギー状態が変化する際に発生する。媒質のない真空中でも伝わる横波である。量子力学では，波動は粒子としての性質も持つ（波動と粒子の二重性）。電磁波を粒子と見た場合は光子と呼ぶ。電磁波のエネルギー（E）と波長（λ）のあいだには $E=hc/\lambda$ の関係がある。ここで c は真空中の光速度，h はプランク定数と呼ばれる物理定数で，波長 λ と周波数 ν のあいだには $c=\nu\lambda$ の関係がある。このように波長の短い電磁波ほど，一つの光子が運ぶエネルギーが高い。電磁波の波長はきわめて広範囲にわたる。波長（エネルギー）によって性質が変わり，また物質との相互作用の仕方が変わるので，一般社会では電磁波は波長帯ごとに異なった名前で呼ばれる。波長の短い（エネルギーの高い）方から順に，ガンマ線，X線，紫外線，可視光（可視光線），赤外線，電波と呼ばれるが，それぞれの中でさらに細分して呼ばれることもある。

電子ボルト（eV）　Electron volt（eV）
電子1個を1ボルト（V）の電位差で加速したとき電子が得るエネルギー。1ワットは1秒あたり6兆eVの100万倍（6×10^{18} eV）の仕事率（エネルギー消費率）に相当する。電子の静止質量は，アインシュタインの式 $E=mc^2$ を使って変換すると約511,000 eV（0.511 MeV）となる。

電磁放射　Electromagnetic radiation
電磁波を放射すること。放射された電磁波を指すこともある。

電弱力（電弱相互作用）　Electroweak force
電磁気力（電磁相互作用）と弱い力（弱い相互作用）が統一された力。電弱相互作用ともいう。グラショー（Sheldon Lee Glashow），ワインバーグ（Steven Weinberg）とサラム（Abdus Salam）の電弱統一理論によって予測され，ルビア（Carlo Rubbia）とファンデルメール（Simon van der Meer）によって実験的に検証された。彼らはノーベル物理学賞を1979年と1984年に受賞した。

天文単位 Astronomical unit
従来は観測から求められた地球と太陽の平均距離（約150,000,000 km）であったが，2012年の国際天文学連合（IAU）総会で，

$$1\,\text{天文単位} = 1.495978707 \times 10^{11}\,\text{m}$$

として固定値（定義定数）にすることが決議され，単位記号も従来のAUからauへと改められた。

電離（イオン化） Ionize
原子（分子や固体微粒子のこともある）から電子が放出されること。原子はおもに高エネルギー光子の吸収や他の粒子との衝突によって電離（イオン化）する。ビッグバンから約37万年のあいだ，宇宙の晴れ上がり以前は，宇宙にある原子（水素とヘリウム）はすべて電離していた。

同位体 Isotope
同じ元素の原子（したがって陽子の数は同じ）であるが，中性子の数が異なり，質量数が多少異なる原子核。安定なものと不安定なものがある。不安定で放射性崩壊（放射性壊変ともいう）を起こして安定な原子に変わるような同位体は放射性同位体と呼ばれる。

等温（な） Isothermal
物体のすべての部分が同じ温度を持っている状態。天体においては，均一な温度の外界の中にある温度の高い天体で冷却プロセスが効率的に働き，熱が取り除かれ，その天体が（低い）外界の温度に達したときにこの状態が生じる。分子雲の中で重力崩壊して星を形成する密度の高いコアはこの状態にある。

等級 Magnitude
天文学で天体の見かけの明るさを測定する尺度。5等級の違いが明るさ（エネルギーフラックス）の100倍の違いに対応する。等級は明るいほど数値が小さくなるように定義されている。こと座のベガ（織女星）が0等で，肉眼で見えるもっとも暗い星は6等星，夜空で一番明るい星シリウスは−1.6等星，太陽は−26.5等星である。

等方的な Isotropic
どの方向を見ても性質が同じこと。

特異点 Singularity
密度などの物理パラメータが無限大となる体積ゼロの数学的な概念における点。

閉じた箱モデル／クローズドボックスモデル Closed box model
もっとも単純な銀河の進化モデル。銀河の中での星生成を以下のようにモデル化する。銀河をイメージした閉じた（巨大な）箱の中に，星生成の起きるガスを入れる。ガスは，はじめはビッグバン元素合成直後の状態で水素とヘリウムだけからなっている。箱の中のガスは一様な密度（均質）で，ガスが外から流入することも外に流出することもない。この箱の中で，与えられた星生成率（ガスの量に比例）と初期質量関数にしたがって星が生まれる。短寿命の大質量星は生まれるとすぐに超新星爆発を起こし，吹き出された重元素を含むガスは一瞬で箱の中のガスに均等に混じり合う（これを瞬間リサイクリング近似という）。長寿命の小質量星はいったんできるとそのときの重元素量を保持したまま長時間生き延びる。時間が経つにつれて，ガスの中の重元素量は増加するが，ガスは減ってくるので作られる星は少なくなる。ある重元素量を持つ星の個数を経過時間の関数として表すことができるが，経過時間はガス中の重元素量に焼き直すことができるので（時間が経つほど重元素量が増える），観測データと比較するときには，星の個数を重元素量の関数として表現するのが普通である（図3.14参照）。

ドップラー効果 Doppler effect
光や音などの波の発生源が観測者に対して相対的な運動をしている場合に，波の波長（または周波数）が変化して観測されること。オーストリアの物理学者クリスチャン・ドップラー（Christian Andreas Doppler）が1842年に公表した論文で，星の色の観測から推測して光と音波の場合に定式化した（星の色に関するドップラーの考察や計算は一部間違っていた）。音波に関するドップラーの式は，1845年にオランダ人のバロット（Christophorus Buys Ballot）がユトレヒトで，屋

根のない列車に乗った楽団のトランペット奏者が吹く音を絶対音感を持った音楽家が聞いて音程が変化する実験を行って証明した。星のスペクトルに見られるフラウンホーファー線の波長のずれから相対速度を求められることはフランス人のフィゾー(Hippolyte Fizeau)が示した(1848-1870年)。

ドップラー偏移　Doppler shift

ドップラー効果により波長または周波数が変化すること。変化量そのものを指すこともある。光の場合，両者が近づくときは(短波長への)青方偏移，遠ざかるときは(長波長への)赤方偏移が起きる。偏移量は相対速度が速いほど大きいので，偏移量から速度を知ることができる。

トランジット(通過)　Transit

太陽系外惑星が中心星と地球のあいだを通過すること。このときに一時的に星が暗くなる。星の明るさの変化をモニターして，トランジットによる周期的な明るさの変化から惑星を見つける太陽系外惑星の探査法をトランジット法という。金星や水星が太陽の手前で太陽面を横切る現象は，太陽面通過と呼ばれる。

トンネル効果

Tunneling(effect)/quantum tunneling

量子力学では，粒子は古典的には乗り越えることができないはずのポテンシャルの壁をすり抜けて，ある確率で反対側の領域に侵入することができる。これをトンネル効果と呼び，量子力学が古典力学と異なる端的な例の一つである。恒星内部の核反応だけでなく，現在の電子技術の多くもこのトンネル効果を利用している。

内生生物　Endosymbionts

他の生物の体内あるいは細胞内で共生している生物。内部共生体ともいう。

ニュートラリーノ　Neutralino

自然界の力を説明する超対称性統一理論(SUSY GUTs)で存在が予言される粒子。この理論では，既知の素粒子にはいずれも超対称パートナーが存在すると予測されている。ニュートラリーノはもっとも軽く，電気的に中性の超対称パートナーであり，冷たいダークマターの候補である。2021年時点で，どのような種類の超対称パートナー粒子も実験的には観測されていない。

ニュートリノ　Neutrino

物質と非常に弱い相互作用をする，電荷を持たないきわめて質量の小さい素粒子。電子ニュートリノ，ミューニュートリノ，タウニュートリノの3種類がある。熱いダークマターの候補と考えられたこともあったが，現在は否定されている。

熱水噴出孔　Hydrothermal vent

通常は海底にある亀裂で，そこから熱水や反応性ガスが噴出する。熱水の温度は数100℃に達することもあり，重金属や硫化水素が熱水に豊富に溶けているものもある。

パーセク　Parsec

天文学で用いられる距離の単位。1天文単位(地球と太陽のあいだの平均距離にほぼ等しい)を見込む角度が1秒角になる距離。単位はpcで，$1\,\mathrm{pc} = 3.09 \times 10^{13}\,\mathrm{km}$(3.26光年)。

白色矮星　White dwarf

質量が太陽質量の約8倍以下の星の進化の最終段階に残る星。白色矮星として残るのは電子の縮退圧で支えられた星の中心核(コア)で，構成する元素はヘリウムであったり，炭素-酸素(大多数の場合)であったり，酸素-ネオン-マグネシウムであったりする。典型的な直径は地球(約15,000 km)程度で，質量は0.6太陽質量程度である。単独に存在する白色矮星は時間とともに冷えて暗くなっていく。電子の縮退圧で支えきれる白色矮星の質量の上限は約1.4太陽質量で，これはチャンドラセカールの質量限界と呼ばれる。外部からガスが降着して質量がこの値を超えると重力崩壊して超新星爆発(Ia型)を起こす(中性子星になる場合もある)。

破砕(核破砕反応)　Spallation

原子核が壊される反応。特に，宇宙線が当ったときに重い原子核が壊れること。

ハッブル定数　Hubble constant

ハッブル-ルメートルの法則(銀河の後退速度と距

離の比例関係)を表す直線の傾き。宇宙の現在の膨張率を表す。一般に記号H_0で表される。ハッブル定数は時間の逆数の次元を持っているので,ハッブル定数の逆数$1/H_0$は時間の次元を持ち,これを「ハッブル時間」と呼ぶ。

ハッブル・ディープ・フィールド(ハッブル深宇宙)
Hubble Deep Field

1995年12月18日から28日まで10日間連続して,ハッブル宇宙望遠鏡の広視野惑星カメラ2(WFPC2)をおおぐま座の一角に向けて,従来にない長時間露光を行い深い(暗い天体まで写っている)画像を撮影した。差し渡し2.4分角のこの領域(満月の約1/150の面積),および得られた画像を総称する呼び名がもともとのハッブル・ディープ・フィールド(HDFと略称)である。地上からの観測ではほとんど何も見えなかった領域に2500個を超す微光銀河の姿が映し出されて,大きなインパクトを与えた。この成功を受けて,さらに1998年には南天でハッブル・ディープ・フィールド・サウス(HDF-South),2003-2004年には新しい広視野カメラ(ACS)でハッブル・ウルトラディープ・フィールド(HUDF),さらに2012年にはハッブル・エクストリーム・ディープ・フィールド(HXDF)が撮影された。これらのハッブル宇宙望遠鏡による深探査天域をまとめてハッブル・ディープ・フィールドと呼ぶことがある。

ハッブルの法則 Hubble's Law
ハッブル-ルメートルの法則を参照。

ハッブル-ルメートルの法則
Hubble-Lemaître law

銀河の後退速度と地球からの距離の比例関係。一様に膨張する宇宙の自然な観測結果である(第1章の「宇宙の膨張」の節を参照)。1929年のエドウィン・ハッブル(Edwin Hubble)の論文以降「ハッブルの法則」と呼ばれてきたが,2018年以降「ハッブル-ルメートルの法則」と呼ぶことが推奨されている。その経緯は以下の通りである。ハッブルの論文が出版される2年前の1927年に,ベルギーの宇宙物理学者でカトリックの神父でもあるジョルジュ・ルメートル(Georges Lemaître)は,アルベルト・アインシュタイン(Albert Einstein)の一般相対性理論の方程式を解いて,1922年に出版されたアレクサンドル・フリードマン(Alexander Friedmann)の論文とは独立に,膨張する宇宙に対応する解を導き出した(ルメートル解)。ところが彼の論文はフランス語で書かれ,発表された雑誌がベルギーの学術雑誌であったため,この事実は世界の研究者にほとんど知られなかった。ケンブリッジ大学でルメートルの師でもあったイギリスの高名な天文学者アーサー・エディントン卿(Arthur Eddington, Sir)の紹介で,この論文は英訳されて1931年に英国王立天文学会の学術誌に公表されて広く知られることとなった。ルメートルは,1927年の論文で,当時入手できたデータに基づいて,銀河の後退速度と距離のあいだに比例関係があることを示し,今日いうハッブル定数まで求めていた。しかしこの部分は,英訳版の論文には掲載されていなかった。このことが2011年頃から広く知られるようになり,ハッブルに先立つルメートルの宇宙膨張の発見に対する貢献を評価する声が学界で高まった。これを受けて2018年8月20-31日にオーストリアのウィーンで開催された第30回国際天文学連合(International Astronomical Union:IAU)総会で,IAU執行委員会は,「宇宙の膨張を表す法則は今後『ハッブル-ルメートルの法則』と呼ぶことを推奨する」という決議を提案した。この決議は2018年10月に会員の投票で可決承認された。

ハビタブルゾーン Habitable zone
中心星からの距離が適度で,地球と似た生命が存在できる惑星系の空間。中心星からの距離範囲は,液体の水が天体表面に安定に存在できる条件(惑星の表面温度が0°C-100°Cの範囲)から求める。生命居住可能領域,生存可能圏などと呼ばれることもある。

ハビタブル惑星(生命居住可能惑星)
Habitable planet

液体の水を持ち,生化学に必要な元素が供給され，何10億年も安定して生命が居住可能な環境を持つ惑星。定量的な数値に基づく科学的な定義が存在するわけではない。

バリオン　Baryon
天文学では（ダークマターでない）通常の物質の構成要素である陽子，中性子，電子の総称。通常の物質をバリオンあるいはバリオン物質ということもある。素粒子物理学のバリオンの定義とは若干異なる。ダークエネルギー，ダークマター，通常の物質（バリオン）が現在の宇宙のエネルギー密度に占める割合はそれぞれ69%，26%，5%である。

パルサー　Pulsar
短く非常に正確な周期を持つ電磁波（通常は電波）のパルスによって検出される天体。周期は1ミリ秒から10秒程度までの広い範囲にわたる。非常に強い磁場を持つ回転する中性子星である。本書の第4章で詳しく解説されている。ミリ秒パルサーも参照。

バルジ　Bulge
渦巻銀河とS0銀河の中心部にあるほぼ球状または回転楕円体状の膨らんだ成分。その周りに扁平な円盤（ディスク）成分が広がっている。年齢の古い星から構成されている。

ハロー　Halo
渦巻銀河の円盤よりもさらに遠くまで広がり，円盤を包みこむようにほぼ球状に分布している星の成分。バルジや銀河円盤に比べて星の密度が圧倒的に低いため観測が難しい。恒星の分布するハローとは別に，銀河や銀河団を包み込むダークマターの塊をダークマターハローという。

パワースペクトル　Power spectrum
時間的あるいは空間的に変動する信号を統計的に特徴づける量の一つ。信号をさまざまな波長λの波の重ね合わせとして表し（フーリエ変換），その各成分波の強度（振幅の2乗）を振動数（周波数）fまたは波数（波長の逆数$1/\lambda$）の関数として表したものがパワースペクトルである。時系列信号では，波長と振動数の関係は$\lambda f=v$となる。ここでvは波の伝わる速度である。空間におけるパターンを波として表す場合は「空間波長」，「空間周波数」という呼び方をすることがある。

半減期　Half-life
特定の放射性物質や素粒子が崩壊してその量が半分になるまでの時間。

パンスペルミア説　Panspermia
生命は宇宙に広く存在し，地球の生命も宇宙の他の場所から運ばれてきたという考え。

反粒子　Antiparticle
ある素粒子に対して，質量とスピンが等しく，電荷など正負の属性が逆である粒子。粒子と反粒子が衝突すると対消滅が起き，二つの粒子はなくなって高エネルギー光子が生成される。

比角運動量　Specific Angular Momentum
単位質量あたりの角運動量。角運動量とは，運動量に作用する距離を掛けたベクトル量である。円運動の場合，角運動量の大きさは（質量×速度）×（円の半径）で，比角運動量の大きさは，（速度）×（円の半径）である。

非生物的合成　Abiotic synthesis
非生物的プロセス（すなわち，生体系が存在しない状態での化学反応）によって有機分子を生産すること。

非線形　Nonlinear
変数の1次よりも高い次数の項を含む関数を非線形関数という。現象が，非線形関数で表されるように，比例関係（線形関係）以上に急速に変化することを指す言葉。

ビッグバン　Big Bang
約138億年前，非常に高温で高密度な状態で激しく膨張する宇宙が誕生したこと。誕生直後の超高温・超高密度の状態もビッグバンと呼ぶことがある。ビッグバンで宇宙が誕生したとする考えがビッグバン宇宙論である。

非熱的運動　Nonthermal motion
ある温度に対応する粒子の熱運動以外の運動，たとえば電磁相互作用，大局的な流れや乱流などに起因する粒子の運動などを指す言葉。

非バリオンの　Nonbaryonic
中性子と陽子と電子で構成されている既知の物質ではないことを示す用語。

微惑星 Planetesimal
惑星形成の初期に原始惑星系円盤内に存在した，大きさが1km程度の岩石状の微小天体。これらが衝突合体により集積して惑星となった。隕石重爆撃期も参照。

不透明度 Opacity
物質が電磁放射の流れを妨げる程度を表す指標。完全に透明な物質は不透明度ゼロ，電磁放射をまったく通さない物質は不透明度1である。

フラクタル Fractal
フランスの数学者で経済学者のマンデルブロ（Benoît B. Mandelbrot）が導入した幾何学の概念。あるものの任意の小さな部分をどんなに拡大しても元のものと同じ統計的特性を共有しており，全体と区別がつかないという数学的特性を持つパターンのこと。このようなパターンは自然界ではよく見られる（たとえば，海岸線など）。

ブラックホール Black hole
重力場が非常に強く，光でさえも外に出られない時空の領域。アインシュタイン（Albert Einstein）の一般相対性理論によって存在が予測された。1970年代初めにX線の観測から連星系「はくちょう座X-1（Cyg X-1）」の一つの高密度星がブラックホールだとわかり，観測的にその存在が確立した。ブラックホールはおもに観測的な視点から恒星質量ブラックホール（5-15太陽質量）と超大質量ブラックホール（100万-数十億太陽質量）に分類されている。前者は大質量の恒星が超星爆発を起こした後に残されるもので，銀河の中に散在している。後者は銀河の中心核にあるがその成因はまだよくわかっていない。数は少ないが，両者の中間の質量（1000ないし1万太陽質量）を持つものも観測されている。また，ビッグバンの直後にきわめて小質量の原始ブラックホールが多数形成されたとする理論もある。近年の重力波の発生源となったブラックホールは従来の恒星質量ブラックホールよりも質量が大きい傾向がある。本書の第4章で詳しく解説されている。

分光器 Spectrograph
電磁波の強度（明るさ）をプリズムや回折格子などの分散素子を使って波長の関数（スペクトル）として表示する装置。

分子雲 Molecular cloud
主要な成分である水素がおもに水素分子の状態になっている星間ガス雲。典型的な数密度は1立方センチあたり水素原子約100個，典型的な温度は絶対温度で10-50K，質量は通常，太陽質量の1万から100万倍の範囲にある。星は分子雲中で，密度が高くなったコア（分子雲コア）が重力崩壊して生まれる。

分子雲コア Molecular cloud core
分子雲中で密度が特に高い領域。個々の星の誕生の場となる。サイズは1光年程度で，密度は1立方センチあたり10^4水素原子程度。分子雲コアの重力崩壊から星が生まれる。分子雲コアの質量は，形成される星よりは大きいが，分子雲よりはるかに小さい。

べき乗則（冪乗則） Power law
$f(x)=ax^n$で表される関係。指数nをべき指数という（aは定数）。$f(cx)=a(cx)^n=c^nax^n\propto f(x)$となるので，独立変数$x$を定数$c$倍するスケール変換で形が変わらないという特徴を持つ。万有引力の法則やクーロン力など自然界の多くの法則に見られる。

変光星 Variable star
時間とともに明るさが変化する星。変光の原因によってさまざまな名前がつけられている。星自身が膨張したり収縮したりすることで変光する脈動変光星，フレア（小規模な表面爆発）活動によるフレア星，爆発的な現象による激変星，誕生しつつある星と降着円盤の作用に起因するTタウリ型星等がある。連星系において，星が周期的に隠されることによって変光するものは食変光星と呼ばれる。

放射性原子核 Radioactive nucleus
放射性崩壊を起こして安定な原子核へと変わる原子核。放射性同位体ともいう。同位体も参照。

放射性崩壊（放射性壊変） Radioactive decay
不安定な原子核が，電子（β線），ヘリウム原子核(α線)，ガンマ線(γ線)などを自発的に放出して安定な原子核へと変わる現象。原子核の中にない単独の中性子(自由中性子)が電子と反電子ニュートリノを放出して陽子になる変化も，中性子の放射性崩壊と呼ぶことがある。

ボーアの原子模型 Bohr model
1913年にコペンハーゲン大学のニールス・ボーア(Niels Bohr)が提案した原子のモデル。ボーアの原子模型においては，原子核を取り巻く電子軌道の集まり(電子の収容場所)をいくつかの球殻(電子殻)で表した。それぞれの球殻は電子のエネルギー準位に対応しており，エネルギー準位の低い内側からK殻，L殻，M殻，N殻，…と名付けられている(量子力学の主量子数$n=1$, 2, 3, 4, …に対応する)。電子はエネルギー準位の低い殻から順に入るが，それぞれの殻に入ることができる電子の数の最大値は$2n^2$であり，K, L, M, N殻に対してはそれぞれ2, 8, 18, 32となる。殻に最大値まで電子が入っている状態を閉殻という。

星生成／星形成 Star Formation
星が生まれること。星生成活動，星生成領域，星生成史，星生成率など修飾語的な使い方も多い。これに対応する英語はstar formation/star formingだが，日本語では「星生成」と「星形成」という二つの表記が使われる。銀河系や近傍銀河内での星の誕生の素過程を扱う分野では星形成が，遠方銀河や宇宙全体を見る場合には星生成が多く使われる傾向がある。

星の種族 Stellar population
年齢と重元素量がほぼ同じ星の集団を指す言葉。渦巻銀河の円盤にある重元素を多く含む若い星は種族I，バルジやハローにある重元素の少ない星は種族IIと分類されている。重元素をまったく含まない宇宙初期に最初に誕生した世代の星は種族III(初代星，第一世代の星，などということもある)と呼ばれる。純粋な種族IIIの星は2021年現在まだ見つかっていないが，重元素が太陽の10万分の1以下の星は見つかっている。種族合成(population synthesis)という手法では，銀河などの大規模な恒星系を構成する多数の星の集合体を，重元素量，年齢などがさまざまに異なる多くの種族の混合で説明する。

マグネター Magnetar
約10^{15}ガウスという超強磁場を持つ中性子星。一般的な中性子星の磁場強度は10^{12}ガウスである。

密度ゆらぎ Density fluctuation
一般には，密度が平均よりもわずかに高い部分と低い部分が混在する状態あるいはそれらが存在する領域を指す。地球の大気中の高気圧帯や低気圧帯に似ているが，天文学では宇宙マイクロ波背景放射の温度ゆらぎに対応する初期宇宙の密度ゆらぎと，それが成長してゆく過程における宇宙の密度ゆらぎを指すことが多い。

ミリ秒パルサー Millisecond pulsar
典型的なパルサーの周期(0.1秒–10秒程度)に比べてきわめて短い周期(1ミリ秒–20ミリ秒)を持つパルサー。高速に自転する中性子星と考えられている。本書の第4章で詳しく解説されている。

冥王星型天体 Plutoid
海王星軌道より遠方にある小天体のうち比較的大きいもの。2006年にプラハで開かれた総会で国際天文学連合は惑星の定義と太陽系天体の名称についての決議を採択した。海王星軌道以遠にある小天体は，カイパーベルト天体，あるいはエッジワース–カイパーベルト天体と呼ばれてきたが，新しい定義では「太陽系外縁天体」となった。新しい惑星の定義では冥王星は惑星ではなくなり，太陽系の惑星は水星，金星，地球，火星，木星，土星，天王星，海王星の8個となった。冥王星は太陽系外縁天体に分類されることになったが，太陽系外縁天体の中で大きなものには「冥王星型天体」という新しい種族名がつけられた。2021年現在，冥王星，エリス，マケマケ，ハウメアの4天体がこれに属している。太陽系外縁天体の発見が増えるにつれて，冥王星型天体は今後も増えることが予想される。
http://www.scj.go.jp/ja/info/kohyo/pdf/kohyo-20-t35-1.pdf

http://www.scj.go.jp/ja/info/kohyo/pdf/kohyo-20-t39-3.pdf

有機物　Organic material

炭素を含む化合物や分子の大部分。有機化合物ともいう。炭素を含んでいても，一酸化炭素や二酸化炭素などの単純なものは有機物に含めない。18世紀頃に有機体(生物)に由来する化合物に対して用いられたが，生物由来でない有機物，人工的に合成された有機物も多数ある。

陽子　Proton

原子核の中にある正に荷電した粒子。化学元素によって原子核中の陽子の数が異なる。大きさは10^{-15}m程度で質量は約1.7×10^{-27}kg(中性子とほぼ同じ)。

陽子－陽子連鎖反応(p－pチェイン)

Proton-proton chain

陽子(水素の原子核)4つから1つのヘリウム原子核を合成する一連の水素燃焼反応。

陽電子　Positron

電子の反粒子で，質量は電子と同じだが電荷の符号が反対である(正の素電荷を持つ)。

弱い力(弱い相互作用)　Weak(nuclear)force

自然界に存在する四つの力(相互作用)の一つ。弱い力は，放射性物質の崩壊や，太陽中心部の核融合反応のいくつかの原因となっている。弱い相互作用ということもある。

ラグランジュ点　Lagrangian point

天体力学でいう制限三体問題の5つの平衡解に付けられた名前。天体1(質量M_1)の周りを天体2(質量$M_2<M_1$)が円運動している場合に，天体1と天体2を結ぶ線が動かないような回転する座標系では，質量の無視できる天体3が静止したままでいられる場所が5か所(L_1－L_5)存在し，これらをラグランジュ点と呼ぶ。5つの位置は，2天体を結ぶ線上に3か所(2天体のあいだに1つ《L_1》，天体2の外側に1つ《L_2》，天体1に関して天体2と反対側に1つ《L_3》)，および天体1，天体2と正三角形を作るようなところに2つ(天体2の進行方向側がL_4，逆側がL_5)である。

乱流　Turbulence

流体の流れの状態の一つで，流体中にさまざまな方向に乱れたカオス的な非定常運動がある状態。これに対して，流体が一方向に向かって規則正しく運動する状態を層流と呼ぶ。簡単に見られる典型的な例は，水道の蛇口から出る水の流れである。流れが少ないときになめらかな筋のように落ちる流れが層流，蛇口を大きく開いて勢いよく落ちる流れが乱流である。流れが層流になるか乱流になるかは，流れの長さ，速度，流体の密度と粘性係数を組み合わせたレイノルズ数によってある程度判定できる。

リボ核酸(RNA)　RNA(Ribonucleic acid)

DNAの遺伝情報を読み取ってタンパク質合成に関与する情報伝達分子。DNAが「遺伝情報の保存」を担うのに対して，RNAはDNAの遺伝情報をタンパク質へ橋渡しする役目を担う。最近では生物の体内で働く触媒である酵素のような働きをするものがあることも分かっている。DNAは二重らせんを形成するが，RNAは原則一本鎖の構造をしている。RNAはDNAに比べて化学的に不安定である。

量子ゆらぎ　Quantum fluctuation

量子力学の不確定性原理により引き起こされるエネルギーのゆらぎ(変化)。宇宙の初期にあったランダムな素粒子レベルの量子ゆらぎがインフレーションで大きく拡大され，星や銀河などの宇宙の構造を作る種となった。

量子力学　Quantum mechanics

原子などの非常に小さなスケールでの物質の振る舞いや電磁放射などをうまく説明する理論。20世紀に登場した。量子力学では，位置を精密に測定すると運動量の値が不確定になるという不確定性原理があり，事象は確率的に記述される。

臨界密度　Critical density

永遠に膨張する密度の低い宇宙と，やがて膨張が止まって逆に収縮をはじめる密度の高い宇宙を分ける境目の密度。本書の第1章では，宇宙の密度を一定として，ある点を中心に半径rの球を考え，その表面における脱出速度が後退速度と等しいとする古典力学の宇宙モデル

により臨界密度を求めた。この場合，脱出速度と後退速度の関係は

$$V_{\mathrm{esc}} = \sqrt{2\mathrm{G}M/r} = H_0 r$$

となる。ここで，Mは半径rの球内にある宇宙の質量，Gは万有引力定数，H_0はハッブル定数である。この式と球の密度の式

$$\rho = M/(4\pi r^3/3)$$

を組合わせれば臨界密度

$$\rho_{\mathrm{crit}} = 3H_0^2/8\pi\mathrm{G}$$

が求まる。

ルックバックタイム　Lookback time

現在から昔に遡って測る時間のこと。宇宙誕生のビッグバンを時刻$t=0$として順方向に測る時間を「宇宙時間」とすると，ルックバックタイムは現在の宇宙年齢（138億年）から宇宙時間を引いた値となる。

レーザー干渉計重力波天文台（LIGO）

Laser Interferometer Gravitational-wave Observatory（LIGO）

アメリカ国立科学財団（NSF）が，イギリス，ドイツ，オーストラリアなどからの貢献をうけて米国に建設した重力波検出器。英文名称の頭文字を取ってLIGO（ライゴ）と略称される。距離約3000 km離れたルイジアナ州のリビングストン（Livingston, Louisiana）とワシントン州のハンフォード（Hanford, Washington）にある2つの観測所に設置されているL字型構造をしたレーザー干渉計からなる。リビングストンのものは腕の長さが4 km，ハンフォードには腕の長さが2 kmと4 kmの2機がある。2015年に二つのブラックホールの合体に伴う重力波を，アインシュタインの予言の100年後についに検出した。

連星パルサー　Binary pulsar

その片方がパルサー（中性子星）である連星。二つともパルサーの場合には二重パルサー連星と呼ぶ。

連続光（連続波）　Continuum

天体から放出される放射のうち連続光（電波では連続波と呼ぶ）は，ある波長範囲でどの波長でも強度があるような放射で，広い波長範囲にわたる基準レベルである。実際の天体スペクトルではしばしば，連続光（連続波）にスペクトル線と呼ばれる細いスパイクが重なっており，連続光（連続波）のレベルに加算（輝線）または減算（吸収線）される。第4章にある原始星と原始惑星系円盤からのミリ波／サブミリ波の連続波はダスト粒子の熱放射によるものである。

ワームホール　Wormhole

別々の宇宙，あるいは私たちの宇宙の別々の場所ある2つのブラックホールのあいだを繋ぐ抜け道となる時空構造。アインシュタイン－ローゼン橋とも呼ばれる。

矮小銀河　dwarf galaxy

通常の銀河に比べて明るさや大きさが1/100程度以下の銀河の総称。矮小銀河との対比で通常の銀河を巨大銀河（giant galaxy）ということがある。矮小銀河は一般に巨大銀河よりも表面輝度が低い（暗い）。矮小銀河の中でも明るいものはいくつかのタイプに分類されてきたが，観測技術が進んで，球状星団程度の質量しかないきわめて小規模な非常に暗い矮小銀河（Ultra-faint dwarf galaxy：UFD）が多数見つかっている。

惑星状星雲　Planetary nebula

赤色巨星が寿命の終わり近く（白色矮星になる前に）に噴き出したガスの殻が，中心の高温の星のコアからの紫外線によって電離されて光るもの。昔望遠鏡の性能が良くなかった時代に，惑星のように見えることからこの名前がついたが，惑星とは関係ない。

天文学に関連する用語の解説としてこの用語集の他に，日本天文学会編『インターネット天文学辞典』を紹介します。天文・宇宙に関する3000以上の用語をわかりやすく解説しており，登録は不要で無料で誰でも利用できます。
https://astro-dic.jp/

参考文献・参照webサイト

第1章

[1] Alpher, R. A., and Herman, R. 1948. Evolution of the universe. *Nature* 162:774-775.

[2] Blake, C. *et al.* 2011, The WiggleZ Dark Energy Survey: Testing the Cosmological Model with Baryon Acoustic Oscillations at z=0.6. *Monthly Notices of the Royal Astronomical Society*, 415, 2892-2909.

[3] Brush, S. G. 1992. How cosmology became a science. *Scientific American* 267: 62-70.

[4] Copi, C., Schramm, D., and Turner, M. 1995. Big Bang nucleosynthesis and the baryon density of the universe. *Science* 267: 192-199.

[5] Eisenstein, D. *et al.* 2005, Detection of the Baryon Acoustic Peak in the Large-Scale Correlation Function of SDSS Luminous Red Galaxies. *Astrophysical Journal* 633: 560-574.

[6] Freedman, W. L. 1992. The expansion rate and size of the universe. *Scientific American* 267: 54-60.

[7] Gulkis, S., Lubin, P., Meyer, S., and Silverberg, R. 1990. The cosmic background explorer. *Scientific American* 262: 132-139.

[8] Guth, A. 1981. Inflationary Universe: A possible solution to the horizon and flatness problems. *Physical Review* (D) 23: 347-356.

[9] Guth, A., and Steinhardt, P. 1984. The inflationary universe. *Scientific American* 250: 116-128.

[10] Hubble, E. 1929. A relation between distance and radial velocity among extragalactic nebulae. *Proceedings of the National Academy of Sciences* 15: 168-173.

[11] Krauss, L. 1986. Dark matter in the Universe. *Scientific American* 255: 58-68.

[12] Linde, A. 1994. The self-reproducing inflationary Universe. *Scientific American* 271(5): 48-55.

[13] Maccio, *et al.* 2012. Cores in Warm Dark Haloes: A Catch 22 Problem. *Monthly Notices of the Royal Astronomical Society,* 424, 1105-1112.

[14] Peebles, P. J. E., Schramm, D. N., Turner, E. L., and Kron, R. G. 1994. The evolution of the Universe. *Scientific American* 271(4): 52-57.

[15] Penzias, A. A., and Wilson, R. W. 1965. A measurement of excess antenna temperature at 4080 Mc/s. *Astrophysical Journal* 142: 419-421.

[16] Riess, A. G. *et al.* 2011. A 3% solution: Determination of the Hubble Constant with the HST and WFC3. *Astrophysical Journal* 730: 119-137.

[17] Saha, A., Labhardt, L., Schwengeler, H., Maccheto, F. D., Panagia, N., Sandage, A., and Tammann, G. A. 1994. Discovery of cepheids in IC 4182. *Astrophysical Journal* 425: 14-34.

[18] Schramm, D. N., *The Big Bang and Other Explosions in Nuclear and Particle Astrophysics* (Singapore: World Scientific, 1995), p. 175.

[19] Starobinsky, A. A. 1979. Relict gravitational radiation spectrum and initial state of the universe. *Journal of Experimental and Theoretical Physics Letters* 30: 682-685.

第2章

[1] Christian, C. and Roy, J.-R. 2017 *A Question and Answer Guide to Astronomy*, (Cambridge: Cambridge University Press).

[2] Dunkley, J. 1998. *Our Universe: An Astronomer's Guide*, (Cambridge, Mass.: Harvard University Press).

[3] Elmegreen, D. M. 1998. *Galaxies and Galactic Structure*, (Saddle River, New Jersey: Prentice Hall).

[4] Gallagher, J. S. and Sparke, L. S. 2000. *Galaxies in the Universe: An Introduction*, (Cambridge: Cambridge University Press).

[5] Sheehan, W. and Conselice, C. J. 2015. *Galactic Encounters: Our Majestic and Evolving Star-System, From the Big Bang to Time' s End*, (Springer-Verlag New York). ISBN 978-0-387-85346-8.

[6] Voight, H. H. 1999. *Interstellar Matter, Galaxy*, Universe Portico Content Set: Springer E-Books, Portico Item ID: ark:/27927/pbb7fhktdSpringer-Verlag GmbH E-Book Agreement, Version 1.0 (July 7, 2009) https://access.portico.org/stable?au=pbb7fhktd

[7] William W. H. and Paul H. W. 2003. *Galaxies and the Cosmic Frontier*, (Cambridge, Mass.: Harvard University Press).

[8] Williams, R. 2018. *Hubble Deep Field and the Distant Universe*, IOP Astronomy, Institute of Physics Publishing, ISBN 075031754X, 9780750317542

[9] https://imagine.gsfc.nasa.gov/science/objects/galaxies1.html

[10] https://www.teachastronomy.com/

第3章

[1] Bethe, H. A. 1939. Energy production in stars. *Physical Review* 55: 434-456.

[2] Bethe, H. A., and Critchfield, C. L. 1938. The formation of deuterons by proton combination. *Physical Review* 54: 248-254.

[3] Burbidge, E. M., Burbidge, G. R., Fowler, W. A., and Hoyle, F. 1957. Synthesis of the elements in stars. *Reviews of Modern Physics* 29: 547-650 (B^2FH).

[4] Cameron, A.G.W. 1957. Chalk River Report CRL-41 and nuclear reactions in stars and nucleogenesis. *Publications of the Astronomical Society of the Pacific* 69: 201-222.

[5] Chandrasekhar, S. 1931. The maximum mass of ideal white dwarfs. *Astrophysical Journal* 74: 81-82.

[6] Chandrasekhar, S. 1935. The highly collapsed configurations of a stellar mass. *Monthly Notices of the Royal Astronomical Society* 95: 207-225.

[7] Chang, S. 2015. Astronomers observe a nascent galaxy stuck to the cosmic web. *Physics Today* 14-15.

[8] Frebel, A. and Norris, J. E. 2015. Near-field cosmology with extremely metal-poor stars. *Annual Review of Astronomy and Astrophysics* 53: 631-688.

[9] Frebel, A. 2015. *Searching for the Oldest Stars* (Princeton University Press).

[10] Galli, D., and Palla, F. 2013. The dawn of chemistry. *Annual Review of Astronomy and Astrophysics* 51: 163-206.

[11] Gamow, G. 1949. On relativistic cosmogony. *Review of Modern Physics* 21: 367-373.

[12] Martin, D.C. *et al.* 2015. *Nature* 524: 192–195.
[13] Merrill, P. 1952. Technetium in the stars. *Science* 115: 484.
[14] Nomoto, K., Kabayashi, C., and Tominaga, N. 2013. Nucleosyntheiss in stars and the chemical enrichment of galaxies. *Annual Review of Astronomy and Astrophysics* 51: 57–509.
[15] Payne, C. H. 1925. *Stellar Astrosphysics* (Cambridge, UK: Heffer & Sons).
[16] Scerri, E. 2007. *The Periodic Table* (Oxford University Press).
[17] Somerville, R. S., and Dave, R. 2015. Physical models of galaxy formation in a cosmological framework. *Annual Review of Astronomy and Astrophysics* 53: 051–114.
[18] Thielmann, F., Eichler, M., Panov, I., and Wehmeyer, B. 2017. Neutron star mergers and nucleosynthesis of heavy elements. *Annual Review of Nuclear and Particle Science* 67: 253–274.
[19] Tinsley, B. M. 1968. Evolution of the stars and gas in galaxies. *Astrophysical Journal* 151: 547–565.
[20] Tinsley, B. M. 1980. Evolution of the stars and gas in galaxies. *Fundamentals of Cosmic Physics* 5: 287–388.
[21] Trimble, V. 1975. Origin and abundances of the chemical elements. *Reviews of Modern Physics* 47: 877–976.
[22] Trimble, V. 1991. Origin and abundances of the chemical elements revisited. *Astronomy and Astrophysics Review* 3: 1–46.
[23] Trimble, V. 2010. The origins and abundances of the chemical elements before 1957: From Prout's Hypothesis to Pasadena. *European Physical Journal* H 35: 89–109.

第4章

General Overview of Astronomy

[1] Filippenko, A. V. 2006. *Understanding the Universe: An Introduction to Astronomy* (2nd ed.) (Chantilly, VA: The Great Courses).
[2] Pasachoff, J. M. and Filippenko, A. V. 2019. *The Cosmos: Astronomy in the New Millennium* (5th ed.) (Cambridge: Cambridge University Press).
[3] Rees, M. 2012. *Universe: The Definitive Visual Guide* (London: Dorling Kindersley Ltd).

Stellar Evolution and White Dwarfs

[4] Cooke, D. A. 1985. *The Life and Death of Stars* (New York: Crown).
[5] Griffiths, M. 2012. *Planetary Nebulae and How to Observe Them* (New York: Springer).
[6] Kippenhahn, R. 1993. 100 *Billion Suns: The Birth, Life, and Death of the Stars* (Princeton: Princeton University Press).
[7] Meadows, A. J. 1978. *Stellar Evolution* (2nd ed.) (Oxford: Pergamon Press).
[8] Sagan, C. 1980. *Cosmos* (New York: Random House).

Supernovae

[9] Goldsmith, D. 1989. *Supernova!* (New York: St. Martin's Press).
[10] Kirshner, R. P. 2002. *The Extravagant Universe: Exploding Stars, Dark Energy, and the Accelerating Cosmos* (Princeton: Princeton University Press).

[11] Marschall, L. A. 1994. *The Supernova Story* (Princeton: Princeton University Press).

[12] Panek, R. 2011. *The 4 Percent Universe: Dark Matter, Dark Energy, and the Race to Discover the Rest of Reality* (Boston: Houghton Mifflin).

[13] Schilling, G. 2002. *Flash! The Hunt for the Biggest Explosions in the Universe* (Cambridge: Cambridge University Press).

[14] Wheeler, J. C. 2007. *Cosmic Catastrophes: Exploding Stars, Black Holes, and Mapping the Universe* (2nd ed.) (Cambridge: Cambridge University Press).

Neutron Stars and Pulsars

[15] Bloom, J. S. 2011. *What Are Gamma-Ray Bursts?* (Princeton: Princeton University Press).

[16] Greenstein, G. 1983. *Frozen Star* (New York: Freundlich Books).

[17] http://www.aip.org/history/mod/pulsar/pulsar1/01.html presents the story of the discovery of the first optical pulsar told by the scientists themselves.

Black Holes

[18] Bartusiak, M. 2017. *Einstein's Unfinished Symphony: The Story of a Gamble, Two Black Holes, and a New Age of Astronomy* (Updated Edition).(New Haven: Yale University Press).

[19] Begelman, M. and Rees, M. 2009. *Gravity's Fatal Attraction: Black Holes in the Universe* (2nd ed.) (Cambridge: Cambridge University Press).

[20] Filippenko, A. V. 2011. *Black Holes Explained* (video lectures).(Chantilly, VA: The Great Courses).

[21] Gates, E. 2010. *Einstein's Telescope: The Hunt for Dark Matter and Dark Energy in the Universe* (New York: W. W. Norton & Company).

[22] Hawking, S. W. 1988. *A Brief History of Time* (New York: Bantam Books).

[23] Kaufmann, W. J. Ⅲ. 1973. *Relativity and Cosmology* (New York: Harper & Ro).

[24] Kaufmann, W. J. Ⅲ. 1979. *Black Holes and Warped Spacetime* (New York: W. H. Freeman).

[25] Levin, J. 2016. *Black Hole Blues and Other Songs from Outer Space* (New York: Knopf).

[26] Melia, F. 2007. *The Galactic Supermassive Black Hole* (Princeton: Princeton University Press).

[27] Ostriker, J. and Mitton, S. 2012. *Heart of Darkness: Unraveling the Mysteries of the Invisible Cosmos* (Princeton: Princeton University Press).

[28] Schilling, G. 2017. *Ripples in Spacetime: Einstein, Gravitational Waves, and the Future of Astronomy* (Cambridge, MA: Harvard University Press).

[29] Shipman, H. L. 1980. *Black Holes, Quasars and the Universe* (2nd ed.) (Boston:Houghton Mifflin).

[30] Thorne, K. S. 1994. *Black Holes and Time Warps: Einstein's Outrageous Legacy* (New York: W.W. Norton & Co.).

[31] Thorne, K. S. 2014. *The Science of Interstellar* (New York: W. W. Norton & Co.).

Interesting Web Sites on the Internet

[32] https://eventhorizontelescope.org/

[33] https://imagine.gsfc.nasa.gov/science/objects/dwarfs1.html
[34] http://hyperphysics.phy-astr.gsu.edu/hbase/Astro/whdwar.html
[35] https://royalsocietypublishing.org/doi/full/10.1098/rsta.2011.0351
[36] https://www.ligo.caltech.edu/
[37] http://users.monash.edu.au/~johnl/StellarEvolnV1/

第5章

[1] Abt, H. A. 1983. Normal and abnormal binary frequencies. *Annual Review of Astronomy and Astrophysics* 21: 343-372.
[2] Adams, F. C. 2010. The birth environment of the solar system. *Annual Review of Astronomy and Astrophysics* 48: 47-85.
[3] Adams, F. C., Emerson, J. P., and Fuller, G. A. 1990. Submillimeter photometry and disk masses of T Tauri disk systems. *Astrophysical Journal* 357: 606-620.
[4] Adams, F. C., and Fatuzzo, M. 1996. A theory of the initial mass function for star formation in molecular clouds. *Astrophysical Journal* 464: 256-271.
[5] Adams, F. C., Lada, C. J., and Shu, F. H. 1987. Spectral evolution of young stellar objects. *Astrophysical Journal* 312: 788-806.
[6] Adams, F. C., Lada, C. J., and Shu, F. H. 1988. The disks of T Tauri stars with flat infrared spectra. *Astrophysical Journal* 326: 865-883.
[7] Adams, F. C., Ruden, S. P., and Shu, F. H. 1989. Eccentric gravitational instabilities in nearly Keplerian disks. *Astrophysical Journal* 347: 959-975.
[8] Adams, F. C., and Shu, F. H. 1986. Infrared spectra of rotating protostars. *Astrophysical Journal* 308: 836-853.
[9] ALMA Partnership, Brogan, C. L., Perez, L. M., Hunter, T. R., *et al.* 2015. The 2014 ALMA long baseline campaign: First results from high angular resolution observations toward the HL Tau region. *Astrophysical Journal* 808: L3-L12.
[10] Appenzeller, I., and Mundt, R. 1989. T Tauri stars. *Astronomy and Astrophysics Reviews* 1: 291-324.
[11] Arons, J., and Max, C. 1975. Hydromagnetic waves in molecular clouds. *Astrophysical Journal* 196: L77-L82.
[12] Balbus, S. A., and Hawley, J. F. 1991. A powerful local shear instability in weakly magnetized disks. I. Linear analysis. *Astrophysical Journal* 376: 214-222.
[13] Balbus, S. A., and Hawley, J. F. 1998. Instability, turbulence, and enhanced transportin accretion disks. *Reviews of Modern Physics* 70: 1-53.
[14] Batalha, N. M., Rowe, J. F., Bryson, S. T. *et al.*, 2013. Planetary candidates observed by Kepler. Ⅲ. Analysis of the first 16 months of data. *Astrophysical Journal Supplement* 204: 24-44.
[15] Beckwith, S., Sargent, A. I., Chini, R., and Gusten, R. 1990. A survey for circumstellar disks around young stars. *Astronomical Journal* 99: 924-945.
[16] Bergin, E. A., and Tafalla, M. 2007. Cold dark clouds: The initial conditions for star formation. *Annual Review of Astronomy and Astrophysics* 45: 339-396.
[17] Blitz, L. 1993. Giant molecular clouds. In Levy, E., and Mathews, M. S.,(Eds.), *Protostars and Planets Ⅲ* (Tucson: University of Arizona Press), pp. 125-162.

[18] Boley, A. C., Mejia, A. C., Durisen, R. H., Cai, K., Pickett, M. K., and D'Alessio, P. 2006. The thermal regulation of gravitational instabilities in protoplanetary disks. Ⅲ. Simulations with radiative cooling and realistic opacities. *Astrophysical Journal* 651: 517-534.

[19] Boss, A. 1997. Giant planet formation by gravitational instability. *Science* 276: 1836-1839.

[20] Butner, H. M., Evans, N. J., Lester, D. F., Levreault, R. M., and Strom, S. E. 1991. Testing models of low-mass star formation: High resolution far-infrared observations of L1551 IRS5. *Astrophysical Journal* 376: 636-653.

[21] Calvet, N., Hartmann, L. W., Kenyon, S. J., and Whitney, B. A. 1994. Flat spectrum T Tauri stars: The case for infall. *Astrophysical Journal* 434: 330-340.

[22] Cassen, P., and Moosman, A. 1981. On the formation of protostellar disks. *Icarus* 48: 353-376.

[23] Chabrier, G. 2003. Galactic Stellar and Substellar Initial Mass Function. *Publications of the Astronomical Society of the Pacific* 115: 763-795.

[24] Chandrasekhar, S. 1939. *Stellar Structur*e (New York: Dover).

[25] Chiang, E. I., and Goldreich, P. 1997. Spectral energy distributions of T Tauri stars with passive circumstellar Disks. *Astrophysical Journal* 490: 368-376.

[26] D'Alessio, P., Cantö, J., Calvet, N., and Lizano, S. 1998. Accretion disks around young objects. I. The detailed vertical structure. *Astrophysical Journal* 500: 411-427.

[27] Duchêne, G., and Kraus, A. 2013. Stellar multiplicity. *Annual Review of Astronomy and Astrophysics* 51: 269-310.

[28] Goldreich, P., and Sridhar, S. 1995. Toward a theory of interstellar turbulence. 2: Strong alfvenic turbulence. *Astrophysical Journal* 438: 763-775.

[29] Goodman, A. A. 1990. Interstellar magnetic fields: An observational perspective. Ph.D. Thesis, Harvard University.

[30] Haisch, K. E., Lada, E. A., and Lada, C. J. 2001. Disk frequencies and lifetimes in young clusters. *Astrophysical Journal* 553: L153-156.

[31] Hayashi, C. 1981. Structure of the solar nebula, growth and decay of magnetic fields and effects of magnetic and turbulent viscosities on the nebula. *Progress of Theoretical Physics Supplement* 70: 35-53.

[32] Heiles, C. H., Goodman, A. A., McKee, C. F., and Zweibel, E. G. 1993. Magnetic fields in starforming regions: Observations. In Levy, E., and Mathews, M. S.,(Eds.), *Protostars and Planets Ⅲ* (Tucson: University of Arizona Press), pp. 279-326.

[33] Houlahan, P., and Scalo, J. 1992. Recognition and characterization of hierarchical interstellar structure. II. Structure tree statistics. *Astrophysical Journal* 393: 172-187.

[34] Hoyle, F. 1960. On the origin of the solar system. *Quarterly Journal of the Royal Astronomical Society* 1: 28-55.

[35] Jijina, J.; Myers, P. C.; Adams, Fred C. 1999. Dense Cores Mapped in Ammonia: A Database. *Astrophysical Journal Supplement* 125: 161-236

[36] Johansen, A., Oishi, J. S., Mac Low, M.-M., Klahr, H., Henning, T., and Youdin, A. 2007. Rapid planetesimal formation in turbulent circumstellar disks. *Nature* 448: 1022-1025.

[37] Kant, I. 1755. Allegmeine Natuigeschichte and Theorie des Himmels. Germany. English Translation: Kant, I. 1986. *Universal Natural History and Theory of the Heavens*.

Translate by Jaki, S. K.(Edinburgh: Scottish Academic Press).

[38] Kenyon, S. J., Calvet, N., and Hartmann, L. W. 1993. The embedded young stars in the Taurus-Auriga molecular cloud. I. Spectral energy distributions. *Astrophysical Journal* 414: 676-694.

[39] Kenyon, S., and Hartmann, L. 1987. Spectral energy distributions of T Tauri stars: Disk flaring and limits on accretion. *Astrophysical Journal* 323: 714-733.

[40] Königl, A., and Pudritz, R. 2000. Disk winds and the accretion-outflow connection. In Mannings, V. Boss, A. P., and Russell S. S.(Eds.), *Protostars and Planets Ⅳ*(Tucson: University of Arizona Press), pp. 759.

[41] Kroupa, P. 2001. On the variation of the initial mass function. *Monthly Notices of the Royal Astronomical Society* 322: 231-246.

[42] Lada, C. J. 1985. Cold outflows, energetic winds, and enigmatic jets around young stellar objects. *Annual Review of Astronomy and Astrophysics* 23: 267-317.

[43] Lada, C. J., and Shu, F. H. 1990. The formation of sunlike stars. *Science* 1111: 1222-1233.

[44] Ladd,E.F., Adams, F.C., Casey, S.,Davidson,J.A.,Fuller, G.A.,Harper,D.A.,Myers,P.C.,and Padman,R.1991.Far infrared and submillimeter wavelength observations of star forming dense cores.Ⅱ.Spatial distribution of continuum emission. *Astrophysical Journal* 382: 555-569.

[45] Laplace, P. S. 1796. Exposition du Systeme du Monde(Paris). English Translation in: Knickerbocker, W. S. 1927. *Classics of Modern Scien*ce (Boston: Beacon Press).

[46] Larson, R. B. 1969. Numerical calculations of the dynamics of collapsing protostar. *Monthly Notices of the Royal Astronomical Society* 145: 271-295.

[47] Larson, R. B. 1981. Turbulence and star-formation in molecular clouds. *Monthly Notices of the Royal Astronomical Society* 194: 809-826.

[48] Laughlin, G. P., and Bodenheimer, P. 1994. Nonaxisymmetric evolution in protostellar disks. *Astrophysical Journal* 436: 335-354.

[49] Laughlin, G. P., Bodenheimer, P., and Adams, F. C. 2004. The core accretion model predicts few jovian-mass planets orbiting red dwarfs. *Astrophysical Journal* 612: L73-76.

[50] Liist, R. 1952. Die entwicklung einer um einen zeutralkorper rotierenden gasmasse. I. Loesungen der hydrodynamischen gleichungenmit turulenter reibung. *Zeitschrift für Naturforschung* 7a: 87-98.

[51] Lin, D. N. C., and Papaloizou, J. C. B. 1985. On the dynamical origin of the solar system. In Black, D. C., and Mathews, M. S.(Eds.), *Protostars and Planets Ⅱ* (Tucson: University of Arizona Press), pp. 981-1072.

[52] Lin, D. N. C., and Papaloizou, J. C. B. 1986a. On the tidal interaction between protoplanets and the primordial solar nebula.Ⅱ. Self-consistent nonlinear interaction. *Astrophysical Journal* 307: 395-409.

[53] Lin, D. N. C., and Papaloizou, J. C. B. 1986b. On the tidal interaction between protoplanets and the primordial solar nebula.Ⅲ. Orbital migration of protoplanets. *Astrophysical Journal* 309: 846-857.

[54] Lizano, S., and Shu, F. H. 1989. Molecular cloud cores and bimodal star formation. *Astrophysical Journal* 342: 834-854.

[55] Lynden-Bell, D., and Pringle, J. E. 1974. The evolution of viscous disks and the origin of the nebular variables. *Monthly Notices of the Royal Astronomical Society* 168: 603-637.

[56] Mac Low, M.-M., and Klessen, R. S. 2004. Control of star formation by supersonic turbulence. *Reviews of Modern Physics* 76: 125-194.

[57] Marois, C., Macintosh, B., Barman, T., Zuckerman, B., Song, I., Patience, J., Lafreniére, D., and Doyon, R. 2008. Direct imaging of multiple planets orbiting the star HR 8799. *Science* 322: 1348-1352.

[58] Mayor, M., and Queloz, D. 1995. A Jupiter-mass companion to a solar-type star. *Nature* 378: 355-359.

[59] McKee, C. F., and Ostriker, E. C. 2007. Theory of star formation. *Annual Review of Astronomy and Astrophysics* 45: 565-687.

[60] Miller, G. E., and Scalo, J. M. 1979. The initial mass function and stellar birth rate in the solar neighborhood. *Astrophysical Journal Supplement* 41: 513-547.

[61] Mouschovias, T. 1976. Nonhomologous contraction and equilibria of selfgravitating magnetic interstellar clouds embedded in an intercloud medium: Star formation. I. Formulation of the problem and method of solution. *Astrophysical Journal* 206: 753-767.

[62] Mouschovias, T., and Spitzer, L. 1976. Note on the collapse of magnetic interstellar clouds. *Astrophysical Journal* 210: 326-327.

[63] Myers, P. C. 1985. Molecular cloud cores. In Black, D.C., and Mathews, M. S.,(Eds.), *Protostars and Planets II* (Tucson: University of Arizona Press), pp. 81-103.

[64] Myers, P. C., Fuller, G. A., Mathieu, R. D., Beichman, C. A., Benson, P. J., Schild, R. E., and Emerson, J. P. 1987. Near-infrared and optical observations of IRAS sources in and near dense cores. *Astrophysical Journal* 319: 340-357.

[65] Myers, P. C., and Fuller, G. A. 1992. Density structure and star formation in dense cores with thermal and nonthermal motions. *Astrophysical Journal* 396: 631-648.

[66] Myers, P. C., and Goodman, A. A. 1988. Magnetic molecular clouds: Indirect evidence for magnetic support and ambipolar diffusion. *Astrophysical Journal* 329: 392-405.

[67] Nakano, T. 1984. Contraction of magnetic interstellar clouds. *Fundamentals of Cosmic Physics* 9: 139-232.

[68] Palla, F., and Stahler, S. W. 1990. The birthline for intermediate mass stars. *Astrophysical Journal* 360: L47-L50.

[69] Phillips, A. C. 1994. *The Physics of Stars* (New York: Wiley).

[70] Pringle, J. E. 1981. Accretion discs in astrophysics. *Annual Review of Astronomy and Astrophysics* 19: 137-162.

[71] Quintana, E. V., Barclay, T., Raymond, S. N., *et al.* 2014. An Earth-sized planet in the habitable zone of a cool star. *Science* 344: 277-280.

[72] Rafikov, R. R. 2005. Can giant planets form by direct gravitational instability? *Astrophysical Journal* 621: L69-72.

[73] Rathborne, J. M., Lada, C. J., Muench, A. A., Alves, J. F., Kainulainen, J., and Lombardi, M. 2009. Dense cores in the pipe nebula: An improved core mass function. *Astrophysical Journal* 699: 742-753.

[74] Rice, T. S., Goodman, A. A., Bergin, E. A., Beaumont, C., and Dame, T. M. 2016. A Uniform

catalog of molecular clouds in the Milky way. *Astrophysical Journal* 822: 52
[75] Rucinski, S. M. 1985. IRAS observations of T Tauri and post-T Tauri stars. *Astronomical Journal* 90: 2321-2330.
[76] Ruden, S. P., and Lin, D. N. C. 1986. The global evolution of the primordial solar nebula. *Astrophysical Journal* 308: 883-901.
[77] Rydgren, A. E., and Zak, D. S. 1987. On the spectral form of the infrared excess component in T Tauri systems. *Publications of the Astronomical Society of the Pacific* 99: 141-145.
[78] Salpeter, E. E. 1955. The luminosity function and stellar evolution. *Astrophysical Journal* 121: 161-167.
[79] Scalo, J. M.1986. The stellar initial mass function. *Fundamentals of Cosmic Physics* 11:1-278.
[80] Scalo, J.M.1987. Theoretical approaches to interstellar turbulence. In Hollenbach, D. J., and Thronson, H. A. (Eds.), Interstellar Processes (Dordrecht: Reidel), pp. 349-392.
[81] Shang, H. 2007. Jets and molecular outflows from Herbig-Haro objects. *Astrophysics and Space Science* 311: pp. 25-34.
[82] Shu, F. H. 1977. Self-similar collapse of isothermal spheres and star formation. *Astrophysical Journal* 214: 488-497.
[83] Shu, F. H. 1983. Ambipolar diffusion in self-gravitating isothermal layers. *Astrophysical Journal* 273: 202-213.
[84] Shu, F. H. 1985. Star formation in molecular clouds. In van H. Woerden, Burton, W. B., and Allen, R. J. (Eds.), *The Milky Way* (IAU Symposium No.106) (Dordrecht: Reidel), pp.561-565.
[85] Shu, F. H., Adams, F. C., and Lizano, S. 1987. Star formation in molecular clouds: Observation and theory. *Annual Review of Astronomy and Astrophysics* 25: 23-81.
[86] Shu, F. H., Lizano, S., and Adams, F. C. 1987. Star formation in molecular cloud cores. In Peimbert, M., and Jugaku, J. (Eds.), *Star Forming Regions* (IAU Symposium No.115) (Dordrecht: Reidel), pp.417-434.
[87] Shu, F. H., Lizano, S., Ruden, S. P., and Najita, J. 1988. Mass loss from rapidly rotating magnetic protostars. *Astrophysical Journal* 328: L19-L23.
[88] Shu, F. H., Najita, J., Wilkin, F., Ruden, S. P., and Lizano, S. 1994. Magnetocentrifugally driven flows from young stars and disks. I. A generalized model. *Astrophysical Journal* 429: 781-796.
[89] Shu, F. H., Tremaine, S., Adams, F. C., and Ruden, S. P. 1990. SLING amplification and eccentric gravitational instabilities in gaseous disks. *Astrophysical Journal* 358: 495-514.
[90] Silk, J. 1995. A theory for the initial mass function. *Astrophysical Journal* 438: L41-L44.
[91] Stahler, S. W. 1983. The birthline of low-mass stars. *Astrophysical Journal* 274: 822-829.
[92] Stahler, S. W. 1988. Deuterium and the stellar birthline. *Astrophysical Journal* 332:804-825.
[93] Stahler, S. W., Shu, F. H., and Taam, R. E. 1980. The evolution of protostars. I. Global formulation and results. *Astrophysical Journal* 241: 637-654.
[94] Stepinsky, T. F., and Levy, E. H. 1990. Dynamo magnetic field induced angular momentum transport in protostellar nebulae: The "minimum mass protosolar nebula." *Astrophysical Journal* 350: 819-826.
[95] Terebey, S., Shu, F. H., and Cassen, P. 1984. The collapse of the cores of slowly rotating isothermal clouds. *Astrophysical Journal* 286: 529-551.
[96] Walker, C. K., Adams, F. C., and Lada, C. J. 1990. 1.3 millimeter continuum observations of

cold molecular cloud cores. *Astrophysical Journal* 349: 515-528.

[97] Winn, J. N., and Fabrycky, D. C. 2015, The occurrence and architecture of exoplanetary systems. *Annual Review of Astronomy and Astrophysics*, 53: 409-447.

[98] Wood, D. O. S., Myers, P. C., and Daugherty, D. A. 1994. IRAS images of nearby dark clouds. *Astrophysical Journal Supplement* 95: 457-501.

[99] Woodward, J. W., Tohline, J. E., and Hashisu, I. 1994. The stability of thick selfgravitating disks in protostellar systems. *Astrophysical Journal* 420: 247-267.

[100] Young, C. H., and Evans, N. J. 2005. Evolutionary signatures in the formation of low-mass protostars. *Astrophysical Journal* 627: 293-309.

[101] Zinnecker, H., McCaughrean, M. J., and Wilking, B. A. 1993. The initial stellar population. In Levy, E., and Mathews, M. S.(Eds.), *Protostars and Planets Ⅲ* (Tucson: University of Arizona Press), pp.429-496.

[102] Zinnecker, H., and Yorke, H. W. 2007. Toward understanding massive star formation. *Annual Review of Astronomy and Astrophysics* 45: 481-563.

[103] Zuckerman, B., and Evans, N. J. Ⅱ. 1974. Models of massive molecular clouds. *Astrophysical Journal Letters* 192: L149-152.

[104] Zuckerman, B., and Palmer, P. 1974. Radio emission from interstellar molecules. *Annual Review of Astronomy and Astrophysics* 12: 279-313.

[105] Zuckerman, B., Forveille, T., and Kastner, J. H. 1995. Inhibition of giant-planet formation by rapid gas depletion around young stars. *Nature* 373: 494-496.

第6章

[1] Abramov, O., and Mojzsis, S. J. 2009. Microbial habitability of the Hadean Earth during the late heavy bombardment. *Nature* 459(7245): 419-422.

[2] Allwood, A. C., Walter, M. R., Kamber, B. S., Marshall, C. P., and Burch, I. W. 2006. Stromatolite reef from the early Archaean era of Australia. *Nature* 441(7094): 714-718.

[3] Aoki, W., Tominaga, N., Beers, T. C., Honda, S., and Lee, Y. S. 2014. A chemical signature of first-generation very massive stars. *Science* 345(6199): 912-915.

[4] Bialy, S., Sternberg, A., and Loeb, A. 2015. Water formation during the epoch of first metal enrichment. *The Astrophysical Journal Letters* 804(2): L29-33.

[5] Borucki, W. J., Agol, E., Fressin, F., Kaltenegger, L., Rowe, J., Isaacson, H., and Fabrycky, D. 2013. Kepler-62: A five-planet system with planets of 1.4 and 1.6 Earth radii in the habitable zone. *Science* 340(6132): 587-590.

[6] Brownlee, D., and Ward, P. 1999. *Rare Eart*h (New York: Copernicus, Springer-Verlag).

[7] Buchhave, L. A., Latham, D. W., Johansen, A., Bizzarro, M., Torres, G., Rowe, J. F., and Bryson, S. T. 2012. An abundance of small exoplanets around stars with a wide range of metallicities. *Nature* 486(7403): 375-377.

[8] Cairns-Smith, A.G. 1982. *Genetic Takeover and the Mineral Origins of Life*(Cambridge, UK: Cambridge University Press).

[9] Caldeira, K., and Kasting, J. F. 1992. The life span of the biosphere revisited. *Nature* 360(6406): 721-723.

[10] Carter, B. 1983. The anthropic principle and its implications for biological evolution.

Philosophical Transactions of the Royal Society. A310: 347-363.

[11] Carter, B. 2008. Five-or six-step scenario for evolution? *International Journal of Astrobiology* 7(02): 177-182.

[12] Catling, D. C., Glein, C. R., Zahnle, K. J., and McKay, C. P. 2005. Why O_2 is required by complex life on habitable planets and the concept of planetary "oxygenation time". *Astrobiology* 5(3): 415-438.

[13] Cavalier-Smith, T. 2010. Deep phylogeny, ancestral groups and the four ages of life. *Philosophical Transactions of the Royal Society of London B: Biological Sciences* 365 (1537): 111-132.

[14] Cockell, C. 2003. *Impossible Extinction: Natural Catastrophes and the Supremacy of the Microbial World* (Cambridge University Press).

[15] Davies, R. E., and Koch, R. H. 1991. All the observed universe has contributed to life. *Philosophical Transactions of the Royal Society of London B: Biological Sciences* 334 (1271): 391-403.

[16] Davis, W. L., and McKay, C. P. 1996. *Origins of life: A comparison of theories and application to Mars. Origins of Life and Evolution of Biospheres* 26(1): 61-73.

[17] Ehrenfreund, P., and Charnley, S. B. 2000. Organic molecules in the interstellar medium, comets, and meteorites: A voyage from dark clouds to the early Earth. *Annual Review of Astronomy and Astrophysics* 38(1): 427-483.

[18] Eigen, M., Lindemann, B. F., Tietze, M., Winkler-Oswatitsch, R., Dress, A., and Von Haeseler, A. 1989. How old is the genetic code? Statistical geometry of tRNA provides an answer. *Science* 244(4905): 673-679.

[19] Freissinet, C., Glavin, D. P., Mahaffy, P. R., Miller, K. E., Eigenbrode, J. L., Summons, R. E., and Franz, H. B. 2015. Organic molecules in the Sheepbed Mudstone, Gale Crater, Mars. *Journal of Geophysical Research: Planets* 120(3): 495-514.

[20] Gilbert, W. 1986. Origin of life: The RNA world. *Nature* 319(6055): 618.

[21] Gonzalez, G., Brownlee, D., and Ward, P. 2001. The galactic habitable zone: Galactic chemical evolution. *Icarus* 152(1): 185-200.

[22] Grotzinger, J. P., Gupta, S., Malin, M. C., Rubin, D. M., Schieber, J., Siebach, K., Sumner, D. Y. *et al.* 2015. Deposition, exhumation, and paleoclimate of an ancient lake deposit, Gale crater, Mars. *Science* 350(6257): aac7575, DOI: 10.1126/science.aac7575.

[23] Hart, M. H. 1975. Explanation for the absence of extraterrestrials on Earth. *Quarterly Journal of the Royal Astronomical Society* 16: 128-135.

[24] Hecht, M. H., Kounaves, S. P., Quinn, R. C., West, S. J., Young, S. M. M., Ming, D. W., and DeFlores, L. P. 2009. Detection of perchlorate and the soluble chemis-try of martian soil at the Phoenix lander site. *Science* 325(5936): 64-67.

[25] Irwin, P. G., Barstow, J. K., Bowles, N. E., Fletcher, L. N., Aigrain, S., and Lee, J. M. 2014. The transit spectra of Earth and Jupiter. *Icarus* 242: 172-187.

[26] Jenkins, J. M., Twicken, J. D., Batalha, N. M., Caldwell, D. A., Cochran, W. D., Endl, M., and Petigura, E. 2015. Discovery and validation of Kepler-452b: A 1.6 R super Earth exoplanet in the habitable zone of a G2 star. *The Astronomical Journal* 150(2): 56-74.

[27] Knoll, A. H. 1985. The Precambrian evolution of terrestrial life. In Papagiannis, M.D.(Ed.)

The Search for Extraterrestrial Life: Recent Developments(Netherlands: Springer), pp. 201-211.

[28] Kushner, D. 1981. Extreme environments: Are there any limits to life? In *Comets and the Origin of Life*(Netherlands: Springer), pp. 241-248.

[29] Laskar, J., Joutel, F., and Robutel, P. 1993. The stabilization of the Earth's obliquity by the Moon. *Nature* 361: 615-617.

[30] Lazcano, A., and Miller, S.L.1994. How long did it take for life to begin and evolve to cyanobacteria? *Journal of Molecular Evolution* 39: 546-554.

[31] Lehninger, A. L. 1975, *Biochemistry*(New York: Worth).

[32] Lineweaver, C. H. 2001. An estimate of the age distribution of terrestrial planets in the universe: Quantifying metallicity as a selection effect. *Icarus* 151(2): 307-313.

[33] Lineweaver, C. H., Fenner, Y., and Gibson, B. K. 2004. The galactic habitable zone and the age distribution of complex life in the Milky Way. *Science* 303(5654): 59-62.

[34] Loeb, A. 2014. The habitable epoch of the early Universe. *International Journal of Astrobiology* 13(04): 337-339.

[35] Lovelock, J. E., and Whitfield, M. 1982. Life span of the biosphere. *Nature* 296: 561-563.

[36] Lyons, T. W., Reinhard, C. T., and Planavsky, N. J. 2014. The rise of oxygen in Earth's early ocean and atmosphere. *Nature* 506(7488): 307-315.

[37] McCollom, T. M. 2013. Miller-Urey and beyond: What have we learned about prebiotic organic synthesis reactions in the past 60 years? *Annual Review of Earth and Planetary Sciences* 41: 207-229.

[38] McKay, C. P. 1986. Exobiology and future Mars missions: The search for Mars'earliest biosphere. *Advances in Space Research* 6(12): 269-285.

[39] McKay, C. P. 1991. Urey prize lecture: Planetary evolution and the origin of life. *Icarus* 91(1): 93-100.

[40] McKay, C. P. 1996. Time for intelligence on other planets. In Doyle, L. R.(Ed.), *Circumstellar Habitable Zones*, Vol.1, (Menlo Park: Travis House), p.405-419.

[41] McKay, C. P. 2001. The search for a second genesis of life in our Solar System. In *First Steps in the Origin of Life in the Universe*(Netherlands: Springer), pp.269-277.

[42] McKay, C. P. 2004. What is life-and how do we search for it in other worlds? *PLoS Biology* 2: 1260-1262.

[43] McKay, C. P. 2014. Requirements and limits for life in the context of exoplanets. *Proceedings of the National Academy of Sciences* 111(35): 12628-12633.

[44] McKay, C. P., Anbar, A. D., Porco, C., and Tsou, P. 2014. Follow the plume: The habitability of Enceladus. *Astrobiology* 14(4): 352-355.

[45] McKay, C. P., and Davis, W. L. 1991. Duration of liquid water habitats on early Mars. *Icarus* 90: 214-221.

[46] McKay, C. P., and Stoker, C. R. 1989. The early environment and its evolution on Mars: implication for life. *Reviews of Geophysics* 27(2): 189-214.

[47] Melosh, H. J. 1988. The rocky road to panspermia. *Nature* 332(6166): 687-688.

[48] Miller, S. L. 1953. A production of amino acids under possible primitive earth conditions. *Science* 117(3046): 528-529.

[49] Navarro-González, R., Vargas, E., de La Rosa, J., Raga, A. C., and McKay, C. P. 2010. Reanalysis of the Viking results suggests perchlorate and organics at midlati-tudes on Mars. *Journal of Geophysical Research: Planets* (1991-2012) 115(E12).

[50] Norris, R. P. 2000. How old is ET? *Acta Astronautica* 47(2): 731-733.

[51] Ohkubo, T., Nomoto, K. I., Umeda, H., Yoshida, N., and Tsuruta, S. 2009. Evolution of very massive Population III stars with mass accretion from pre-main sequence to collapse. *The Astrophysical Journal* 706(2): 1184-1208.

[52] Orgel L. E. 1998. The origin of life-how long did it take? *Orig. Life. Evol. Biosph.*, 28, 91-96.

[53] Owen, T. 1980. The search for early forms of life in other planetary systems: Future possibilities afforded by spectroscopic techniques. In *Strategies for the Search for Life in the Universe*(Netherlands: Springer), pp. 177-185.

[54] Pizzarello, S. 2004. Chemical evolution and meteorites: An update. *Origins of Life and Evolution of the Biosphere* 34(1-2): 25-34.

[55] Quinn, R. C., Martucci, H. F., Miller, S. R., Bryson, C. E., Grunthaner, F. J., and Grunthaner, P. J. 2013. Perchlorate radiolysis on Mars and the origin of mar-tian soil reactivity. *Astrobiology* 13(6): 515-520.

[56] Quintana, E. V., Barclay, T., Raymond, S. N., Rowe, J. F., Bolmont, E., Caldwell, D. A., and Lissauer, J. J. 2014. An Earth-sized planet in the habitable zone of a cool star. *Science* 344 (6181): 277-280.

[57] Robertson, M. P., and Joyce, G. F. 2012. The origins of the RNA world. *Cold Spring Harbor Perspectives in Biology* 4(5): a003608.

[58] Russell, D. A., and Séguin, R. 1982. Reconstructions of the small Cretaceous theropod, Stenonychosaurus inequalis, and a hypothetical dinosauroid. Syllogeus Number 37, National Museum of Natural Sciences, Ottawa, Canada.

[59] Schidlowski, M. 1988. A 3,800-million-year isotopic record of life from carbon in sedimentary rocks. *Nature* 333(6171): 313-318.

[60] Schuler, S. C., Vaz, Z. A., Santrich, O. J. K., Cunha, K., Smith, V. V., King, J. R., and Isaacson, H. 2015. Detailed abundances of stars with small planets discovered by Kepler. I. The first sample. *The Astrophysical Journal* 815(1): 5-26.

[61] Suthar, F., and McKay, C. P. 2012. The galactic habitable zone in elliptical galaxies. *International Journal of Astrobiology* 11(03):157-161.

[62] Tice, M. M., and Lowe, D. R. 2004. Photosynthetic microbial mats in the 3,416-Myr-old ocean. *Nature* 431(7008): 549-552.

[63] Turnbull, M. C., and Tarter, J. C. 2003. Target selection for SETI. I. A catalog of nearby habitable stellar systems. *The Astrophysical Journal Supplement Series* 145(1):181-198.

[64] Waite Jr, J. H., Lewis, W. S., Magee, B. A., Lunine, J. I., McKinnon, W. B., Glein, C. R., and Nguyen, M. J. 2009. Liquid water on Enceladus from observations of ammonia and 40Ar in the plume. *Nature* 460(7254): 487-490.

[65] Woese, C. R. 1987. Bacterial evolution. *Microbiological Reviews* 51(2): 221-271.

[66] Zuckerman, B., and Young, E.D., 2018. Characterizing the chemistry of planetary materials around white dwarf stars. In Deeg, H. and Belmonte, J.(Eds.) *Handbook of Exoplanets* (Switzerland: Spinger).

索引

人名

数字・アルファベット

あ

か

さ

た

な

は

ま

や

ら

わ

編者

マシュー・マルカン Matthew Malkan

カリフォルニア大学ロサンゼルス校（UCLA）物理学・天文学特別教授．
1977年ハーバード大学を卒業後，'83年カリフォルニア工科大学で博士号を取得．アリゾナ大学でポスドク研究員を務めた後UCLA准教授，'92年教授．'21年アメリカ国家科学会議メンバー．

ベンジャミン・ザッカーマン Benjamin Zuckerman

カリフォルニア大学ロサンゼルス校（UCLA）物理学・天文学科教授．
ニューヨーク市生まれ．1963年マサチューセッツ工科大学（MIT）を卒業．'68年ハーバード大学で博士号を取得．その後メリーランド大学を経てUCLAへ．

訳者

岡村定矩 おかむら・さだのり

東京大学名誉教授．日本天文学会名誉会員．
1948年山口県豊浦郡（現下関市）豊浦町生れ．'70年東京大学理学部天文学科卒業，同年大学院理学系研究科天文学専攻入学．理学博士．'91年東京大学理学部天文学科教授．その後，理学系研究科長・理学部長，理事・副学長，国際高等研究所長，法政大学理工学部創生科学科教授を経て，2018年4月より東京大学エグゼクティブ・マネジメント・プログラム（東大EMP）チェアマン補佐，現在はエグゼクティブ・ディレクター．
日本学術会議連携会員（第3部）（'05-'20），日本天文学会理事長（'11-'12），国際天文学連合「銀河と宇宙」部会長（'06-'09）および日本代表（'11-'17）．
主な著書・編書として，『宇宙のアルバム』（共著，福音館書店'89），『木曽シュミットアトラス』（編著，丸善'94），『銀河系と銀河宇宙』（東京大学出版会'99），『天文学への招待』（編著，朝倉書店'01），『宇宙観5000年史』（共著，東京大学出版会'12），『人類の住む宇宙』（共編著，日本評論社'07，'20），『理系ジェネラリストへの手引き』（共編著，日本評論社'15）他がある．

6つの物語でたどる ビッグバンから地球外生命まで

現代天文学の到達点を語る

2021年10月20日　第1版第1刷発行

編者　マシュー・マルカン＋ベンジャミン・ザッカーマン
訳者　岡村定矩

発行所　株式会社 日本評論社
〒170-8474 東京都豊島区南大塚3-12-4
電話：03-3987-8621［販売］　03-3987-8599［編集］
印刷　精文堂印刷
製本　井上製本所

カバー＋本文デザイン　粕谷浩義

検印省略

ISBN978-4-535-78935-7